基礎生物学テキストシリーズ 4

微生物学
MICROBIOLOGY

青木 健次 編著

化学同人

◆ 「基礎生物学テキストシリーズ」刊行にあたって ◆

　21世紀は「知の世紀」といわれます．「知」とは，知識（knowledge），知恵（wisdom），智力（intelligence）を総称した概念ですが，こうした「知」を創造・継承し，広く世に普及する使命を担うのは教育です．教育に携わる私たち教員は，「知」を伝達する教材としての「教科書」がもつ意義を認識します．

　近年，生物学はすさまじい勢いで発展を遂げつつあります．従来，解析が困難であったさまざまな問題に，分子レベルで解答を見いだすための新たな研究手法が次々と開発され，生物学が対象とする領域が広がっています．生物学はまさに躍動する生きた学問であり，私たちの生活と社会に大きな影響を与えています．生物学に関する正しい知識と理解なしに，私たちが豊かで安心・安全な生活を営み，持続可能な社会を実現することは難しいでしょう．

　ところで，生物学の進展につれて，学生諸君が学ぶべき事柄は増える一方です．理解しやすく，教えやすい，大学のカリキュラムに即したよい「生物学の教科書」をつくれないか．欧米の翻訳書が主流で日本の著者による教科書が少ない現状を私たちの力で打開できないか．こうした思いから，私たちは既存の類書にはない新しいタイプの教科書「基礎生物学テキストシリーズ」をつくり上げようと決意しました．

　「基礎生物学テキストシリーズ」が目指す目標は，『わかりやすい教科書』に尽きます．具体的には次の3点を念頭に置きました．① 多くの大学が提供する生物学の基礎講義科目をそろえる，② 理学部および工学部の生物系，農学部，医・薬学部などの1，2年生を対象とする，③ 各大学のシラバスや既刊類書を参考に共通性の高い目次・内容とする．基本的には15時間2単位用として作成しましたが，30時間4単位用としても利用が可能です．

　教科書には，当該科目に対する執筆者の考え方や思いが反映されます．その意味で，シリーズを構成する教科書はそれぞれ個性的です．一方で，シリーズとしての共通コンセプトも全体を貫いています．厳選された基本法則や概念の理解はもちろん，それらを生みだした歴史的背景や実験的事実の理解を容易にし，さらにそれらが現在と未来の私たちの生活にもたらす意味を考える素材となる「教科書」，科学が優れて人間的な営みの所産であること，そして何よりも，生物学が面白いことを学生諸君に知ってもらえるような「教科書」を目指しました．

　本シリーズが，学生諸君の勉学の助けになることを希望します．

シリーズ編集委員　　中村　千春
奥野　哲郎
岡田　清孝

基礎生物学テキストシリーズ 編集委員

中村　千春　神戸大学名誉教授, 龍谷大学農学部教授　Ph.D.
奥野　哲郎　京都大学名誉教授, 龍谷大学農学部教授　農学博士
岡田　清孝　龍谷大学農学部教授, 自然科学研究機構理事　理学博士

「微生物学」執筆者

◇青木　健次　神戸大学名誉教授, 前相模女子大学教授　農学博士　　1章, 2章, 8.2-7節, 10章
　石井　正治　東京大学大学院農学生命科学研究科教授　農学博士　　5章, 7章
　地神　芳文　産業技術総合研究所セルエンジニアリング研究部門上席研究員　農学博士　4章, 6章
　田中　千尋　京都大学大学院農学研究科教授　博士 (農学)　　3.1.3項, 9章
　三瀬　和之　京都大学大学院農学研究科准教授　農学博士　　3.1.4項, 3.3節
　村上　周一郎　明治大学農学部教授　博士 (農学)　　3.1.1-2項, 3.2節, 3.4節, 8.1節

(五十音順, ◇は編著者)

はじめに

　私たちは，微生物が身近に存在して私たちの日常生活に深くかかわっていることを容易に知ることができる．たとえば，食パンやモチをうっかり放置すると，色とりどりのカビが生えてくることをしばしば経験する．古くなった牛乳は腐敗し，成分が凝固して異臭を放つことも経験する．また，正月のおせち料理として調理した黒豆を長持ちさせるために再度加熱するが，こうしたことを行うのは，微生物は加熱すれば殺菌できることを知っているからである．

　このように，微生物は私たちの身近に存在していて，微生物の引き起こす現象を直接，自分自身の目や鼻で確認し，知識を得ることができるが，微生物学が学問体系として成立したのは近年になってからである．

　その原因は，微生物の個々の細胞は肉眼では見えないため，微生物の作用によって生ずる食品などの品質の変化と，微生物の存在とが結びつかなかったからである．したがって，微生物学と生物学とは異なった発展をしてきた．この両者が結びつき，融合するには，さまざまな新しい現象や物質の発見が必要であった．両者がどのような相互の関係を保って，発展してきたかを知ることはきわめて興味深いことと思われる．

　こうした背景を見すえて，本書の1章では微生物学の歴史を記述している．

　2章には微生物の取扱い方を設け，微生物学を学ぼうとするみなさんが微生物に慣れ親しむと同時に，微生物学の基本的な概念を理解できるように配慮した．

　3章では微生物の分類を説明し，微生物の全体像が理解できるようにした．この章において，微生物は多種多様であることを理解してほしい．

　4章では，微生物の細胞構造を説明している．細菌を例にとると，その細胞構造は真菌を含む真核生物などとは異なった特徴をもっており，この特徴が細菌の示す諸性質の背景になっていることを理解してほしい．

　5章では，微生物の栄養と増殖を説明しており，微生物が植物や動物などの高等生物と異なって，特殊な環境においても増殖できる理由がわかるように記述されている．

　6～7章では，微生物の遺伝や代謝について説明している．これらの項目には，高等生物と共通する分野も含まれている．しかし，微生物に特有な事項も多数あり，微生物学を理解するうえで必要な基本的な項目であるので，遺伝，代謝全般にわたって記述されている．

　8章では，微生物の応用について説明している．微生物は食品工業を始めとしてさまざま分野で広く利用され，私たちの生活を豊かにしている．本章では，微生物が，どのような性質に基づいて実用的な生産に応用されているのかを理解できるように記述されている．

　9～10章では，微生物の地球環境への寄与，環境保全・浄化への利用について説明し

ている．本章において，環境汚染を浄化する有力な手段として如何に微生物が期待されているかを理解してほしい．

　微生物に関する知識は膨大である．本書ではそうした膨大な知識を網羅するようなかたちではなく，その背後にある基本的な仕組みが理解できるように記述されている．たとえば，微生物は環境浄化の手段として期待されているが，微生物が環境を浄化するとは，具体的にどういうことなのか，また，微生物がもっているどのような性質を利用して環境をきれいにすることができるかを説明している．したがって本書の内容が理解できれば，微生物に関するさらに高度な知識を容易に得ることができると思われる．

　以上のように，本書は微生物に関する基礎から応用までの基本事項を，広く学ぼうとする諸君を対象として書かれている．したがって，4年制大学，短期大学，高等専門学校等において，初めて微生物学に接する学生諸君の教科書または参考書として使用されることが望ましい．

　本書を出版するにあたり，化学同人編集部にはたいへんお世話になった．また，本書の8.5「酵素の製造」，10.3「人工合成化合物の微生物分解」の執筆にあたっては，竹中慎治・神戸大学大学院農学研究科助教に資料を集めていただいた．ここに深甚の謝意を表する．

2007年4月

著者を代表して
青木　健次

目次

1章　微生物学の歴史

- 1.1　微生物学と生物学の歴史 …… 1
- 1.2　顕微鏡の発明と微生物の発見 …… 1
- 1.3　生物の自然発生説論争 …… 3
- 1.4　発酵と腐敗──有機物の変換における微生物の役割 …… 4
  - Column　パスツールは優れた"化学者"でもあった　6
- 1.5　病原菌としての微生物 …… 7
- 1.6　純粋培養法の確立 …… 8
- 1.7　地球化学的物質循環にかかわる微生物の発見 …… 10
- 1.8　近代科学としての微生物学の発展 …… 11
- 1.9　微生物学と生物学の融合 …… 12
- ●練習問題　14

2章　微生物の取扱い方

- 2.1　微生物の培養 …… 15
  - 2.1.1　滅菌　15
  - 2.1.2　純粋培養　16
  - 2.1.3　スクリーニング技術　17
  - 2.1.4　保存機関からの入手　18
- 2.2　肉眼による微生物の観察 …… 18
- 2.3　光学顕微鏡による微生物の観察 …… 19
  - 2.3.1　光学顕微鏡の種類と扱い方　19
  - 2.3.2　細菌の染色　20
  - 2.3.3　スライド培養　22
  - 2.3.4　微生物の大きさの測定　23
- 2.4　電子顕微鏡による観察 …… 23
- 2.5　微生物の生理機能の解析 …… 24
  - 2.5.1　微生物の生産する物質の検出　24
  - 2.5.2　休止菌体の調製　25
  - 2.5.3　細胞抽出液の調製　26
- 2.6　微生物の保存法 …… 26
  - 2.6.1　常温保存　27
  - 2.6.2　低温保存，凍結保存　27
  - 2.6.3　凍結乾燥保存　28
  - Column　微生物の保存機関の仕組み　27
- ●練習問題　28

3章　微生物の種類と分類

3.1　微生物の種類 ……………………………………………………………………………… 29
- 3.1.1　細菌　30
- 3.1.2　古細菌　34
- 3.1.3　真菌類　35
- 3.1.4　ウイルス　39
- Column　メタン発酵　34

3.2　微生物の分類法 …………………………………………………………………………… 41
- 3.2.1　分類のための微生物解析法　41
- 3.2.2　炭素源,エネルギー源による分類法　42
- 3.2.3　系統樹による分子系統分類法　43

3.3　病原性をもつ微生物 ……………………………………………………………………… 44
- 3.3.1　感染症を引き起こす微生物　45
- 3.3.2　植物病原微生物　48
- 3.3.3　微生物と免疫　49

3.4　特殊環境で増殖する微生物 ……………………………………………………………… 50
- 3.4.1　好熱菌　50
- 3.4.2　好塩菌　51
- 3.4.3　好アルカリ性菌　52
- 3.4.4　好酸性菌　52
- 3.4.5　その他の特殊環境で生育する微生物　53

● 練習問題　53

4章　微生物の細胞構造

4.1　細菌の構造 ………………………………………………………………………………… 55
- 4.1.1　細胞壁　55
- 4.1.2　細胞膜　57
- 4.1.3　核様体　57
- 4.1.4　細胞内顆粒　57
- 4.1.5　べん毛,線毛　58
- 4.1.6　内生胞子　59
- 4.1.7　その他の細胞構造物　59

4.2　古細菌の構造 ……………………………………………………………………………… 60

4.3　真菌の構造 ………………………………………………………………………………… 61
- 4.3.1　細胞壁　61
- 4.3.2　核　62
- 4.3.3　小胞体　63
- 4.3.4　ゴルジ体　63
- 4.3.5　ミトコンドリア　64
- 4.3.6　液胞　65
- Column　ゴルジ体は成熟する？　64

4.4　ウィルスの構造 …………………………………………………………………………… 65

● 練習問題　66

5章　微生物の栄養と増殖

5.1　微生物の増殖 …………………………………………………………………………… 67
- 5.1.1　微生物増殖の特性　67
- 5.1.2　増殖曲線　68
- 5.1.3　増殖の測定法　69
- 5.1.4　連続培養と同調培養　71
- Column　難培養性微生物の解析技術　72

5.2　エネルギー源と栄養素 ……………………………………………………………… 72
- 5.2.1　エネルギー源, 炭素源　72
- 5.2.2　窒素源　73
- 5.2.3　無機塩類　73
- 5.2.4　微量増殖因子　73

5.3　微生物増殖の環境因子 ……………………………………………………………… 75
- 5.3.1　温度とpH　75
- 5.3.2　酸　素　75
- 5.3.3　その他の環境因子　75

● 練習問題　76

6章　微生物の遺伝と遺伝子工学

6.1　遺伝子 …………………………………………………………………………………… 77
- 6.1.1　遺伝子とDNA　77
- 6.1.2　DNAの構造　77

6.2　遺伝情報の伝達と発現 ……………………………………………………………… 79
- 6.2.1　DNAの複製　80
- 6.2.2　転　写　82
- 6.2.3　翻　訳　84

6.3　細菌の遺伝 ……………………………………………………………………………… 87
- 6.3.1　遺伝子の伝達と発現　87
- 6.3.2　プラスミド　89
- 6.3.3　転移性遺伝因子　90

6.4　真菌の遺伝 ……………………………………………………………………………… 91
- 6.4.1　真核生物の染色体DNA　92
- 6.4.2　真核生物におけるDNA複製　92
- 6.4.3　有糸分裂　93
- 6.4.4　真核生物の遺伝情報の発現　94

6.5　ウイルスの遺伝 ……………………………………………………………………… 96
- 6.5.1　溶菌サイクルによる増殖　97
- 6.5.2　溶原化サイクルによる増殖　98
- 6.5.3　その他のサイクルによる増殖　98

6.6　遺伝子の変異と修復 ………………………………………………………………… 99
- 6.6.1　変異と修復の仕組み　99
- 6.6.2　変異の誘起—変異原の種類と作用　102
- 6.6.3　変異の復帰　104

6.7 遺伝子工学とバイオテクノロジー ... 105
- 6.7.1 遺伝子組換え技術 *105*
- 6.7.2 塩基配列決定法 *109*
- 6.7.3 PCR法 *111*
- 6.7.4 遺伝子工学と分子育種による有用物質の生産 *112*
- **Column** 大腸菌と出芽酵母の恩恵 *114*
- ●練習問題 *115*

7章　微生物の代謝

7.1 エネルギーの獲得 ... 117
- 7.1.1 発酵, 呼吸, 光合成 *117*
- 7.1.2 ATP合成の仕組み *118*
- 7.1.3 化学合成独立栄養菌におけるエネルギーの獲得 *119*
- **Column** 水素細菌のエネルギー獲得機構 *120*

7.2 物質の代謝 ... 120
- 7.2.1 炭水化物の代謝 *120*
- 7.2.2 脂肪酸の代謝 *127*
- 7.2.3 アミノ酸の代謝 *128*
- 7.2.4 核酸, ヌクレオチドの代謝 *129*
- 7.2.5 無機窒素の代謝 *129*

7.3 代謝調節 ... 131
- 7.3.1 酵素生産量の調節 *131*
- 7.3.2 酵素活性の調節 *135*
- ●練習問題 *138*

8章　微生物の応用

8.1 アルコール発酵および有機酸発酵 ... 139
- 8.1.1 アルコールおよびアルコール飲料 *139*
- 8.1.2 乳酸および乳製品 *142*
- 8.1.3 有機酸 *145*

8.2 アミノ酸発酵 ... 147
- 8.2.1 アミノ酸発酵と代謝調節の解除 *147*
- 8.2.2 アミノ酸の製造法 *149*
- 8.2.3 直接発酵法によるL-グルタミン酸の製造 *150*
- 8.2.4 直接発酵法によるL-リシンの製造 *151*
- 8.2.5 酵素法によるL-アスパラギン酸の製造 *152*

8.3 核酸関連物質の製造 ... 152
- 8.3.1 呈味性ヌクレオチドの化学構造 *153*
- 8.3.2 呈味性ヌクレオチドの製造 *153*
- 8.3.3 その他の核酸関連物質の製造 *154*

8.4 生理活性物質の製造 155
- 8.4.1 ビタミン類 155
- 8.4.2 抗生物質 157
- 8.4.3 ホルモン 158
- 8.4.4 その他の生理活性物質 159
- Column 新種のビタミンPQQ 157

8.5 酵素の製造 159
- 8.5.1 微生物酵素の生産上の特徴 159
- 8.5.2 おもな酵素製剤 160
- 8.5.3 組換え微生物による酵素の製造 160
- 8.5.4 固定化酵素 160
- 8.5.5 バイオリアクター 162

8.6 発酵食品の製造 163
- 8.6.1 しょう油,みそ 163
- 8.6.2 食酢 166
- 8.6.3 パン 167
- 8.6.4 納豆 167
- 8.6.5 つけ物 168
- 8.6.6 かつお節 168

8.7 その他の微生物生産物 168
- 8.7.1 糖アルコール 168
- 8.7.2 デキストラン 169
- 8.7.3 微生物農薬 169

● 練習問題 169

9章 微生物の生態と地球化学的物質循環への寄与

9.1 微生物のすみか 171
- 9.1.1 土壌 171
- 9.1.2 空中 172
- 9.1.3 淡水,海水 172
- 9.1.4 地下 173

9.2 微生物とほかの生物との相互作用と共生 173
- 9.2.1 微生物-微生物間の相利共生 174
- 9.2.2 植物-微生物間の相利共生 175
- 9.2.3 動物-微生物間の相利共生 176
- Column プロバイオティクス 177

9.3 地球化学的物質循環における微生物の役割 178
- 9.3.1 炭素サイクル 178
- 9.3.2 窒素サイクル 179
- 9.3.3 その他の元素の循環 182

● 練習問題 183

10章　微生物の環境保全への利用

10.1　環境保全・浄化と微生物 ……………………………………………… 185
- 10.1.1　環境汚染の特徴　*186*
- 10.1.2　微生物による環境保全の意味　*186*
- 10.1.3　環境保全に微生物を用いることの有効性　*187*

10.2　微生物を用いる環境保全の仕組み ……………………………………… 188
- 10.2.1　活性汚泥法　*188*
- 10.2.2　嫌気的処理法　*189*
- 10.2.3　窒素の除去法　*190*
- 10.2.4　リンの除去法　*191*
- 10.2.5　重金属の処理法　*191*
- 10.2.6　悪臭物質の処理法　*192*
- Column　アナモックス菌　*192*

10.3　人工合成化合物の微生物分解 …………………………………………… 192
- 10.3.1　芳香族アミン類分解微生物　*193*
- 10.3.2　芳香族アミン類の分解経路および酵素系　*194*
- 10.3.3　アニリンの分解に関与する遺伝子と調節の仕組み　*197*
- 10.3.4　合成化合物分解過程で生ずる有用物質と新機能保有酵素　*199*
- 10.3.5　塩素化合物類（PCB，ダイオキシン）の微生物分解　*201*

10.4　バイオレメディエーション ……………………………………………… 202
- ●練習問題　*203*

■参考図書 ………………………………………………………………………… 205
■索　引 …………………………………………………………………………… 207
■菌名索引 ………………………………………………………………………… 213

練習問題の解答は，化学同人ホームページ上に掲載されています．
http://www.kagakudojin.co.jp/library/ISBN978-4-7598-1104-9.htm

1章 微生物学の歴史

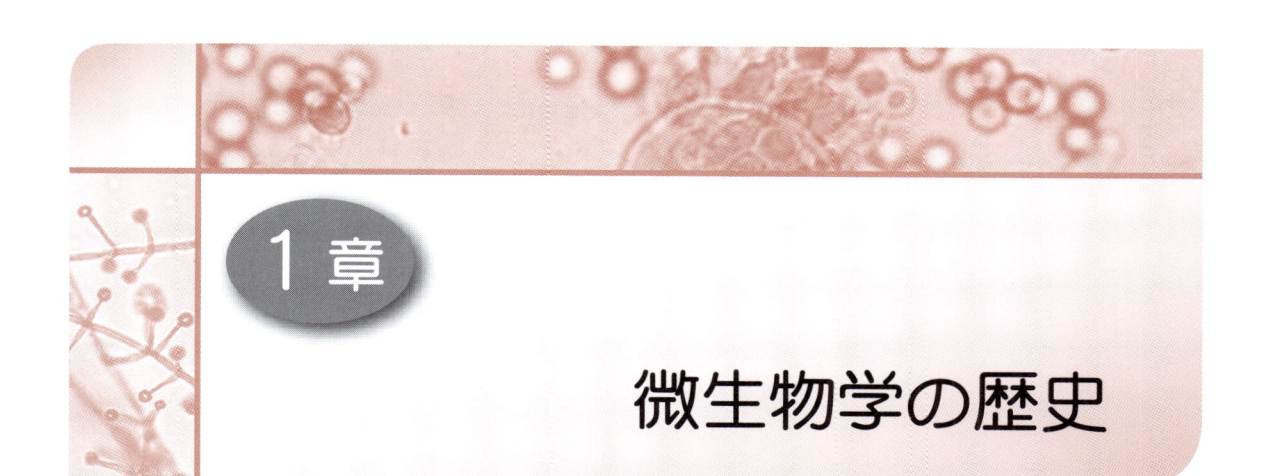

1.1 微生物学と生物学の歴史

微生物(microorganism)の個々の細胞は肉眼では見えない．私たちが通常，肉眼で見ているものは，微生物の集団である**コロニー**(colony)である．一方，微生物が引き起こす現象は，視覚や嗅覚によって確かめることができる．たとえば，日常生活で経験する食品の腐敗，悪臭の発生などである．しかし，これらの現象の原因は微生物であるとの知識をもっていても，実際に微生物が関与していることを確かめるには，顕微鏡などの機器が必要になる．

一方，植物や動物を対象とした生物学は，観察する対象を肉眼で確かめることができる．生物組織の細部は，顕微鏡を使った観察に頼らなければならないが，肉眼で確認できる範囲から得られる知識はかなり多い．

このような背景から，微生物学は生物学とは異なる発展をしてきた．しかし，独自に発展してきた微生物学と生物学は，現在に至ってほぼ同じ概念に立脚する学問体系に結合されつつある．学問体系を支える研究手法の多くが，両者に共通している．

本章では，微生物学がどのような経緯で発展してきたかを，具体的な例を示して説明するとともに，どのような発見を通じて生物学と融合するようになったかを述べる．

1.2 顕微鏡の発明と微生物の発見

発酵，腐敗，伝染病などの現象は微生物が引き起こしていることを，現代の私たちは知識としてもっている．古代や中世の人びとも，これらが微生物によるものとは知らなくても，現象としては知っていた．

たとえば，今日のビールの原型となった麦を原料とするアルコール飲料は，紀元前にすでに飲まれていた．わが国では，「口かみの酒」といわれるアルコール飲料が古代から製造されていた．これは，米をかむことによって唾液

中のアミラーゼでデンプンを糖化したあと，発酵させたものである．また，ヨーロッパにおけるペストやコレラの大流行は，人びとを恐怖に陥れたことが語られてきた．

　しかし，こうした現象が微生物に由来することが明らかになったのは，比較的近代になってからである．微生物が初めて認識されたのは，17世紀後半，オランダの織物商人レーウェンフック（A. van Leeuwenhoek，1632〜1723）によって顕微鏡が発明されてからであった．彼は自分でレンズを磨いて簡単な顕微鏡を組み立て，身の回りの小動物や植物の種子などを観察することを趣味としていた．彼の作製した顕微鏡は単純顕微鏡で，焦点距離の短い凸レンズ1枚からできていた（図1.1）．しかし，1枚のレンズでも300倍近くの拡大率が得られた．レーウェンフックは観察能力に優れており，興味を引くものはこの顕微鏡を使ってすべて観察し，記録に残した．原生動物，藻類，酵母，細菌はレーウェンフックによって初めて記録されている．また，精子や白血球も彼によって発見されている．

　これらの観察資料はイギリスの王立協会[*1]に送られ，50年にわたって「王立協会誌」に掲載された．その結果，当時の人びとは，この世には肉眼では見えない世界が存在し，そこにはいろいろな種類の生き物が数多く活動していることを知るようになった．

　その後，接眼，対物という二つのレンズを備えた複合顕微鏡（図1.2）がつくられたにもかかわらず，長い間，単純顕微鏡と比べて拡大率が飛躍的に増大するなどの進歩は見られなかった．レーウェンフックの観察も，微生物についてはその形態的な性質に限られており，発酵，腐敗，伝染病などと関連させるものではなかった．微生物学は，レーウェンフック以後，約200年にわたって停滞期を迎えた．

*1　1660年に設立された，現存する世界最古の学会．ロンドン王立協会（The Royal Society of London）ともいう．王立協会は開かれた組織で，王立協会誌を発行するとともに，会員間のコミュニケーションを重視し，得られた科学的知識の共有をめざした．

図1.1　レーウェンフックが作製した単純顕微鏡
a：レンズ，b：前後を調整するねじ，c：上下を調整するねじ，d：標本をつけるピン．

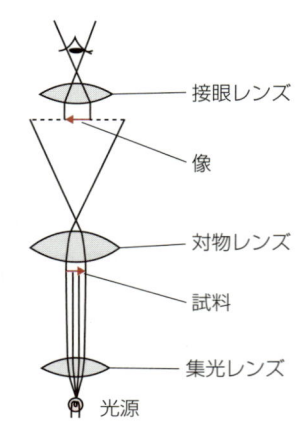

図1.2　複合顕微鏡の仕組み

1.3 生物の自然発生説論争

　レーウェンフックによって微生物の存在が明らかになると，生物の発生に関する議論が以前にも増して活発になった．生物の発生については，レーウェンフック以前から二つの説があった．一つは，小動植物は自然に発生するとする**自然発生説**であり，もう一つは，空中に存在する種または卵から生まれるとする**生物発生説**であった．自然発生説は宗教観にも裏づけられた説であったが，科学の進歩により次第に劣勢になった．たとえば，1668年，イタリアの医師で詩人のレディ（F. Redi, 1626～1697）は，肉を入れた容器の口をハエが入らないようにガーゼで覆うと，ハエの幼虫であるウジは発生しないことを示し，ハエが肉から自然発生しないことを実験的に証明した．

　しかし，微生物の発見により，この論争が再燃した．微生物が，肉汁のような動植物からの浸出液中で「自然に」発生する現象を説明できなかったからである．動植物由来の有機物を含む浸出液には生命のもとになる物質が含まれており，それらが再構成されて微生物になると考えられた．こうした論争に最終的な結着をつけたのは，フランスの微生物学者・化学者のパスツール（L. Pasteur, 1822～1895）であるが，そこに至るまでには多くの科学者の実験があった．

　イタリアの科学者で神父のスパランツァーニ（L. Spallanzani, 1729～1799）は，18世紀後半，有機物を含む浸出液の入った容器を溶接密封して外部の空気が入らないようにすると，微生物は発生しないことを示した．この実験により，自然発生説は否定されたかに見えた．しかし，1774年に発見された**酸素**（oxgen）は，動物が成育するために必須な気体であることがわかってきた．スパランツァーニの実験結果も，空気中の種が容器に入らなかったために微生物が発生しなかったのではなく，溶接密封によって微生物の増殖に必要な酸素を除去したために微生物が発生しなかったと解釈されるようになった．

　このようにして自然発生説論争は続くのであるが，スパランツァーニの発見は実用面に応用された．1804年，フランスの菓子職人アペール（N. Appert, 1750～1841）は，腐敗しやすい食品を密封できる容器に入れて煮沸すると長期保存できることを示した．これは缶詰保存法の始まりで，アペルタイゼーションと呼ばれ，腐敗しやすい食品の長期保存法として現在に至るまで広く利用されている．

　1861年，パスツールは，「大気中に存在する有機体についての報告，自然発生説の検討」を発表し，自然発生説論争に終止符を打った．パスツールは実験により，要約すると次の結果を得た．

　① 綿を詰めた管に大量の空気を通したあと，綿を取り出して顕微鏡で調

べると，微生物などの小物体が存在していた．
② 加熱した有機物を含む浸出液に加熱した空気を送っても微生物は増殖しないが，①で得た綿を浸出液に加えると，微生物が増殖した．
③ 図 1.3 に示すように，空気は流通するが空気中の小物体は入ることができないフラスコを作製し，殺菌したフラスコに殺菌した浸出液を入れておくと，微生物の増殖は見られなかった．しかし，フラスコの首を折ると，浸出液に微生物が増殖した．

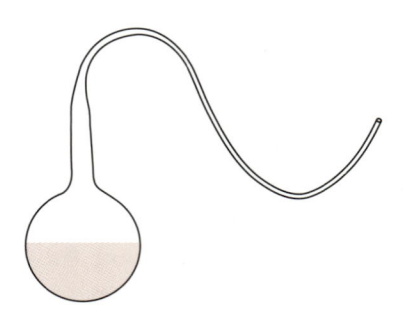

図 1.3 パスツールが実験に使った白鳥の首型フラスコの模型図

　以上の実験結果は自然発生説を否定するものであったが，重大な事実が見逃されていた．パスツールの実験では肉の浸出液を用いていたが，枯れ草から得た浸出液を使用すると，長時間加熱しても微生物が増殖することが知られていた．これが自然発生説を主張する人たちの大きな論拠になっていた．
　この問題を解決したのがイギリスの物理学者ティンダル（J. Tyndall, 1820〜1893）である．彼は空気中の懸濁粒子の研究を通じて，枯れ草に由来する細菌には熱に安定な**内生胞子**（endospore, 芽胞，図 1.4）が存在することを示した．そして，このような細菌には，熱にきわめて安定な時期とあまり安定ではない時期があることを見いだし，**間けつ殺菌法**（ティンダリゼーション，tyndallization）を考案した．これは，加熱前に一定期間放置し，胞子を発芽させて熱にあまり安定でない栄養細胞にしたあとに加熱することによって殺菌する方法である．**高圧蒸気殺菌法**（オートクレーブ法，図 1.5）が行われる前には広く使用されていた．
　このような経緯により，長い間論争されてきた自然発生説は完全に否定された．しかし，長期的な視野に立って地球上における生命の起源にまでさかのぼると，生命の自然発生を否定することはできない．

1.4　発酵と腐敗——有機物の変換における微生物の役割

　自然発生説の論争と並行して，有機物を含む浸出液中で増殖する微生物と同時に生じる化学変化との関係が論じられた．この化学変化は**発酵**

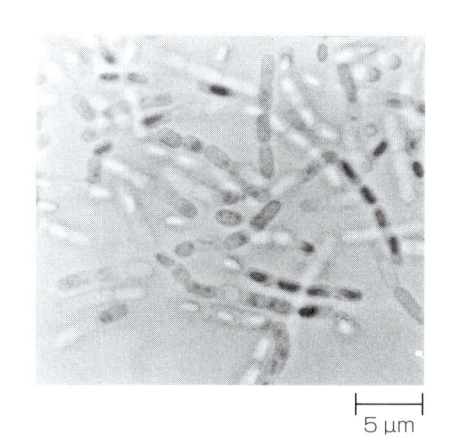

図 1.4　内生胞子の顕微鏡写真
細胞内の白く光っている部分が胞子．

図 1.5　オートクレーブ

(fermentation)と**腐敗**(putrefaction)というかたちで認識されていた．当時の定義では，発酵とは，アルコールや乳酸などの有機酸の生産過程であり，香気を発生し，主として植物性物質である糖を原料とする反応であった．一方，腐敗とは，悪臭を発生するような，主として動物性原料中のタンパク質を分解する過程であるとされた．ドイツの生理学者シュワン(T. Schwann, 1810〜1882)などは，発酵や腐敗は微生物の増殖にともなう細胞の活動によって生じることを示した(**生物学的発酵説**)．一方，当時の代表的な化学者であるリービッヒ(F. J. Liebig, 1803〜1873)などは，発酵や腐敗は微生物の働きによるのではなく，純粋な化学反応であると主張した(**化学的発酵説**)．

この論争に大きな影響を与えたのもパスツールである．彼は，アルコール発酵や乳酸発酵には，それぞれ異なる特定の微生物が関与し，微生物の増殖とともに発酵が進行することを明確に証明した．その結果，生物学的発酵説が有力となった．

また，パスツールは，酪酸発酵[*2]において，酸素が存在しないと増殖するが，存在すると増殖しない微生物(**偏性嫌気性菌**, obligate anaerobe)が活動していることを見いだした．この研究を通じて，酸素の存在下で活動する微生物と非存在下で活動する微生物があることを示し，それぞれに対して**好気的**(aerobic)，**嫌気的**(anaerobic)という概念を与えた．さらに，**酵母**(yeast)は酸素が存在しないとアルコール発酵を行うが，酸素が存在するとアルコールを生成せずに細胞の増殖が促進され，細胞量も増大することを見いだした．このような現象を**パスツール効果**(Pasteur effect)といい，酵母のような微生物を**通性嫌気性菌**(facultative anaerobe)という．アルコール発酵は，酵母にとっては嫌気条件下でエネルギーを獲得する手段になっていることが示された．

[*2] ブタノール(酪酸)発酵ともいう．偏性嫌気性菌である *Clostridium* 属によって嫌気条件下でグルコースからブタノール(C_4H_9OH)が生成する発酵である．この発酵はヘテロ発酵と呼ばれ，ブタノールのほかにアセトンやエタノールも同時に生成される．

パスツールは，以上の研究を通じて発酵工業に寄与した．この分野における彼のもう一つの貢献は，食品の殺菌法の発明である．ブドウ酒やビールの劣化を引き起こす微生物を殺菌するには，煮沸は必要ではなく，50〜60℃程度の比較的低温で加熱すればよいことを見いだした．この温度なら製品の味や香りに影響を与えない．このような低温殺菌法は**パスツーリゼーション**（pasteurization）と呼ばれ，現在でも食品工業で広く用いられている．

1897年になって，ドイツの化学者ブフナー（E. Buchner, 1860〜1917）は，酵母細胞をつぶし，生きた細胞をまったく含まない抽出液に保存の目的で多量の砂糖を加えておいたところ，**アルコール発酵**（alcohol fermentation）が起こることを偶然に発見した（図1.6）．さらに，細胞内のタンパク質の一種が触媒となってアルコール発酵を引き起こすことを証明した．ブフナーは，これらのタンパク質が**酵素**（enzyme）であることを確認し，アルコール発酵にかかわる一連の酵素を**チマーゼ**（zymase）と名づけた．

この発見は各種物質の代謝研究の契機となり**生化学**（biochemistry）が発展していったが，一方で，生物学的発酵説に打撃を与えることになった．酵素

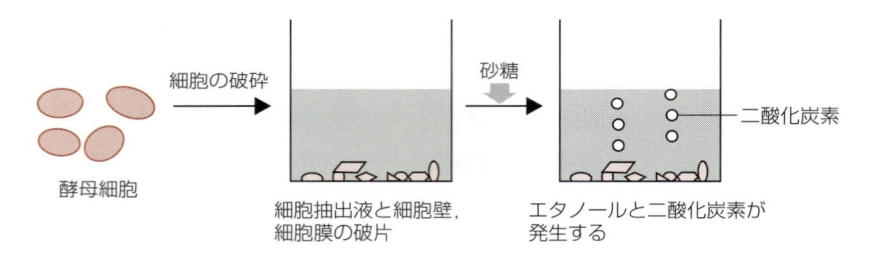

図1.6　細胞抽出液によるアルコール発酵の発見（ブフナー）

Column

パスツールは優れた"化学者"でもあった

パスツールは，本文に示すように，現在の微生物学の基礎になる数多くの重要な発見をしているが，化学の分野においても，非常に重要な発見をしている．パスツールは，ブドウに含まれる酒石酸の水溶液に偏光という特殊な光を当てると通過光が偏光面を右向きに回転させるが，化学的に合成した酒石酸（ブドウ酸）の場合，化学反応や分子式はブドウ由来の酒石酸と同じであるにもかかわらず，その水溶液は偏光面を回転させないことを見いだした．さらに詳しく調べると，ブドウ酸には右向きに回転させる成分（ブドウに含まれる酒石酸と同じ物質）と左向きに回転させる成分が等量含まれていることがわかった．パスツールは合成した酒石酸の結晶をつくり，二つの成分を分けること（光学分割）に成功した．この二つの成分はちょうど左手と右手の関係にあり，鏡に映すと対称の化学構造となるが，両者を重ね合わせることはできない．この発見は，有機化合物には鏡像異性体が存在することを証明したものであり，その後の立体構造化学の発展の基礎となった．

反応は触媒をともなった化学反応であり，発酵や腐敗は化学反応によるとするリービッヒらの主張が正しかったことになる．リービッヒらの主張には必ずしも実験的な裏づけがあったわけではなく，直観に基づいたものであったが，その正しさが証明される結果になった．しかし，発酵や腐敗に関与する酵素は微生物の細胞成分であり，その意味では生物学的発酵説もまちがいではなかったといえる．

1.5　病原菌としての微生物

　発酵や腐敗が微生物細胞の活動によって生じるとの生物学的発酵説が盛んであったころ，動物や植物の病気の原因も微生物であることを示す証拠が出てきた．とくに1865年，パスツールの影響を受けたイギリスの外科医リスター（J. Lister, 1827～1912）は，外科手術後に生じる敗血症は空気中に浮遊する微生物に起因すると考え，手術を行う際，手術器具を殺菌し，手術室や傷口をフェノールで消毒した．その結果，手術後の死亡率を大幅に減少させることができた．リスターの研究により，ヒトの病気が微生物によって引き起こされる可能性が示された．

　動物の病気と微生物の関係を明確にしたのはドイツの医師コッホ（R. Koch, 1843～1910）である．コッホは炭疽病の研究を通じて細菌学の研究方法を確立した．すなわち，病気とそれを引き起こす微生物との因果関係を証明する方法を示したのである．それは次の4点から構成されており，各項目を実験によって証明することにより，その病気はある特定の微生物が原因であると論証できる．

① その病気にかかった組織には，ある特定の微生物が存在する．
② その病気にかかった宿主から，特定の微生物を分離し，純粋培養できる．
③ 純粋培養した微生物を，感受性をもつ宿主に接種したとき，同じ病気にかかる．
④ 感染させた宿主から再び，その微生物が分離される．

　このような方法論を確立することにより，コッホは，1876年の *Bacillus anthracis*（**炭疽菌**）の発見後，1882年に *Mycobacterium tuberculosis*（**結核菌**）を，1883年に *Vibrio cholerae*（**コレラ菌**）を，次々発見した．その後の25年間で，ヒトの病原菌のほとんどが発見された．この進展は，コッホにより病気とそれを引き起こす微生物との因果関係を証明する研究方法が示されたことが大きな要因となっている．

　コッホを中心とするドイツ学派が，ヒトの感染病原微生物の分離，培養，菌の性状，同定で大きな成果を上げたのに対し，パスツールを中心とするフランス学派は，感染病の発病のメカニズムや病気からの回復に重点を置く研

1章 微生物学の歴史

究を進めてきた．その結果，鶏コレラ，炭疽病，狂犬病などに対する**ワクチン**(vaccine)を完成し，**免疫学**(immunology)のパイオニアとしても大きな役割を果たした．

ドイツ学派やフランス学派による研究と前後し，19世紀から20世紀前半にかけて，多数の原生動物，真菌，ウイルスが病原微生物(病原体)として発見された．とくに**ウイルス**(virus)は，細菌より小さく，細菌細胞をろ別するろ過器を通過してしまう病原体として，1892年，ロシアの植物学者イワノフスキー(D. I. Ivanovski, 1864～1920)により発見された．当初，彼は，このウイルスをタバコモザイク病の病原体として見いだした．その後，植物や動物の病気の多くがウイルスを病原体として発病することがわかった．

1.6　純粋培養法の確立

微生物の実験でしばしば悩まされるのは，培養している微生物が単一の種類(**純粋培養**, pure culture)なのか，複数の種類が混合している(**混合培養**, mix culture)のかという問題である．この問題は，個々の微生物細胞が肉眼では識別できないほど小さいために生じる．もし，複数の種類の微生物が混合状態にあるなら，それらを培養して得られる現象と，目的とする特定の微生物との正確な因果関係は得られない．たとえば，混合培養した培養液中に，異なった形状の細胞が顕微鏡で見られた場合，増殖中にある菌の細胞の形状が変化したのか，もとから形状の異なる微生物が存在していたのか区別することはできない(図1.7)．混合培養で興味ある現象を見つけても，その現象を再現することは困難である．パスツールは微生物学の分野で多くの成果を

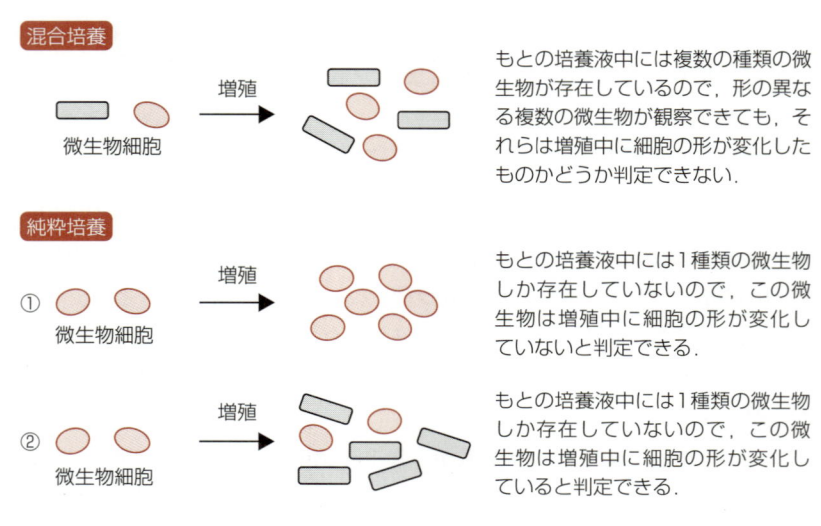

図1.7　純粋培養と混合培養

上げたが，彼の実験の多くは混合培養で行われており，上記の問題にしばしば直面したといわれている．

コッホは，純粋培養の重要性を早くから認識し，純粋培養法やそれにふさわしい栄養源(培養基)の研究に力を注いだ．純粋培養を行うためには，まず，混合状態にある微生物をそれぞれ分離すること(**純粋分離**)が必要である(2.1.2項参照)．純粋分離で重要なのは，固体培地に使用する固化剤である．コッホは初め，ジャガイモを薄く切り，ペトリ皿に入れ，この上で微生物を純粋分離しようとした．しかし，微生物がジャガイモ上を移動すること，またジャガイモはすべての微生物にとって良好な栄養源ではないことなどの理由から，この方法は不適当であることがわかった．次に使用したのはゼラチンであった．ゼラチンは加熱して液化したあとに冷却すると固化するので，それぞれの微生物の栄養源を含む培地を自由に設定できる．また，固化した培地は透明であるから，出現したコロニーを容易に識別できる(図1.8)．

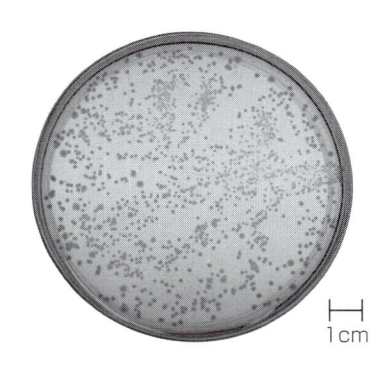

図1.8 ペトリ皿上の培地に増殖した細菌のコロニー

コッホはゼラチンで固化した培地を用いて多くの成果を上げたが，ゼラチンにも不都合な点があった．ゼラチンはタンパク質であり，多くの微生物によって分解され，液化する．また，28℃で液化するため，それ以上の温度で培養するには不都合である．そこで，ゼラチンに代わる固化剤として用いられたのが寒天であった．寒天は紅藻類のテングサ(海草)から得られた多糖類であり，微生物によって分解されにくい．溶解する場合は100℃で数十分加熱する必要があるが，一度溶解すると45〜50℃までは固化しない．寒天は現在でも微生物学の実験で広く使用されている．

純粋分離，純粋培養法を確立するためには，微生物の増殖を容易にする培地が必要であった．コッホは，病原微生物は動物宿主の組織内で増殖するので，動物外で培養させるためには，その環境に近い物質を栄養源とするのがいいと考え，肉エキスとペプトン(タンパク質を酵素分解したもの)とNaClを含む肉汁培地を考案した(表2.1参照)．この培地は，現在でも広く微生物学の実験で使われている．

このような経緯により，コッホは，純粋分離，純粋培養法を完成させた．こうした技術は，微生物学を発展させるための基本的な実験手法であり，1.5節に記した病気とそれを引き起こす微生物との因果関係を証明する研究方法の裏づけとなった．科学が大きく進歩するためには，研究方法（論）の確立とともに，それを支える基本的な技術が必要なのである．

1.7 地球化学的物質循環にかかわる微生物の発見

1.4節に記したように，有機物の化学変化における微生物の役割が解明されたあと，19世紀末から20世紀初頭にかけて，地球レベルでのさまざまな化合物の化学変化も微生物によって引き起こされることが明らかにされた．

ロシアの微生物学者ヴィノグラドスキー（S. N. Winogradski, 1856～1953）は**化学合成独立栄養菌**（chemoautotroph, 3.2.2項参照）を発見した．**従属栄養菌**（heterotroph, 3.2.2項参照）が有機物をエネルギー源および炭素源として増殖するのに対して，化学合成独立栄養菌は還元型無機化合物を酸化することにより，増殖に必要なエネルギーを獲得する．炭素源は二酸化炭素を固定することによって得ている．典型的な化学合成独立栄養菌である硝化菌（アンモニア酸化細菌）*Nitrosomonas* 属の菌は土壌中に生息し，アンモニアを亜硝酸塩に酸化することによりエネルギーを得ている．もう一つの硝化菌（亜硝酸酸化細菌）*Nitrobacter* 属の菌は，亜硝酸塩を硝酸塩に酸化することによりエネルギーを得ている（9.3.2項参照）．畑地などの好気条件下にある土壌環境では，硝化菌の活動が活発であるため，有機物の分解によって生成したアンモニアは短期間で硝酸塩に変換される．水素細菌，鉄酸化細菌，硫黄細菌なども化学合成独立栄養菌に属する．

ヴィノグラドスキーとオランダの微生物学者ベイエリンク（M. W. Beijerinck, 1851～1931）は，大気中の窒素ガス（N_2）を固定してアンモニアに変換する**窒素固定菌**（nitrogen-fixing bacteria）を発見した〔9.3.2項(2)参照〕．アンモニアは植物によって窒素源として利用される．窒素固定菌には，マメ科植物と共生する根粒菌 *Rhizobium* 属や単生窒素固定菌 *Azotobacter* 属など多種類の微生物がある．

化学合成独立栄養菌や窒素固定菌は，自身が生活を営み増殖することにより，地球上における無機物質の化学変化や循環に関与している（9.3節参照）．これらの発見は，のちに発展する微生物生態学の基礎となった．

ヴィノグラドスキーとベイエリンクは，さらに，上記の研究過程で新しい培養法である**集積培養法**（enrichment culture）を開発した．集積培養法とは，ある特定の微生物を分離しようとする場合，その微生物だけを増殖させることによって，その分離を容易にする技術である．特定の微生物だけを増殖させるためには，その微生物が好む炭素源，エネルギー源，窒素源，無機塩，

pHなどを設定する必要がある．もし，分離しようとする微生物が土壌などの試料中に少しでも存在すれば，設定した培地で長時間培養することによって増殖し，最終的には培地を占有するようになる．このようにして目的とする微生物を分離できる．

集積培養法は，現在でも広く利用されている利用価値の高い技術であり，ヴィノグラドスキーとベイエリンクの得た大きな成果を支えていた．

1.8 近代科学としての微生物学の発展

パスツールやコッホを中心とする科学者たちの研究によって発展した微生物学は，20世紀になってさらに飛躍的に発展した．その契機になったのは，1897年にブフナーが発見した，酵母の細胞抽出液による糖のアルコール（エタノール）への変換である．この発見により，微生物学における生化学分野が発展することになった．

また，**遺伝学**(genetics)は主として動物学や植物学の分野で研究されてきたが，1941年，アメリカの遺伝学者ビードル(G. W. Beadle, 1903〜1989)と生化学者テータム(E. L. Tatum, 1909〜1975)は，遺伝学研究の研究材料として*Neurospora*属（アカパンカビ）を用いて，さまざまな**突然変異株**(mutant)を作成し，**遺伝生化学**(genetic biochemistry)の分野を開拓した．1943年，アメリカの物理学者・分子生物学者のデルブリュック(M. Delbrück, 1906〜1981)と分子遺伝学者ルリア(S. E. Luria, 1912〜1991)は，*Escherichia coli*（**大腸菌**）と**ファージ**(phage，細菌に感染するウイルス)を用いて細菌の遺伝的研究を行い，細菌も変異することを示した．この発見は，他の研究者により，細菌の形質の変化はDNAを介して起こるという成果につながった．1953年，イギリスの分子生物学者クリック(F. H. C. Crick, 1916〜2004)とアメリカの分子生物学者ワトソン(J. D. Watson, 1928〜)は**DNAの二重らせん構造**(double helix structure)を提唱した．遺伝子の具体的な働きを解明する研究（**分子生物学**, molecular biology）では，その扱いやすさから大腸菌を主とする細菌とファージが用いられた．

1961年，フランスの分子遺伝学者ジャコブ(F. Jacob, 1920〜)と分子生物学者モノー(J. L. Monod, 1901〜1976)は，大腸菌におけるタンパク質の生合成と遺伝子の発現の仕組みを研究し，タンパク質の生合成における調節はいくつかの遺伝子が組み合わせられ，一つの単位となって行われるという**オペロン説**(operon theory, 7.3.1項参照)を提唱した．

1970年代になると，アメリカのバーグ(P. Berg, 1926〜)を始めとする多数の研究者により，**遺伝子組換え**(gene recombination)と呼ばれる画期的な技術が完成した．これは，微生物はもちろん，動植物由来の遺伝子を微生物の中で複製できる技術であり，言い換えれば，微生物，動物，植物の種の壁

を越えてどんな生物種のDNAでも組み換え，その機能を発現させることができることを示したものである．

以上のように，20世紀の微生物学は飛躍的な発展を遂げた．その成果は動物学や植物学における基本的な部分の発展を支える役割を果たしてきたといえる．

一方，微生物は，有用物質の生産者としての役割ももっている．アルコール飲料を始めとする発酵食品は微生物を利用して製造されるが，微生物は，ほかにも，人々にとって有用あるいは特別の作用を示す物質を生産することが明らかにされた．

その契機になったのは，1929年，イギリスの微生物学者フレミング(A. Fleming, 1881～1955)による**ペニシリン**(penicillin)の発見である．彼は，ブドウ球菌を培養中，偶然混入したアオカビがブドウ球菌を溶解する物質を生成していることを見いだした．ペニシリンの発見は，「ある微生物がほかの微生物の増殖を抑え，死に至らせる」という新しい概念を生み出した．1944年，アメリカの微生物学者ワックスマン(S. A. Waksman, 1888～1973)は，結核菌に効果を示す**ストレプトマイシン**(streptomycin)を放線菌から発見し，ペニシリンやストレプトマイシンのような化合物に対して**抗生物質**(antibiotic)という名前を与えた．その後，多数の微生物，とくに放線菌から多種類の抗生物質が見いだされ，人類を感染症の恐怖から救った．

微生物は，抗生物質だけでなく，ビタミンなどの生理活性物質や酵素，アミノ酸，ヌクレオチドなど，食品・医薬品分野において有用な物質を生産することが明らかにされた．とくに，微生物によるアミノ酸や呈味性ヌクレオチドの生産(アミノ酸および核酸発酵)技術は，主としてわが国で開発され，現在では大きな産業になっている(8.2節・8.3節参照)．

1.9　微生物学と生物学の融合

1.1節に示したように，微生物学は生物学とは異なる発展をしてきたが，発展の過程で相互に影響し合い，一部は融合するなどを繰り返してきた．現在では，両者はほぼ同じ概念に立脚しているといえる．最後に，微生物学と生物学の相互作用，融合の歴史をまとめる(図1.9)．

1897年，ブフナーが発見した酵母の細胞抽出液による糖のエタノールへの変換は，微生物生化学分野の発展の契機になっただけでなく，生物学における代謝研究に大きな影響を与えた．ドイツの生化学者マイヤーホフ(O. Meyerhof, 1884～1951)が中心になって解明した動物の筋肉における解糖系代謝経路〔エムデン-マイヤーホフ-パルナス経路，EMP経路，7.2.1項(1)参照〕は，ブフナーの発見が基礎になっており，基本的には，酵母における糖からエタノールへの代謝経路と同じであることがわかった．

1.9 微生物学と生物学の融合

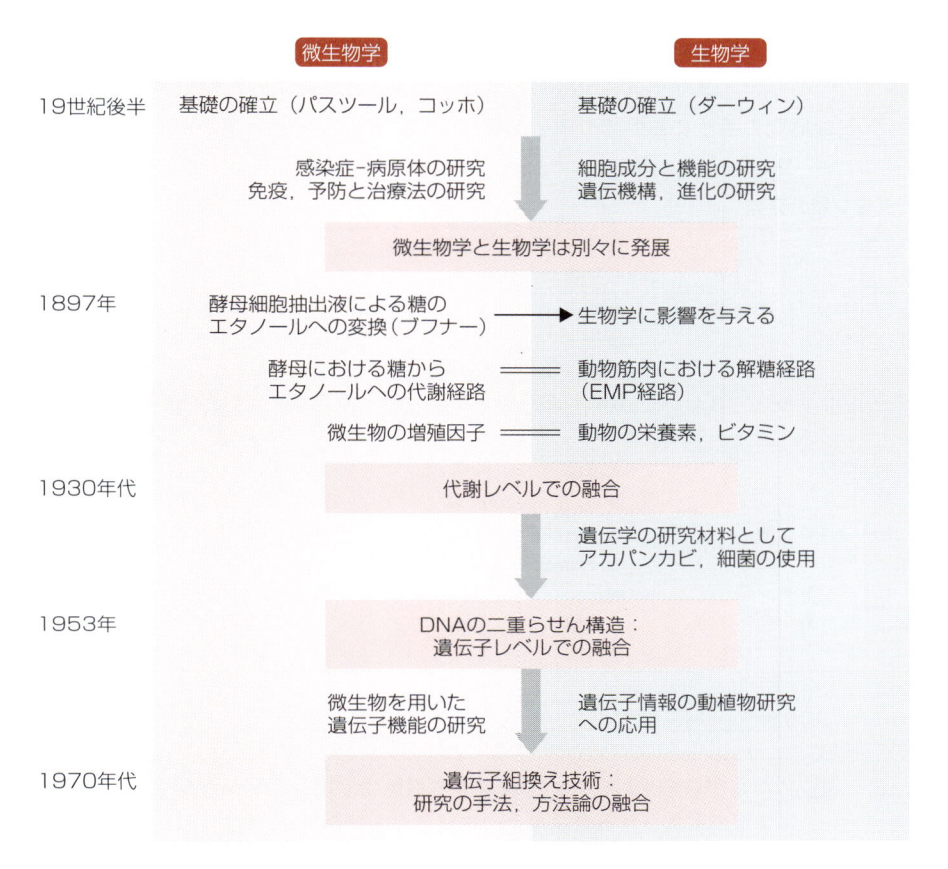

	微生物学	生物学
19世紀後半	基礎の確立（パスツール，コッホ）	基礎の確立（ダーウィン）
	感染症-病原体の研究 免疫，予防と治療法の研究	細胞成分と機能の研究 遺伝機構，進化の研究
	微生物学と生物学は別々に発展	
1897年	酵母細胞抽出液による糖の エタノールへの変換（ブフナー） → 生物学に影響を与える	
	酵母における糖から エタノールへの代謝経路 ＝ 動物筋肉における解糖経路 （EMP経路）	
	微生物の増殖因子 ＝ 動物の栄養素，ビタミン	
1930年代	代謝レベルでの融合	
		遺伝学の研究材料として アカパンカビ，細菌の使用
1953年	DNAの二重らせん構造： 遺伝子レベルでの融合	
	微生物を用いた 遺伝子機能の研究	遺伝子情報の動植物研究 への応用
1970年代	遺伝子組換え技術： 研究の手法，方法論の融合	

図 1.9　微生物学と生物学の発展と融合の歴史

　1910年，わが国の農芸化学者の鈴木梅太郎（1874～1943）は，動物の病気である脚気に効果がある物質として，オリザニン（ビタミン B_1）を米糠から発見したが，この発見はその後，生命維持のために必要な微量要素という概念に発展した．のちに多種類のビタミン類が発見されているが，一方で，微生物の増殖に必要な微量増殖因子（5.2.4項参照）として見いだされたいくつかの化合物が，ビタミン類と同一であることがわかった（表1.1）．これらの事実は，微生物も動物も同じ代謝系をもつことを示している．

　生物学における遺伝の研究は，メンデル（G. J. Mendel, 1822～1884）以後，ショウジョウバエやトウモロコシを研究材料として行われてきたが，1940年代以降はアカパンカビや細菌が遺伝研究の材料として使用されるようになった．その結果，遺伝学における研究材料として微生物の有用性が明らかになり，遺伝生化学が発展し，1953年のDNA二重らせん構造の発見につながった．その後の遺伝子の具体的な働きを解明する研究は，主として微生物を使って行われた．これらの研究から，微生物も動植物も同じ仕組みで遺伝情報の伝

達を行うことが明らかになり，微生物学と生物学の融合がなされた．

さらに，1970年代に発展した遺伝子組換え技術により，微生物学と生物学は研究の手法においても同じ基盤に立つことになった．

表1.1 ビタミン類の発見

	ビタミン	増殖因子として必要とする微生物	動物に対する生理作用
増殖因子などとして，動物において最初に発見されたビタミン	リボフラビン(B_2)	乳酸菌	ラット増殖因子
	チアミン(B_1)	酵母, *Staphylococcus aureus*	抗ラット，ヒト脚気因子
	ピリドキシン(B_6)	酵母，乳酸菌	抗ラット皮膚炎因子
微生物の増殖因子として最初に，または動物とは独立して発見されたビタミン	葉酸	乳酸菌	抗ニワトリヒナ貧血因子
	ビオチン(H)	酵母, *Rhizobium* 属	抗ヒト卵白障害因子
	ニコチン酸	*S. aureus*, *Corynebacterium diphtheriae*	抗ニワトリヒトペラグラ病因子
	パントテン酸	酵母	抗ニワトリヒナ皮膚炎因子
	リポ酸	乳酸菌	欠乏症は報告されていない
	シアノコバラミン(B_{12})	乳酸菌	抗ヒト悪性貧血因子

練習問題

1. 私たちが日常生活において経験する微生物が関与している現象や，微生物によって製造される食品などの物質名をあげなさい．
2. 単純顕微鏡と複合顕微鏡の違いやそれぞれのもつ長所，短所をあげなさい．
3. 顕微鏡の発明は画期的な微生物学の発展をもたらしたが，新しい発見や実験技術の進歩によって大きく発展した微生物学の各分野名と，その発見や技術の内容を示しなさい．
4. パスツールが微生物学において果たした役割を，年表を作ってまとめなさい．
5. 純粋培養法の確立によってどのような点が明らかになったのかを述べなさい．
6. 化学合成独立栄養菌と従属栄養菌の違いを，3.2.2項なども参考にしながら説明しなさい．
7. 微生物学の歴史において最も優れた発明・発見は何か，自分の考えを述べなさい．また，その理由も述べなさい．

2章 微生物の取扱い方

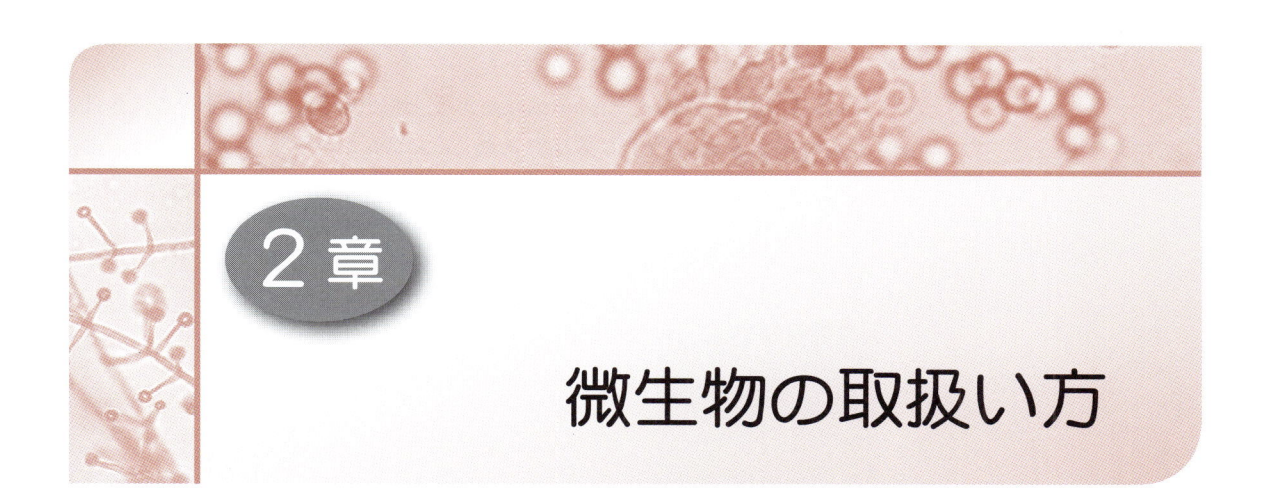

2.1 微生物の培養

微生物を適切に扱うためには,まず,微生物を**培養**(culture)する技術を習得することが必要である.微生物を培養する場合,最初に微生物を増殖させるための栄養源を用意する.この栄養源を**培地**(culture medium)という.培地には,寒天を加えて固化した固体培地と,寒天を加えない液体培地がある.培地には雑菌が含まれている可能性があるので,調製した培地や培養に用いるガラス器具などは**滅菌**(sterilization)する.滅菌した培地を用いて微生物を培養することになる.図2.1にこれらの手順の概要を示す.

培地を作製する → 滅菌した容器に培地を入れる → オートクレーブで滅菌する → 微生物を接種する → 培養する

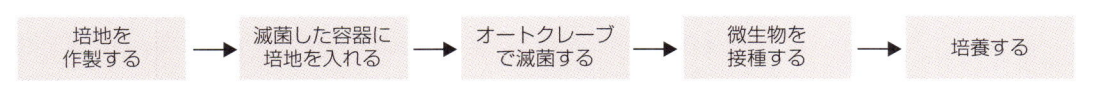

図2.1 微生物培養の手順

2.1.1 滅 菌

目的とする微生物を雑菌の混入なしに培養するためには,使用する器具をあらかじめ完全に滅菌し,外部から雑菌が入らないような処置を施す.

試験管を用いて培養する場合,図2.2に示すように,試験管の口を木綿綿で作製した栓(綿栓)や多孔性シリコン栓でふさぎ,外部からの雑菌を防ぐ.綿栓のほうがシリコン栓より空気の流通量が多いので,好気性の微生物の増殖には適している.綿栓の作製方法を習得すれば,任意の大きさ・固さの栓を作製できるので便利である.

滅菌の方法は対象物により異なる.試験管やフラスコは,綿栓をしたままで乾熱滅菌器に入れ,150〜160℃で30〜60分加熱して滅菌する.培地などの液体は,ガラス容器などに入れ,**オートクレーブ**(autoclave,図1.5参照)

を用いて121℃で15〜20分蒸気滅菌する．熱に不安定な物質を含む液体は，セルロースを原料とする**多孔質薄膜**（メンブレンフィルター，membrane filter）を用いて，ろ過により除菌する（図2.3）．また，微生物の移植に用いる白金線やニクロム線〔**白金耳**（platinum loop，図2.4）〕は，ブンゼンバーナーの火炎中で赤熱して滅菌する．

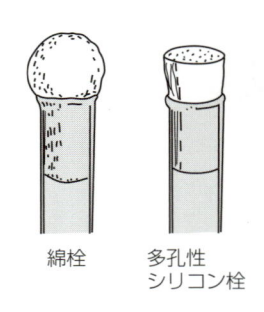

図2.2　試験管の培養栓
（綿栓／多孔性シリコン栓）

図2.3　ろ過除菌装置

図2.4　白金耳の種類
白金線（直線のまま）
白金鉤（先端をかぎ状にしたもの）
白金耳（先端をループ状にしたもの）
上の3種類を区別せずに白金耳と呼ぶことが多い．

2.1.2　純粋培養

純粋培養（1.6節参照）により，個々の微生物の性質を調べることができる．自然界ではさまざまな微生物が混在して生息しているから，純粋培養を行うためには，目的とする微生物のみを**純粋分離**しなければならない．

微生物の分離は，一般に，ペトリ皿上に作製した固体培地の平板を用いて行う．白金耳を滅菌したあと，試料の懸濁液に浸し，平板上で平行に線を引いていく（図2.5）．このとき，途中で休むことなく一気にペトリ皿の下端まで到達する必要がある．線を引いていくにつれ，平板上の接種量は次第に減少していくので，初めはさまざまな菌株が重なっているが，終わりのほうでは独立したコロニーが得られる．

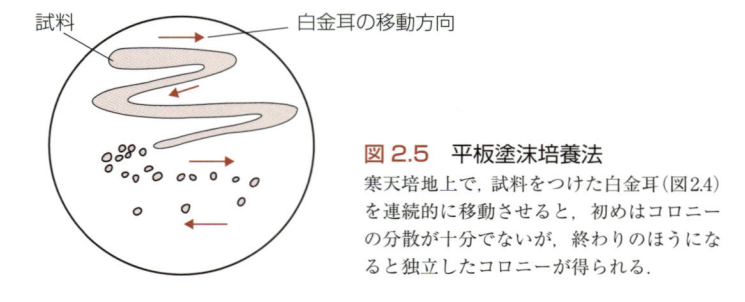

図2.5　平板塗沫培養法
寒天培地上で，試料をつけた白金耳（図2.4）を連続的に移動させると，初めはコロニーの分散が十分でないが，終わりのほうになると独立したコロニーが得られる．

完全に独立したコロニーは，単一の微生物細胞から増殖したと見なすことができるから，コロニーを白金耳で釣り上げ，綿栓をした試験管内の培地（**ス

ラント*¹に保存すれば純粋分離が完了する．このような純粋分離法を**平板塗沫培養法**という．この方法は技術的に容易であり，多数の試料を処理できるので，広く用いられている．

　微生物の培養には，それぞれの微生物に適する組成の培地を用いる．一般に，細菌には**肉汁培地**(表 2.1)を，カビと酵母には**麦芽エキス培地**(表 2.2)を用いる．培養は 20 ～ 40 ℃ で行う．微生物は増殖に際して酸素を必要とする**好気性菌**(aerobe)と酸素を必要としない**偏性嫌気性菌**，また，酸素が存在すると酸素を利用し，酸素が存在しないと硝酸塩などを利用して増殖する**通性嫌気性菌**に分けられる．したがって培養法もこれらの性質に基づいた方法を選択する．好気性菌を液体培地で培養するには，培地中に十分量の酸素を供給する必要があるため，**振とう培養**(shake culture)**装置**を用いる(図 2.6)．また，嫌気性菌を培養するためには，窒素や二酸化炭素で置換した容器内で培養する．

*¹ 試験管内に作製した斜面状の固体培地．オートクレーブ殺菌したあと，試験管を斜めに置いて試験管内の培地を冷却・固化する．スラントは培地の表面積が広くなるので，ここに植菌すると多量の微生物菌体を得ることができる．

表 2.1　肉汁培地の組成

肉エキス	1 g
ペプトン	1 g
NaCl	0.5 g
脱イオン水	100 ml
pH	7.2 ～ 7.4

表 2.2　麦芽エキス培地の組成

麦芽エキス	2 g
グルコース	2 g
ペプトン	1 g
脱イオン水	100 ml
pH	6.0

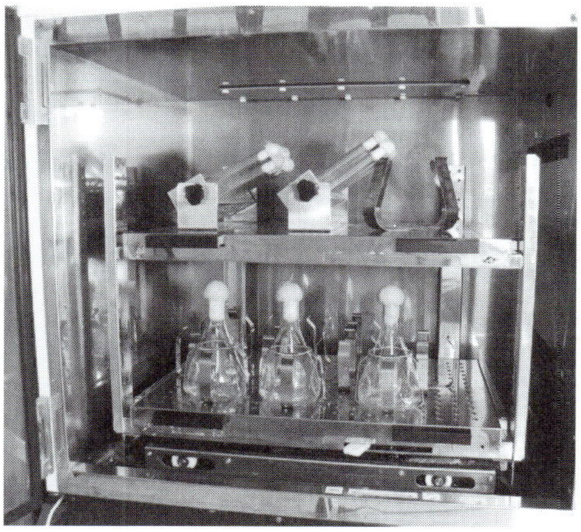

図 2.6　振とう培養装置

2.1.3　スクリーニング技術

　純粋分離法を応用すると，自然界に生息して特定の性質をもつ微生物を選択(**スクリーニング**, screening)することができる．スクリーニングを行う場合最も重要な点は，目的とする微生物を増殖させるための培地の設定である．表 2.3 に，スクリーニング用培地の例として，アニリン分解菌の分離に用い

る培地を示す．この培地では，アニリンが唯一の炭素源，エネルギー源，窒素源である(5.2.1項・5.2.2項参照)．酵母エキスは微生物の微量増殖因子(5.2.4項参照)として加えているので，炭素源，エネルギー源，窒素源とは見なされない．この培地に土壌などの微生物の分離源[*2]を加え，1〜2週間振とう培養(集積培養，1.7節参照)すると微生物が増殖し，培地が白濁してくる．この例で使用した培地の炭素源，エネルギー源，窒素源はアニリンのみなので，増殖した微生物は，アニリンを利用していると考えられる．

*2 微生物スクリーニングのための分離源としては，土壌，湖沼や河川の水，海水，動物の糞，落葉，果物などがあるが，土壌中には多種多様の微生物が生息するので(9.1.1項参照)，主として土壌が用いられる．また，スクリーニングしようとする微生物の性質に対応して，分離源を選択する．

表2.3　アニリン分解菌分離用培地の組成

アニリン塩酸塩	3.0 g
リン酸二ナトリウム・12水和物	9.2 g
リン酸一カリウム	3.0 g
塩化ナトリウム	0.5 g
硫酸マグネシウム・7水和物	0.5 g
酵母エキス	0.2 g
金属塩(4種類)	各 0.5 mg
脱イオン水	1000 ml
pH	6.8

白濁した培養液の一部を取り，新しい培地に接種して，さらに1〜2週間振とう培養する．再び培養液が白濁したら，表2.3に示す培地に寒天を加えた固体培地を用いて，平板塗沫培養法によりアニリン分解菌を純粋分離する．分離した微生物を再び液体培地に接種して培養し，培地中のアニリンの減少を確かめる．

アニリン分解菌のスクリーニングのような方法とは別に，目的とする微生物にほかの微生物から区別できるような印(**マーカー**)をつけて分離する場合がある．たとえば，目的とする微生物のみが着色するような培地や培養条件を設定したり，培養後，試薬を噴霧して発色を促すなどの工夫が行われる．

2.1.4　保存機関からの入手

微生物は，自然環境からスクリーニングして得る以外に，保存機関から入手することができる．日本では，(独)製品評価技術基盤機構バイオテクノロジー本部 生物遺伝資源部門[*3]が，各種の真菌類(カビ，酵母)，細菌，古細菌，バクテリオファージの分譲を行っている．また，アメリカには世界最大の保存機関 ATCC(The American Type Culture Collection，アメリカ標準菌株保存機関)があり，ここからも入手できる．

*3　所在地と URL
千葉県木更津市かずさ鎌足2-5-8
http://www.nite.go.jp/

2.2　肉眼による微生物の観察

微生物はきわめて小さく，個々の細胞を肉眼で見ることはできない．しか

し，微生物細胞の集団である**コロニー**は肉眼で観察することができる．コロニーは個々の細胞の性質を反映していると考えられるから，コロニーを肉眼で観察することにより，微生物を識別できる．肉眼による観察は，短時間で容易に行うことができるので，微生物の分離や同定を行う場合(3.2.1項参照)，有力な手段となる．

微生物のコロニーを観察する場合，平板固体培地で培養したコロニーを観察するのが便利である．平板培地の中央に観察する菌株を接種し，数日間培養したあと，増殖の程度，コロニーの色，光沢，大きさ，形，隆起，コロニー周辺の形状などについて観察する．

また，中型の試験管を用いて液体培養を行い，増殖の程度(濁り・沈殿の有無およびそれらの量)，培養液表面上の増殖具合(試験管壁上のリング・菌膜の有無およびそれらの量)，ガスの発生，pHの変化，臭気の発生，培養液の色の変化，培養液の粘性の変化などについて観察する．

これらの肉眼による観察から，対象菌株の性質について多くの情報が得られる．たとえば，平板培地でコロニーが着色する場合，この菌は特有の色素を生産していることになり，同定の際の有力な情報となる．また，試験管液体培養において，ある菌株が培養液の表面のみで増殖する場合は好気性菌であり，培養液全体で増殖が観察される場合は嫌気性菌であることがわかる．

2.3 光学顕微鏡による微生物の観察

肉眼で見えない個々の微生物細胞は，**光学顕微鏡**(light microscope)によって観察できる．光学顕微鏡は解像力の点で電子顕微鏡に劣るものの，細菌を含めてほとんどの微生物細胞を観察できる．また，容易に入手できる機器なので，光学顕微鏡の扱いに慣れることは微生物学を学ぶうえできわめて重要である．

2.3.1 光学顕微鏡の種類と扱い方

(1) 生物顕微鏡

一般の生物実験に用いられる(図2.7)．接眼レンズと対物レンズを組み合わせることによって試料の像を拡大する．分解能は0.2 μmなので，それ以下の大きさの微生物，とくにウイルスは観察できない．微生物のなかでも細菌の細胞は小さいので，**油浸法**(oil immersion)を用いる．これは専用オイルを対物レンズとカバーグラスの間に置くことにより，対物レンズの開口数[*4]を増加させ，試料を見やすくする方法である．

油浸法により，1000〜1500倍の倍率を得られる．なお，油浸法を行った場合には，使用後にエタノールなどを用いて対物レンズのオイルを落とすことが必要になる．

[*4] レンズの解像力，焦点深度，像の明るさに関係するパラメーターである．

生物顕微鏡を始めとする光学顕微鏡を用いて微生物試料を観察する場合に最も大切なことは，最初に低倍率のレンズで観察して目的とする対象物を視野に入れたあと，順次高倍率のレンズに切り替えることである．このようにすることで高倍率でも焦点を合わせやすくなり，対象物を容易に観察できる．また，焦点を合わせる場合，まず対物レンズをカバーグラスに近づけ（このとき接眼レンズはのぞかない），次に接眼レンズをのぞきながら対物レンズをカバーグラスから離していき，焦点を合わせる．このような操作により，対物レンズの損傷を防ぐことができる．

（2）実体顕微鏡

生物顕微鏡を改良し，野外で採取した昆虫や植物の観察ができるようにしたものである．(図 2.8)

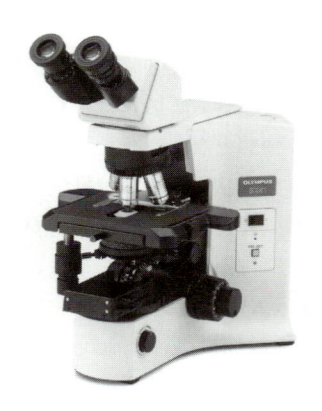

図 2.7　生物顕微鏡　　図 2.8　実体顕微鏡

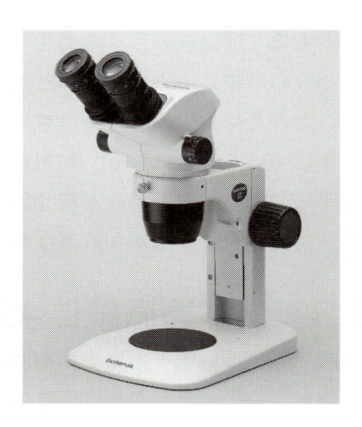

（3）位相差顕微鏡

無色透明な生体試料に明暗のコントラストをつけることにより，染色せずに観察する顕微鏡である．生きた状態の生物細胞をそのまま観察できる．

（4）微分干渉顕微鏡

位相差顕微鏡が明暗だけをつけたのに対し，色のコントラストを加えたものである．明暗と色のコントラストを連続的に変化させた像を立体的に見ることができる．

（5）蛍光顕微鏡

試料に紫外線や可視光線を当て，励起された蛍光を観察する装置である．励起された蛍光は微弱なので，暗所で観察する必要がある．

2.3.2　細菌の染色

多くの微生物細胞は顕微鏡で観察すると白色に見え，鮮明な像が得られな

い．そのため，微生物細胞を**染色**(staining)してから観察を行う．染色の方法は，それぞれの目的に応じたものが開発されている．

(1) グラム染色

グラム染色(Gram stain)は，1884年，ドイツの医学者グラム(H. C. Gram)によって見いだされた染色法である．細菌は，細胞表層の構造の違いにより，**グラム陽性**(gram-positive)と**グラム陰性**(gram-negative)の二つに分類される．染色法の原理は，染色剤(クリスタルバイオレット)で細菌細胞を染色してヨウ素(I_2-KI溶液)で処理したあと，95%エタノールで洗浄したときに，クリスタルバイオレットが脱色されるか否かを判定するというものである．脱色されない細菌を**グラム陽性菌**，脱色される細菌を**グラム陰性菌**とする．

グラム染色性は細菌の分類・同定法の基本的な指標になっており，この判定を誤ると菌株の分類・同定に支障をきたすので，染色技術に十分慣れることが必要である．グラム染色の際，対照菌として，典型的なグラム陽性菌である *Staphylococcus aureus* と典型的なグラム陰性菌である大腸菌を用いると，誤りが少ない．また，グラム陽性菌でも古い菌体はグラム陰性を示すので，植菌後24時間以内の若い菌体を用いる．

図2.9に対照菌を用いたグラム染色法を示す．実際にグラム染色性を判定する場合，顕微鏡で微生物細胞を観察するより，スライドグラス上で判定するほうがわかりやすく，短時間で判定できるので，顕微鏡を使わない方法をすすめる．

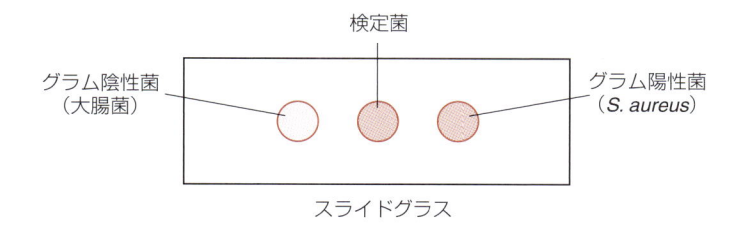

図2.9 細菌のグラム染色法
検定菌が対照菌のどちらと同じ色になったかを見る．

細菌のなかには，グラム陽性菌あるいはグラム陰性菌として明確に分類できないものがある．このような場合には，培養時間を変えたり，異なる培地組成の培地で培養して得た菌体を用いて染色を行う．また，ほとんどのグラム陽性菌は細胞膜内にメナキノン[*5]をもち，グラム陰性菌はユビキノン[*6]をもっているので，微生物細胞内のキノンを薄層クロマトグラフィーで分析することにより，グラム染色性を判定することができる．

(2) べん毛染色

細菌の細胞表層に存在する**べん毛**(flagellum, 4.1.5項参照)の着生状態は，

[*5] 血液の凝固を促進するビタミンKの一種でビタミンK_2とも呼ばれる．グラム陽性菌が電子伝達系(7.1.2項参照)の成分として生産する．

[*6] 補酵素Q, CoQ(コエンザイムQ)とも呼ばれる．グラム陰性菌，酵母，動植物における電子伝達系(7.1.2項参照)の成分としての役割を担っている．

細菌を分類・同定するうえで重要な指標となっている（図2.10, 2.11）．べん毛は，らせん構造をもっており，タンパク質からできている．べん毛はきわめて細いので，光学顕微鏡で観察することはできない．そこで，べん毛がタンパク質であることを利用して，塩基性フクシンなどの色素を含むタンニン酸をべん毛に付着させて太くしたあと，光学顕微鏡で観察する．この方法を**べん毛染色**という．

べん毛染色では，染色時間が短いと，観察できるだけの太さのべん毛標本ができない．また，染色時間が長いと，付着する量が多すぎて，個々のべん毛を観察できなくなる．現在，実験室で最も多く用いられる**戸田法**は，染色時間を変えた数枚のスライド標本をつくり，そのなかから最もよい標本を選ぶので，合理的な染色法とされている．

すべての細菌がべん毛をもっているわけではなく，べん毛をもたない細菌も多い．べん毛をもたない細菌は，運動性をもたないとされる．

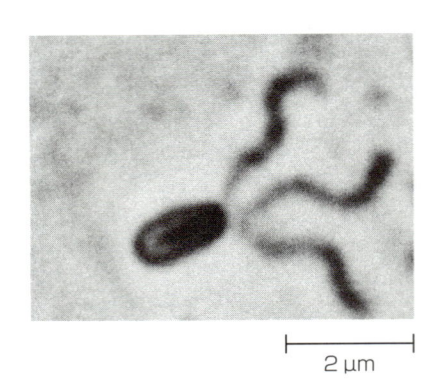

図2.10　細菌の極べん毛

図2.11　細菌の周べん毛

（3）胞子染色

胞子〔spore（**内生胞子**，図1.4・4.1.6項参照）〕の有無もまた，細菌の分類・同定上重要な指標になっている．胞子は細菌の増殖環境が悪くなった場合に形成されるので，**胞子染色**では，培養開始後2〜5日の菌体を用いる．胞子は光を強く屈折するので，染色しなくても観察できる．この場合，位相差顕微鏡を用いると鮮明な像が得られる．また，マラカイトグリーンなどの色素を用いて染色すると，より鮮明な胞子の像が得られる．

2.3.3　スライド培養

細菌や酵母の分裂・増殖状態を連続的に調べる場合は，スライドグラス上に薄い層状にした固体培地を置き，その上で微生物を培養して顕微鏡で観察する．このような方法を**スライド培養**（slide culture）という．この方法は，

標本の作製時に壊れやすいカビの構造を観察する場合にも用いられる．

2.3.4 微生物の大きさの測定

微生物細胞の大きさは，**接眼ミクロメーター**と**対物ミクロメーター**を組み合わせることにより容易に測定できる（図2.12）．1目盛り 0.01 mm のきざみ線がある対物ミクロメーターを顕微鏡のステージに置く．接眼ミクロメーターは，顕微鏡の接眼レンズ内にある円形の棚に置く．接眼ミクロメーターにも目盛りがきざまれているので，両ミクロメーターの目盛りを合わせることにより，接眼ミクロメーターの1目盛りの長さが算出できる．これを用いて，ステージに置いた標本中の微生物細胞の大きさを測定できる[*7]．

[*7] 微生物細胞数の測定については，5.1.3項で説明しているので，そちらを参照のこと．

接眼ミクロメーター

対物ミクロメーター

対物ミクロメーターの目盛り
接眼ミクロメーターの目盛り

接眼，対物ミクロメーターを重ねたところ

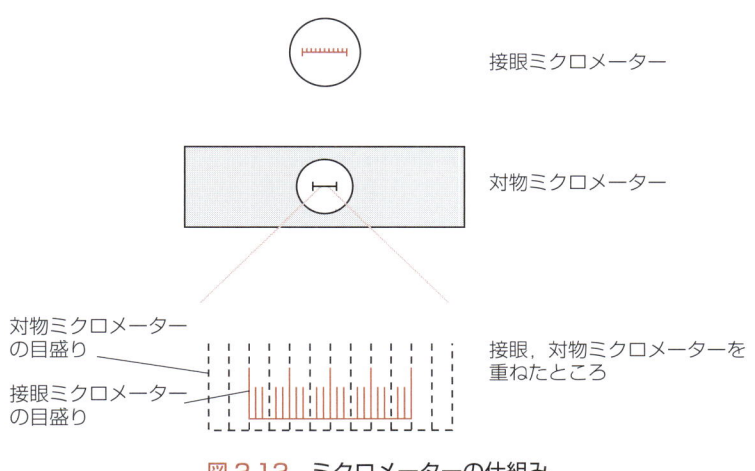

図2.12 ミクロメーターの仕組み

2.4 電子顕微鏡による観察

光学顕微鏡が可視光線を用いるのに対して，**電子顕微鏡**（electron microscope）は，波長の短い電子線を使用した装置であるが，原理は両者とも同じである．また，光学顕微鏡ではガラスレンズを使用するのに対して，電子顕微鏡では電磁レンズを用いる．電子顕微鏡の分解能は 10 Å（1 nm）である．電子顕微鏡には次の2種類の型がある．

(1) 透過型電子顕微鏡

電子線を用いて試料を透過させ，透過した電子線による像を投影レンズで拡大して観察する型である．かなり古い歴史をもつ（図2.13）．

(2) 走査型電子顕微鏡

細かく絞られた電子線が試料表面上を走査し，そのとき発生する二次電子，反射電子などをブラウン管で映像化したものである（図2.14）．

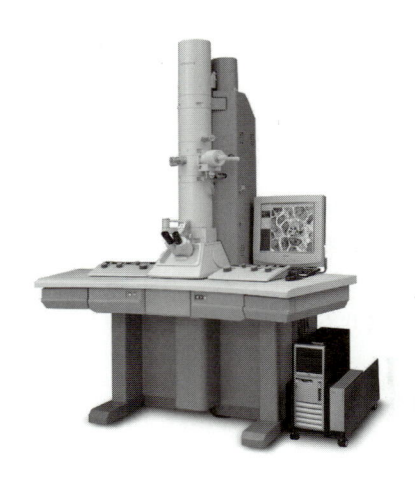

図 2.13 透過型電子顕微鏡

図 2.14 走査型電子顕微鏡

2.5 微生物の生理機能の解析

これまで述べてきたように，微生物細胞の形態，べん毛の有無，胞子形成能などは顕微鏡観察によって調べることができる．しかし，微生物は，このような形態学的特徴以外に，さまざまな生理学的特徴をもっている．生理学的特徴は主として，その微生物が生産する酵素の活性測定や生産物の検出によって調べることができる．このようにして得られた特性は微生物の分類・同定に用いられ，ある酵素を大量に生産させるための基礎データとしても使用される．

微生物の生理機能や微生物の生産する生理活性物質を解析するためには，その微生物の休止菌体や細胞抽出液を得る必要がある．

2.5.1 微生物の生産する物質の検出

(1) ミルクに対する作用

新鮮な牛乳に指示薬としてリトマスを加えたあと，植菌して培養経過を観察する．pH の変化によるリトマスの色の変化・脱色，ミルクの凝固・透明化（ペプトン化[*8]）などを観察する．

(2) ゼラチンに対する作用

ゼラチンを含む培地を用い，微生物によるゼラチンの分解性を観察する．ゼラチンが分解されると液状になる．ゼラチンはタンパク質なので，ゼラチンが液化されるということは，その菌がタンパク質分解酵素をもつことを示す．

(3) 硝酸塩の還元

微生物のもっている硝酸還元酵素活性を測定する．硝酸塩の還元によって

[*8] タンパク質が，トリプシンやペプシンなどのタンパク質分解酵素の加水分解作用によって低分子ペプチド（ペプトン）に変換されること．牛乳タンパク質は不溶性であるが，ペプトンは可溶性であるので，ペプトン化により牛乳は透明になる．

生成した亜硝酸塩を,スルファニル酸とα-ナフチルアミンからなる発色試薬を用いて検出する.

(4) デンプンの分解
デンプン分解酵素(アミラーゼ)の活性を測定する.デンプンを含む固体培地を用い,デンプンの分解をヨウ素-デンプン反応で調べる.分解されないデンプンは青色になり,分解されたデンプンは薄い褐色から無色に変わる.

(5) セルロースの分解
培地中に短冊に切ったろ紙を入れ,ろ紙の分解を観察する.この試験はかなり長期間(1ヶ月以上)を要する.

(6) 色素の生成
色素を生成させるための特殊な培地を用いて培養し,非水溶性色素(微生物菌体が着色する)あるいは水溶性色素(培地全体が着色する)の生成を観察する.微生物によっては蛍光性色素を生成するので,紫外線(254 nm)を当てて蛍光性を確認する.

(7) O-Fテスト
O-Fテストは,さまざまな糖を含む培地を調製し,微生物が糖から酸を生成するかどうかを調べるものである.好気(O, oxidative)と嫌気(F, fermentative)の両条件を設定して判定する.酸の生成は,培地に加えた指示薬であるブロモチモールブルーの色の変化で判定する.

(8) 炭素化合物の利用試験
各種の炭素化合物が微生物によって炭素源およびエネルギー源として利用されるか否かを調べる.炭素化合物を含む液体培地を用い,その微生物の増殖を,培地の濁度の増加(微生物が増殖すると白濁する)によって調べることができる.

2.5.2 休止菌体の調製

休止菌体(resting cell)は,微生物を培養したあと,菌体を緩衝液などで洗浄して得た細胞のことである.増殖中の細胞は**増殖菌体**(growing cell)といい,休止菌体とは区別している.

微生物の休止菌体中には,酵素を始めとする多くの細胞成分が含まれているため,いろいろな実験に用いることができる.また,休止菌体内に存在する酵素は,その微生物が増殖した環境に適応して生合成されている.この微生物菌体を用いて有用物質の生産が行われている.

休止菌体を調製するときに注意することは,その微生物を収穫する時期の選定である.微生物菌体中の成分は増殖期(5.1.2項参照)に応じて変化するので,実験の目的にかなう収穫の時期を設定する.たとえば,できるだけ大量の菌体を得ようとする場合には定常期の菌体を収穫する.菌体内の誘導酵

素を得ようとする場合には，誘導物質（基質）が十分残っている指数増殖期に収穫するのがよい．誘導物質が少なくなると菌体内の酵素量は急激に減少するので，注意が必要である．定常期を過ぎた死滅期の菌体は，自己消化により溶菌するようになる．

休止菌体の収穫は**遠心分離**（centrifugation）によって行う．細菌は酵母やカビに比べて細胞が小さく沈殿しにくいので，高速回転が可能な遠心分離機を用いる．一度遠心分離して得た菌体を，実験に使う緩衝液や生理食塩水（0.8％塩化ナトリウム溶液）に懸濁して，再び遠心分離を行う．この操作を**菌体の洗浄**という．菌体を洗浄する場合，脱イオン水を用いると，浸透圧により細胞が破砕したり，遠心分離を行っても十分に沈殿しなかったりするので，緩衝液や生理的食塩水（0.8％食塩水）を用いる．洗浄操作をもう一度繰り返して得た菌体を冷蔵庫に保存する．

2.5.3　細胞抽出液の調製

微生物の細胞内に存在する物質を調べるためには，**細胞抽出液**（cell extract）を調製する必要がある．微生物の細胞表層は硬い細胞壁によって覆われている（4.1.1 項参照）．したがって，細胞抽出液を調製するには，細胞壁を器械で破砕したり，酵素を用いて溶解したりする必要がある．

細菌の細胞を破砕するのに最もよく用いられる器械は，**超音波破砕装置**である．この装置は振動数が 10 kHz の音波を発生させ，細胞を破砕する．グラム陽性菌はグラム陰性菌に比較して破砕されにくいが，処理時間を長くすることにより，ほとんどの細菌の細胞は破砕される．

酵母細胞やカビ菌糸は超音波処理では破砕されにくい．このような場合には，ガラスビーズとともに菌体を磨砕することによって細胞を破砕する装置を用いる．

破砕した細胞は，遠心分離によって未破砕の細胞や不溶性画分を沈殿させ，上清を細胞抽出液としてさまざまな実験に用いる．

細菌の細胞壁を溶解する代表的な酵素は卵白リゾチームである．グラム陽性菌はリゾチームにより比較的容易に溶菌されるが，グラム陰性菌は細胞表層の構造が複雑なため溶菌されにくいので，EDTA[*9]を添加するなどの工夫がなされている．酵母を溶菌するには β-1,3-グルカナーゼを主成分とするザイモリエース，カビを溶菌するにはグルカナーゼとキチナーゼを併用する．

細胞抽出液中の成分は一般に熱に対して不安定であるので，細胞の破砕や遠心分離の操作は低温下で行う．

2.6　微生物の保存法

実験に使った微生物や新しく自然界から分離した微生物は，実験材料とし

[*9] エチレンジアミン四酢酸の略．EDTA は 2 価の金属イオンと結合して複合化合物をつくる（キレート型化合物）．この性質を利用して Mg^{2+} や Ca^{2+} の定量に用いる．また，生体中に存在する重金属を除くため，酵素反応，生体膜の調製，リポ多糖の精製などに使用される．

ていつでも使用できる状態に保存する必要がある．すなわち，薬品類などと同じように，一定の品質が保たれるように保存することが求められる．また，公表した実験結果を追試するためにも，菌株を正しく保存しなくてはならない．

微生物を使った研究成果を特許出願する場合や，自然界から新しい菌を分離した場合は，(独)産業技術総合研究所 特許生物寄託センター[*10]などの寄託機関に寄託する．

ここでは，実験室レベルで菌株を保存する方法を説明する．次に示す保存方法は一般的なもので，菌株によっては死滅するものもあるので，必ず複数の方法により保存する必要がある．

[*10] 所在地とURL
茨城県つくば市東1-1-1
つくばセンター中央第6
http://www.aist.go.jp/

2.6.1 常温保存

微生物をスラントに植菌して十分増殖させたあと，綿栓を薬包紙で覆って培地中の水分の蒸発を防ぎ，冷暗所に保存する．一定期間が過ぎたら新しい培地に移植して，同様に保存する．多くの菌株は，この方法で数ヶ月は保存できる．なお，ビニール製のラップで綿栓を覆うと水滴がラップの内側につき，これが汚染の原因になるので，使用しないほうがよい．

2.6.2 低温保存，凍結保存

常温保存の場合と同様に，スラント上で増殖した微生物を5℃前後の冷蔵庫で保存する．この場合，培地中の水分の蒸発を防ぐため，綿栓を薬包紙で覆う．また，このようなスラントを−20〜−80℃のフリーザーで凍結して保存する方法も行われている．

Column

微生物の保存機関の仕組み

微生物の保存機関では，多数の微生物菌株を保存し，希望者に対して分譲を行っている．保存されている菌株には，過去に収集された微生物だけでなく，新たに分離されて寄託されたものもあるが，これらも分譲の対象となっている．分譲を受けた菌株に使用制限はなく，学術研究や産業への応用研究の材料として使用される．分譲を受ける場合手数料が必要であり，分譲を受けた菌株は他人に分譲することはできない．植物病原菌などの有害菌は，あらかじめ植物防疫所で許可書を得てから分譲を受ける．各国の微生物の保存機関は世界微生物株保存連盟(World Federation for Culture Collections)に加盟し，保存機関間の情報交換や問題の解決にあたっている．なお，特許にかかわる微生物の寄託センター(2.6節参照)からも分譲を受けることができるが，この場合は，その微生物の関係する発明の試験研究においてのみ使用できる．

微生物細胞を凍結させないで低温保存するため，液体培養して得た菌液に滅菌したグリセリンを最終濃度が 20% になるように加えて，− 80℃で保存する方法もある．この方法は手軽に行えるので，変異株を得たときなど，多数の菌株を保存する場合に用いられる．

2.6.3 凍結乾燥保存

微生物細胞を凍結したあと，減圧下で水分を除き（昇華），減圧状態で保存する方法である．この方法では，細胞内の大部分の水分を除くことができるため，細胞の機能を停止させることができる．したがって長期保存できる．

凍結乾燥中，細胞の損傷を防ぐため，また，細胞を扱いやすくするため，分散媒[11]を用いる．分散媒として，1% L-グルタミン酸ナトリウムと 10% スキムミルクを含む溶液を用いる．分散媒に微生物細胞を加えて懸濁液をつくったあと，アンプルに注ぎ，凍結乾燥を行う．

凍結乾燥保存法は，長期保存ができることのほか，試料の保存にスペースを取らないこと，試料が常温で輸送できることなど利点が多い．

*11 微生物細胞を凍結乾燥する場合，使用する細胞が微量であるため，操作が困難である．分散媒を用いることによって細胞を増量し，これらの操作を容易にすることができる．また，分散媒は凍結乾燥中，細胞の損傷を防ぐ．

練習問題

1. 微生物を扱う際に用いられる滅菌法を，実験器具，培養基など対象別に述べなさい．
2. 好気培養法と嫌気培養法を行う場合，それぞれどのような培養方法をとるか説明しなさい．
3. デンプンを分解する酵素（アミラーゼ，表 8.2 参照）生産菌をスクリーニングするための培地組成と，アミラーゼ生産菌を培地上で識別する方法を考案しなさい．
4. 顕微鏡の種類をあげ，それぞれどのような目的に使用するかを述べなさい．
5. グラム染色法の概略を述べ，とくに注意すべき点を述べなさい．また，グラム染色が，微生物の分類・同定において重要な位置を占めている理由を述べなさい．
6. 微生物の細胞壁を破砕して，細胞抽出液を調製する方法を述べなさい．
7. 微生物の保存法を列挙しなさい．また，微生物を正しく保存する目的を述べなさい．

3章 微生物の種類と分類

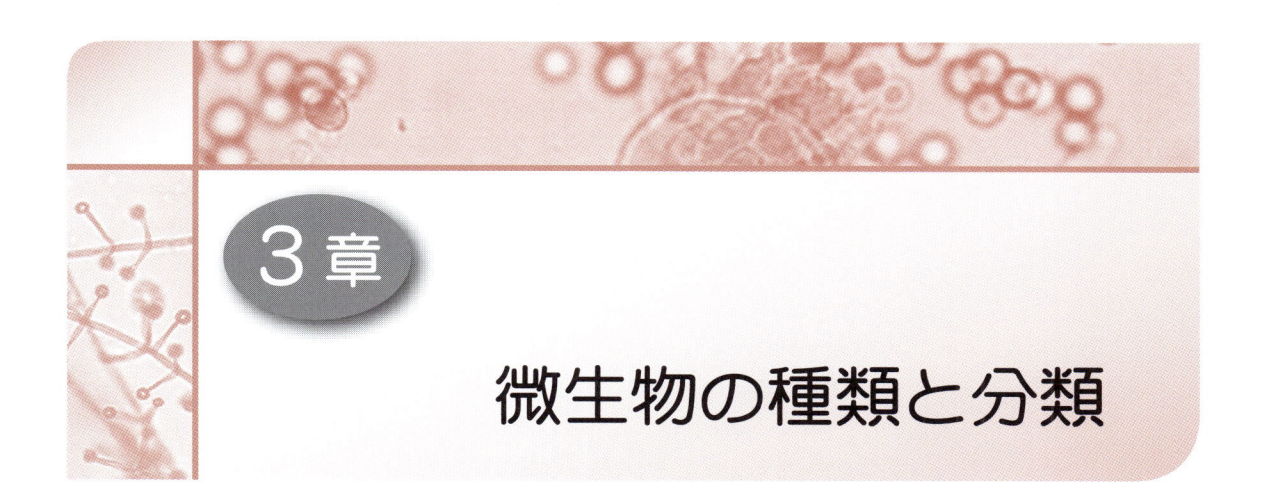

3.1 微生物の種類

　微生物は動植物以外の生物であり，**原核生物**（prokaryote）である**細菌**〔bacteria，真正細菌（eubacteria）ともいう〕，**古細菌**（archaebacteria，始原菌）と，**真核生物**（eukaryote）である**真菌類**（fungi），**クロミスタ**〔chromista，**藻類**（algae）〕，**原生動物**（protozoa）からなる（図3.1）.

　微生物の分類の最小単位は**種**（species）である．種の集合体が**属**（genus），属の集合体の上位単位が順に，**科**（family），**目**（order），**綱**（class），**門**（phylum），**界**（kingdom），**ドメイン**（domain）となっている．ただし細菌，古細菌には界はない．図3.1において細菌，古細菌，真核生物はドメインの単位に属し，真菌類，クロミスタ，原生動物，植物，動物は界の単位に属する．

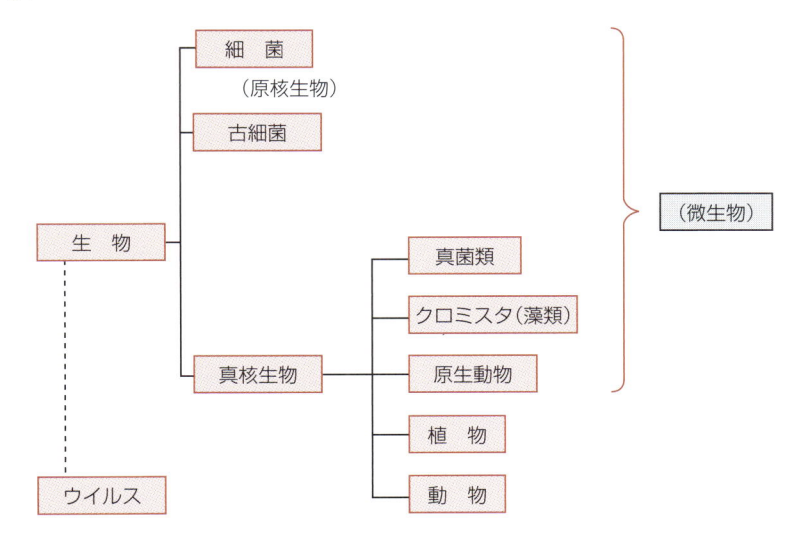

図3.1　微生物の種類と分類上の位置づけ

微生物を含む生物の名前は，学術的には，その生物固有に与える**種名**（species name）とその集合体名である**属名**（genus name）で表記する．たとえば大腸菌（*Escherichia coli*）は，*Escherichia* が属名，*coli* が種名である．文章の中で最初に表記する場合は，イタリック体で *Escherichia coli* とスペルアウトするが，2度目からは *E. coli* と簡略化する．*E. coli* という名前の種は *Escherichia* 属，Enterobacteriaceae 科，Enterobacteriales 目，γ-Proteobacteria（γ-プロテオバクテリア）綱，Proteobacteria（プロテオバクテリア）門，Bacteria（細菌）ドメインに属することになる（表3.3・図3.1参照）．

一方で，微生物は，産業への応用や病気との関係から人類ときわめて深いかかわりをもってきたため，細胞形態や生理的特徴から命名された名前や分類もよく用いられる．表3.1に，学術名と一般的な名称の両方が使われている微生物の例を示す．本章では，細菌，古細菌，真菌類について，おもに形態的・生理的な特徴をもつ菌群を取り上げて説明する．また，現在では生物と無生物の中間に位置づけられている**ウイルス**も本章で扱う．

表3.1　微生物の学術名と一般的な名称の例

属名	種名	一般的な名称
Bacillus（芽胞菌）	*subtilis*	枯草菌，納豆菌
	anthracis	炭疽菌
	thuringiensis	Bt菌（微生物農薬に利用）
	（その他多数種あり）	
Clostridium（芽胞菌）	*botulinum*	ボツリヌス菌
	tetani	破傷風菌
	（その他多数種あり）	

3.1.1　細　菌

細菌の細胞は，真菌と比較して小さく，幅は数 µm，長さは数十 µm 以下である．細胞の形態により，**桿菌**（bacillus），**球菌**（coccus），**らせん状菌**などに分けられ，**コリネ型細菌**（coryneform bacteria）のように，増殖時に不規則な細胞の伸長や特殊な形状を示すものもある（図3.2）．球菌は，その形状の相違から，双球菌や連鎖状球菌などに分類される．また，べん毛（図2.10・図2.11参照）をもち活発な運動をするもの，胞子（図1.4参照）を形成するものなど，さまざまな形態的特徴を示す細菌が知られている．以下に，形態的および生理的な特徴に基づいて分類された代表的な細菌を示す．

（1）芽胞菌

芽胞菌（胞子形成菌）は細胞内に**内性胞子**（図1.4・4.1.6項参照）を形成する細菌である．代表的なものは好気性を示す *Bacillus* 属とその類縁菌，そし

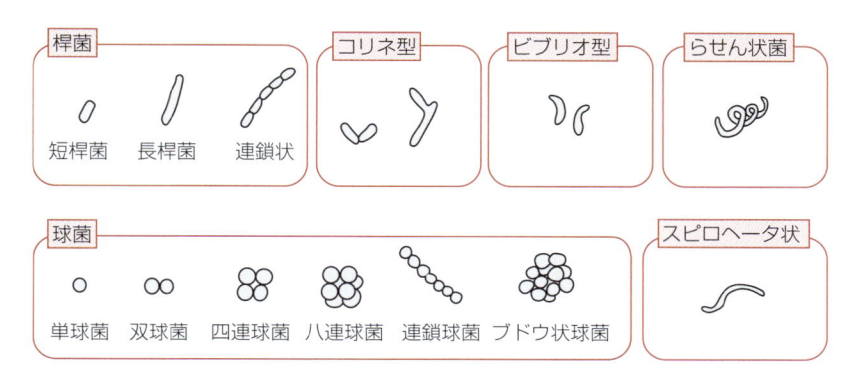

図 3.2　細菌の細胞形態

て偏性嫌気性菌である Clostridium 属である．いずれもグラム陽性で，周べん毛（図 2.11 参照）をもち，ゲノムの GC 含量[*1] が比較的低いことが特徴である．Bacillus 属の細菌は，糖質分解酵素やタンパク質分解酵素などの有用酵素を菌体外に生産するものが多く，納豆や抗生物質の製造（B. subtilis），微生物農薬の生産（B. thuringiensis）など，産業的に重要な菌が多い．Clostridium 属には，毒素系タンパク質を生産するものがあり，とくに，C. botulinum はボツリヌス中毒を，C. tetani は破傷風を引き起こす．

(2) 乳酸菌

乳酸菌（lactic acid bacteria）は，嫌気条件下で糖から乳酸を生成し，その過程でエネルギーを獲得するグラム陽性細菌である．通性嫌気性，非運動性の桿菌または球菌で，**栄養要求性**を示す菌株が多いことが特徴である．食品の製造に利用される菌も多く，ヨーグルトの製造には Lactobacillus delbrueckii が用いられ，耐塩性の Tetragenococcus halophilus は醤油の醸造に利用されている．Lactobacillus sake は清酒の製造過程で重要な働きをする一方，Lactobacillus homohiochii（**火落菌**（ひおちきん））[*2] は貯蔵中の清酒の品質劣化（火落ち）を引き起こす．また代用血漿（けっしょう）に用いられるデキストランは，Leuconostoc mesenteroides によって製造されている．Streptococcus 属のなかには病原性を示すものがあり，Streptococcus pneumoniae（肺炎双球菌）は肺炎のおもな原因菌の一つである．

(3) 酢酸菌

酢酸菌（acetic acid bacteria）は，エタノールを酸化し酢酸を生成する能力をもつ菌群の総称である．代表的な菌株は Acetobacter 属と Gluconobacter 属に属し，いずれもグラム陰性，偏性好気性の桿菌である．Acetobacter aceti は，強いエタノール酸化能（酢酸生成能）をもつので，食酢の製造に用いられている．一方，糖質に対して強い酸化能を示す Gluconobacter oxydans は，グルコースからグルコン酸や 2,5-ジケトグルコン酸を製造した

[*1] DNA は，アデニン（A），グアニン（G），シトシン（C），チミン（T）の 4 種の塩基を含んでおり（6.1.2 項参照），それらのモル比は菌群ごとに固有の値を示す．ある菌株の全塩基数に占めるグアニンとシトシンの割合を GC 含量と呼び，微生物を分類する一つの指標として用いる．

[*2] 清酒の貯蔵中に繁殖するエタノール耐性の乳酸菌のこと．現在までに知られている火落菌は，Lactobacillus 属に属している．

り，ソルビトールからビタミンCの原料となるL-ソルボースを製造したりするのに使用されている．*Gluconacetobacter xylinus* はセルロース生産菌として有名である．

(4) 放線菌

放線菌(actinomycetes)は，真菌のように分岐した糸状を示す菌群の総称であり，多様な形態をもつ(図3.3)．グラム陽性で，高いGC含量をもち，土壌がおもな生息場所である．典型的な放線菌である *Streptomyces* 属では約500種が報告されており，それらの菌株は，菌糸体の先端に鎖状の分節胞子を着生する好気性菌である．*Streptomyces* 属の菌株は，ストレプトマイシンやテトラサイクリンなどの抗生物質，抗腫瘍物質，酵素活性阻害物質など，さまざまな生理活性物質を生産する(8.4節参照)．糸状の形態があまり発達していない Nocardia 型細菌(*Nocardia* 属，*Rhodococcus* 属など)も放線菌に属する．*Actinomyces* 属の菌株は通性嫌気性菌で，糸状の形態はあまり発達していない．*Actinomyces bovis*(ウシ放線菌)は家畜放線菌症を引き起こし，*Actinomyces israelii* はヒトに放線菌症を引き起こす．

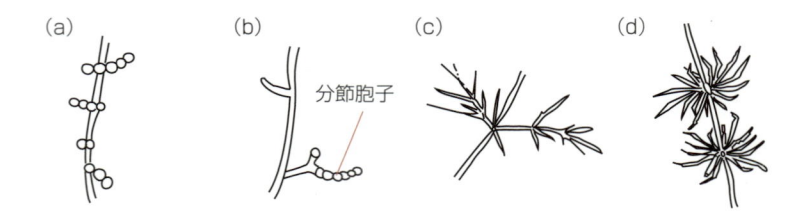

図3.3 放線菌の例
(a)*Nocardia brevicatena*，(b)*Streptomyces carpinensis*，(c)*Streptomyces ehimense*，(d)*Streptomyces roseoverticillatum*

(5) 腸内細菌

腸内細菌(intestinal bacteria)と呼ばれる一群の細菌は，通性嫌気性のグラム陰性細菌である．糖から嫌気的に酸を生成し，最終電子受容体として酸素の代わりに硝酸イオンを利用できる．動物の腸管内で見いだされているが，土壌や河川などの自然環境からも多数分離されている．代表的な菌株は，遺伝子操作によく用いられている大腸菌である．また，*Salmonella* 属(チフス菌)，*Shigella* 属(赤痢菌)などの病原菌も腸内細菌に属している．

(6) *Pseudomonas* 属とその類縁菌

Pseudomonas 属の菌株は，極べん毛(図2.10参照)をもつ好気性のグラム陰性桿菌である．蛍光色素を生成するものが多い．植物の病原菌，環境汚染物質の分解菌など，さまざまな特徴をもつ菌がこの属に含まれている．1990年代に，それまで *Pseudomonas* 属に分類されていた多数の菌株が，新たに

Burkholderia 属などに再分類された．

(7) 光合成細菌

光合成細菌(photosynthetic bacteria)は，光エネルギーを吸収する色素として**バクテリオクロロフィル**(bacteriochlorophyll)をもち，光をエネルギー源として利用できる細菌である．緑色硫黄細菌と紅色硫黄細菌は嫌気条件下でのみ増殖し，光から得たエネルギーを用いて**炭酸固定**(carbon dioxide fixation)を行う．このとき，硫化水素を硫黄，硫酸へと酸化する．光合成細菌が行う炭酸固定は，高等植物の炭酸固定とは異なり，酸素を発生しない．一方，硫黄化合物の酸化能をもっていない紅色非硫黄細菌は，嫌気条件下で光からエネルギーを得ることができるが，炭酸固定を行わず，有機物を利用して増殖する．滑走性糸状緑色硫黄細菌は，嫌気条件下では緑色硫黄細菌と同様に硫化水素を利用して炭酸固定を行うが，好気条件下では各種の有機物を酸化して炭酸固定を行う．

(8) 鉄酸化細菌，水素細菌

鉄酸化細菌(iron bacteria)は，Fe^{2+}を酸化して得られるエネルギーを利用して炭酸固定を行う細菌である．以前は *Thiobacillus* 属に分類されていたが，増殖pH，食塩濃度，温度などの増殖条件の相違から，現在においては *Acidithiobactillus* 属，*Halothiobactillus* 属，*Thermithiobactillus* 属などに再分類されている．また鉄酸化細菌は，Fe^{2+}と同様に硫黄も酸化する能力をもつ硫黄細菌でもある．

水素細菌(hydrogen bacteria)は，水素ガスを酸化して水を生成し，その過程で得た還元力を利用して有機物を生合成する細菌である．水素酸化能をもつ細菌は，グラム陰性の *Pseudomonas* 属や *Alcaligenes* 属の細菌，グラム陽性の *Bacillus* 属まで，広い範囲の属に分布するが，これらの水素細菌の多くは，有機物が存在すると有機物からエネルギーを獲得する．*Hydrogenobacter* 属の株は，水素の酸化でのみエネルギーを得ることができる．

(9) シアノバクテリア

シアノバクテリア(cyanobacteria)は**ラン藻**(blue-green algae)ともいい，高等植物と同じ酸素発生型の光合成を行う細菌である．光合成の場として葉緑体の代わりにチラコイドをもち，光エネルギーを吸収する色素としてクロロフィルをもつ．ラン藻は，形態的特徴から五つのサブグループに分類されている(図3.4)．

(10) その他の細菌

スピロヘータ(spirocheta)はグラム陰性のらせん状菌の総称で，梅毒を引き起こす *Treponema pallidun* がよく知られている．*Mycoplasma* 属の菌株は細胞の大きさが0.2 µm程度のグラム陰性菌で，細胞壁がなく，細胞の表面は一層の細胞膜によって覆われている．*Rickettsia* 属の株はグラム陰性桿

菌で，宿主の生細胞内でのみ増殖し，ツツガムシ病や発疹チフスなどを引き起こす病原菌である．

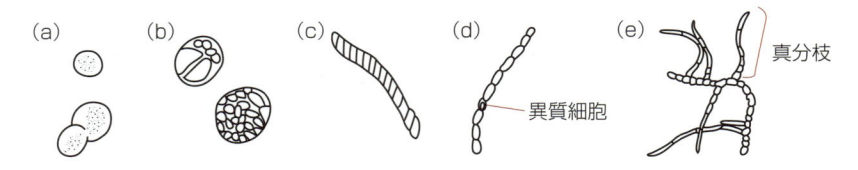

図 3.4　シアノバクテリアの例
(a) *Chamaesiphon* 属（サブグループⅠ，以前は Chroococcales），(b) *Dermocarpella* 属（Ⅱ，以前は Pleurocapsales），(c) *Geitlerinema* 属（Ⅲ，以前は Oscillatoriales），(d) *Anabaena* 属（Ⅳ，以前は Nostocales），(e) *Fischerella* 属（Ⅴ，以前は Stigonematales）

3.1.2　古細菌

　古細菌は，系統樹（図 3.12 参照）の最も根元から分岐しており，細菌とは系統的にまったく異なる一群の微生物である．形態学的特徴から細菌と区別するのは困難であるが，生化学的には，真核生物と原核生物（細菌）の中間的な性質を示す（4.2 節参照）．

　古細菌は，高温，高圧，高塩濃度などの極限環境で生息しているものが多く，そのため古細菌は原始地球の環境に適応して進化してきたと考えられている．古細菌は，**メタン細菌**（methanogen，メタン生成細菌，図 3.5），75℃ 以上で増殖する**高度好熱菌**，増殖に 2 M 以上の食塩を必要とする**高度好塩菌**の 3 グループに大別される．メタン細菌であり，かつ高度好熱菌の性質を示す菌株も存在する．また，これら三つのグループの特徴に加え，好酸性や好アルカリ性などの性質をもち，特殊環境で増殖する株も多数報告されている．

Column

メタン発酵

　近年，廃棄物処理とエネルギー利用の点から，メタン発酵が注目を集め，各地でメタン発酵施設が建設されている．メタン生産の担い手は，古細菌に属する *Methanosaeta* 属や *Methanobacterium* 属のメタン細菌である．メタン発酵で生成するガスは，メタンが 60％ を占めており，残りは二酸化炭素である．生ゴミ，家庭排水，有機汚泥，家畜糞尿などがメタン発酵の原料であり，とくに北海道では，家畜糞尿の処理のため多数のメタン発酵施設が建設されている．発酵で得られたメタンガスは，バイオガスと呼ばれ，発酵過程でタンパク質から生成する硫化水素を除去したのち，ボイラーや発電用の燃料として用いられる．メタン発酵が終了したのちに生成した残りかすは，メタンを燃料として焼却されるほか，堆肥化され，有効に利用されている．北海道では，家畜糞尿からメタン発酵によってメタンガスを得たのち，残りかすから堆肥を製造し，これを牧草地に散布するリサイクル化が進められている．

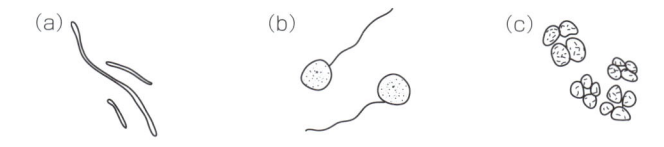

図 3.5　メタン細菌の例
(a) *Methanospirillum hungateii*, (b) *Methanolobus tindarius*, (c) *Methanosarcina barkeri*

　メタン細菌は，古細菌にのみ見られる菌群で，酢酸などの低分子有機化合物や，水素と二酸化炭素からメタンを生成するときに生じるエネルギーを利用して増殖する偏性嫌気性菌である．海，湖沼，河川の底，地下，水田土壌，人やシロアリの腸内など嫌気性の高い環境から分離されている．メタン細菌を用いて廃棄物から得たメタンガスをエネルギー源として利用するメタン発酵が行われている(10.2.2 項参照)．高度好熱菌と高度好塩菌については後述する(3.4.1・3.4.2 項参照)．

3.1.3　真菌類

　真菌類は単に菌類[*3]とも呼ばれる．真菌の体は通常硬い細胞壁[*4]に囲まれた細胞からなる．真菌の構成は単純で，糸状に細胞が連なった**菌糸**(hypha)と呼ばれる構造をもつ(ただし**酵母**[*5]は単細胞)．生長は普通，菌糸先端でのみ起こる．菌糸は盛んに分枝し，ときには融合しながら**菌糸体**(mycelium)を形成する(図 3.6)．真菌類の繁殖は一般に，胞子の分散により行われる．

[*3] 菌類という用語には細胞壁をもたない粘菌や細胞性粘菌など(変形菌類)と，細胞壁をもつ真菌類とが含まれる．

[*4] 緑色植物の細胞壁ではセルロース(D-グルコースのβ-1,4 重合体)繊維が重要な構成要素である．しかし，ツボカビ類，子のう菌類，担子菌類など真菌の細胞壁ではキチン(N-アセチル-β-D-グルコサミンの重合体)繊維が構成要素となり，セルロースは含まれていない．ただし卵菌類は細胞壁にセルロースを含む．

[*5] 一般に単細胞性の真菌を酵母という．菌糸を形成し糸状に生育する真菌は糸状菌(かび)と呼ばれる．

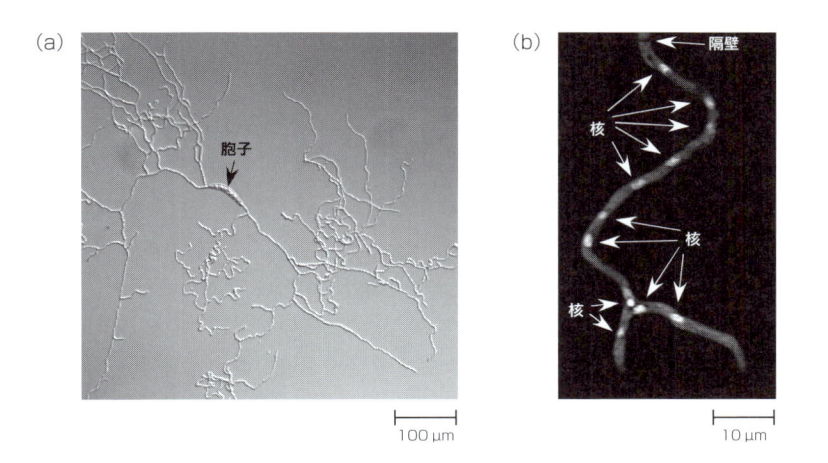

図 3.6　胞子発芽後 24 時間のトウモロコシごま葉枯病菌の菌糸体(a)と菌糸先端の細胞(b)
胞子(分生子)から糸状にのびているものが菌糸．菌糸の先端は分枝しながら生育を続ける．菌糸先端細胞の核を蛍光顕微鏡で観察したところ，1 細胞(隔壁から下側すべて)あたり 11 個の核が認められた．

胞子は，体細胞分裂の結果として無性的に形成されるもの〔**分生子**（conidium）など〕や，減数分裂の結果として有性的に形成されるもの〔**子のう胞子**（ascospore）や**担子胞子**（basidiospore）〕などがあり（図3.7），それらの形成様式や形態，分子系統解析（3.2.3項参照）などにより真菌類の分類がなされてきた．

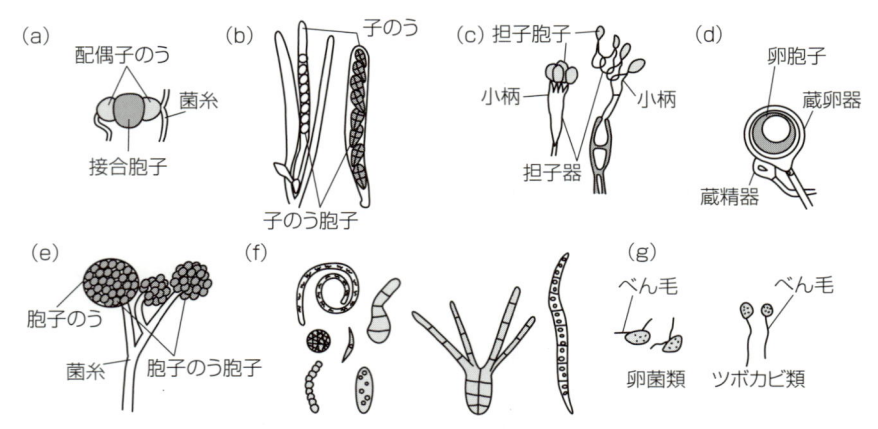

図3.7　菌類の代表的な有性胞子（a-d）と無性胞子（e-g）の例
(a)接合胞子，(b)子のう胞子，(c)担子胞子，(d)卵胞子，(e)胞子のう胞子，(f)さまざまな形態の分生子，(g)遊走子

今まで真菌類として取り扱われてきた生物群はすべて真核生物である．ただし，分子系統解析の結果から，真菌類として取り扱われてきたもののなかには，"真"の真菌と，真菌類似の形態または生態的特性をもつほかの真核生物群とが含まれていることが明らかとなっている（図3.8）．たとえば，細胞壁をもたない菌類（**変形菌類**）として扱われてきた**変形菌**（**粘菌**）は原生動物のアメーバ類と同一のグループに属することがわかった．一方，変形菌と似ている**細胞性粘菌**はミドリムシなどの原生動物と類縁である．アブラナ科植物の根に寄生し，がん腫を引き起こし宿主を枯らしてしまう *Plasmodiophora brassicae*（ネコブカビ）もまた変形菌類の一種とされてきたが，あるグループの原生動物であることがわかってきた．植物の疫病[*6]の原因である *Phytophthora* 属菌は，細胞壁をもつ菌糸を発達させ，無性胞子として**遊走子**（zoospore）[*7]，有性胞子として**卵胞子**（oospore）を形成する．その特徴から真菌門べん毛菌亜門卵菌綱に分類されてきたが，系統学的にはワカメやコンブなどの褐藻や珪藻などと近縁である．また，水生の変形菌と考えられていたラビリンツラも，卵菌と同系統の生物群であると考えられるようになってきた．

[*6] 疫病とは一般的には流行病のことだが，「植物の疫病」の場合は *Phytophthora* 属菌によって引き起こされる病害のことを指す．*Phythophthora infestans* によるジャガイモ疫病が1845年から数年にわたりヨーロッパで大流行した．被害はアイルランドで大きく，当時の人口800万人のうち100万人が餓死，150万人がアメリカ大陸等に移民した．世界史に名を留める微生物の一つである．

[*7] べん毛の運動によって水中を遊泳することができる胞子．

[*8] 日和見感染症とは，健全な宿主で感染症を起こさないような微生物（弱病原性微生物や非病原性微生物）が原因となる感染症のこと．一般に病気（感染症）は，宿主に病原体が感染したとしても発病するとは限らない．発病に至るか否かは，主因（病原体要素：病原力の強さなど），素因（宿主要素：免疫力や抵抗性の弱さなど），誘因（環境要素：主因や素因に作用し発病を助長する環境条件）の三要素によって決まる．日和見感染症は一般感染症と異なり素因や誘因の影響がきわめて大きい．

3.1 微生物の種類

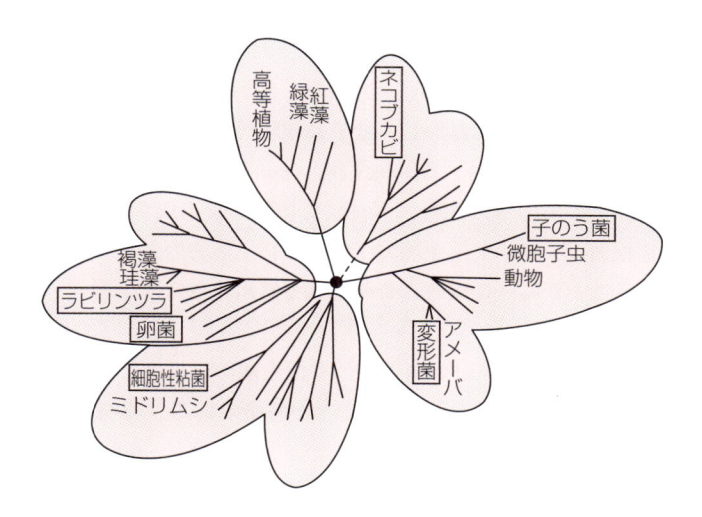

図 3.8 真核生物の分子系統樹と広義の菌類
四角で囲んだものが従来菌類として取り扱われた生物群。"真"の真菌としては子のう菌のみを図示している。

一方、原生動物に分類されていた生物が、分子系統解析の結果、真菌であると判明した事例もある。*Pneumocystis carinii* は、免疫不全症患者にしばしば発生する日和見感染症[*8]のおもな原因微生物である。1912 年に発見されて以来、寄生性原生動物として扱われていたが、リボソーム遺伝子(3.2.1 項参照)の塩基配列の比較から、原始的な子のう菌であることが判明した。また、多くの動物の細胞内絶対寄生性生物である微胞子虫はミトコンドリア(4.3.5 項参照)をもたず、原始的な原生動物と考えられていたが、分子系統解析の結果、真菌に最も近縁な生物群であることがわかった。

現在、真の真菌界は次の五つの門からなる[*9]。

(1) ツボカビ門

ツボカビ門(Chytridiomycota)の菌類は、無性胞子として**遊走子**をもつ。有性生殖は運動性配偶子[*10]の接合による。水中あるいは土壌水中で腐生生活(3.3.2 項参照)を営むものが多いが、一部は水生生物や高等植物に寄生する。植物病原ウイルスなどを媒介するため農業上問題となっている種もある。

(2) 接合菌門

接合菌門(Zygomycota)の菌類は、無性胞子として**胞子のう胞子**(sporangiospore)をもつ。また有性生殖の結果、**接合胞子**(zygospore)を形成する。菌糸の古い部分にのみ**隔壁**[*11](septum, 図 5.1 参照)がみられる。*Mucor* 属(ケカビ)や *Rhizopus* 属(クモノスカビ)などの菌は、土壌中、糞、果実、食品などでよく見られる。*Mucor rouxii* はデンプン糖化で工業的に用いられている。*Entomophthora* 属(ハエカビ)の多くの菌は昆虫寄生菌で、衛生害虫の生物防除剤として注目されている。

*9 菌類の分類体系は、分子系統学的知見の導入により、現在、大幅に見直されつつある。分子系統学研究では、解析する遺伝子領域や比較に用いる生物分類群の選び方によって、結果が異なってしまうこともしばしばある。研究例が少ないツボカビ類や接合菌類では進化系統上の位置づけや分類体系が今後変わる可能性も十分ある。本書ではツボカビ門、接合菌門、グロムス菌門としたが、これ以外の考え方もあり、今なお研究論議の最中である。ただし、大多数のツボカビ類や接合菌類が子のう菌や担子菌類とともに菌界を形成することはまちがいない。また、多くの研究がある子のう菌門ならびに担子菌門の菌類についても、これらをまとめて一つの門とし、子のう菌類を子のう菌亜門、担子菌類を担子菌亜門とする考えもある。分類が変わろうとも、真菌ならびに菌類様微生物は菌学、微生物学やその応用科学の対象生物群であることに変わりない。さらに知識を深めたい読者は、巻末にあげた参考図書を一読されたい。

*10 有性生殖において合体や接合に関与する生殖細胞のこと。動物の精子のようにべん毛を有し移動能力をもつものを運動性配偶子、卵子のように移動能力がないものを不動配偶子と呼ぶ。また、卵子や精子のように形態が異なるものを異形配偶子、形態的差異がないものを同形配偶子という。

(3) グロムス菌門

　グロムス菌門(Glomeromycota)の菌類は，接合胞子をもつため，接合菌門として分類されてきた．しかし，分子系統解析の結果，独立した門として扱われるようになってきた．*Glomus* 属，*Acaulospora* 属の菌は，維管束植物の草本や樹木の根細胞に感染し，菌根(VA菌根)を形成する(9.2.2項参照)．これらの菌根菌は，リン欠乏土壌で生育する宿主植物の栄養分や水分の吸収を増加させることから，土壌改良資材として実用化されている．

(4) 子のう菌門

　子のう菌門(Ascomycota)の菌類は，有性生殖の結果生じる**子のう胞子**が袋(子のう，ascus)の中に形成されることが特徴である．典型的には，一つの子のうに8個の子のう胞子が含まれている．**栄養体**(vegetative hypha)[*12]は，隔壁のある菌糸からなるか，酵母のように単細胞である．各細胞にはしばしば複数個の核が含まれる．アカパンカビは，モデル生物として遺伝学や生理学の発展に寄与した．*Saccharomyces cerevisiae* はアルコール発酵や製パンなどで広く使われている．*Giberella fujikuroi*(イネばか苗病菌)はイネの病原菌であるが，この菌が生産するジベレリンは植物ホルモンの一種で，種無しブドウの生産に農薬として利用されている．

(5) 担子菌門

　担子菌門(Basidiomycota)の菌類は，有性的に形成される胞子として**担子胞子**(図3.7参照)をもつ．担子胞子は**担子器**(basidium)と呼ばれる細胞から外生的に，小柄と呼ばれる突起の上に形成される．接合菌類や子のう菌類など真菌界に属する菌の栄養体は，基本的に一倍体(n世代)である(6.4.3項参照)．しかし，担子菌類では適合性のある一倍体の菌糸どうしが融合したのち，1細胞に2種の核をもつ二核性(dikaryotic, $n+n$世代)の菌糸を生じ，生活環のほとんどをこの状態で過ごす．二倍体($2n$世代)となるのは減数分裂に先立って起こる核融合のときのみである．*Tricholoma matsutake*(マツタケ)やサルノコシカケ類などのキノコはほとんどが担子菌門に含まれる．また，サビキン類やクロボキン類などの植物病原菌も担子菌門に含まれる．さらに，酵母のなかには担子菌門に分類される菌もある．

　以上の分類は，生物進化に基づくものであるが，人為的な分類群である**不完全菌類**(deuteromycetes, fungi imperfecti)についてここで説明する．真菌は，有性生殖による生活環(**完全時代**)と無性生殖による生活環(**不完全時代**)を併せもち(図3.9)，それぞれの生活環で異なった胞子型や形態を示す．完全時代の形態を**テレオモルフ**(teleomorph)，不完全時代の形態を**アナモルフ**(anamorph)，テレオモルフとアナモルフの両方を含めた全形態を**ホロモルフ**(holomorph)と呼ぶ．

[*11] 菌糸の中で細胞と細胞を隔てる細胞壁．接合菌類では，菌糸が古くなり原形質が崩壊したような場所を隔離するために不規則に形成される．一方，子のう菌や担子菌の菌糸は，隔壁により，規則正しく仕切られている．これらの菌の隔壁中央部には孔があり，この孔を通じて各細胞の原形質は連絡しており，細胞内器官等の移動も認められる．

[*12] 生育成長しているときの体．

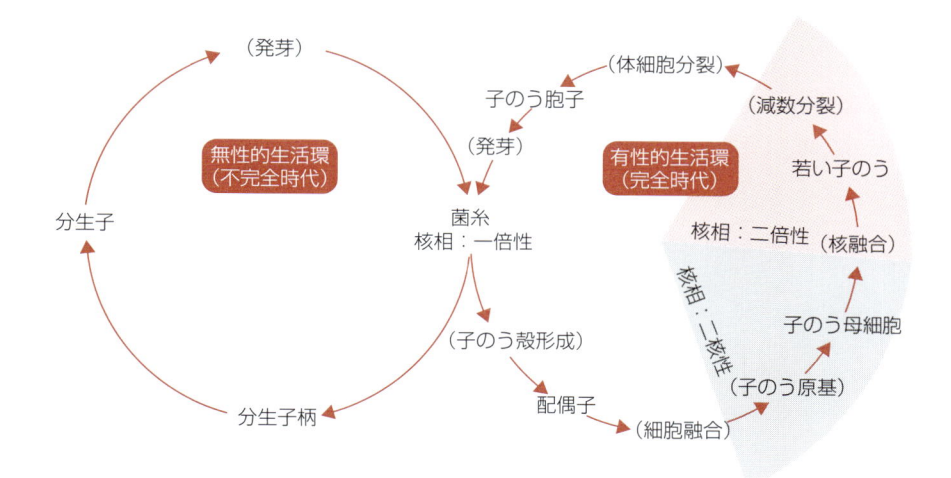

図 3.9 真菌(子のう菌)の無性的生活環と有性的生活環

　しかし，真菌のなかには，完全時代をもたずに，分生子や菌糸を用いて無性的に増殖するものが存在し，その種類は多岐にわたる．たとえば，*Aspergillus* 属(麹菌，コウジカビ)などの工業的に重要な菌のように，ヒトとのかかわりがきわめて深いものも多数含まれている．このような真菌は不完全菌類として便宜的にまとめられてきた．また，これらの取扱いを容易にするため，アナモルフの形質に基づいて学名が与えられてきた．不完全菌類において，完全時代が見いだされれば，テレオモルフの形質に基づいて学名を与えられることになる．したがって，テレオモルフ名とアナモルフ名の二つの正式学名[13]をもつものも多い．たとえば，イネばか苗病菌は，テレオモルフ名 *Giberella fujikuroi* とアナモルフ名 *Fusarium moniliforme* の両方の学名をもつ．現在，不完全菌類に分類されている多くは，子のう菌に由来するが，担子菌に由来するものも少数ある．

3.1.4　ウイルス

　ウイルスは，**核酸**(nucleic acid)とタンパク質の複合体が粒子構造をとる単純な構造体である．ウイルスは増殖し，その過程で突然変異を起こすなど，生物としての性質をもっている．しかし，ウイルスは，自分自身で外から栄養分やエネルギーを得ることはできないから，無生物ともいえる．生物としての性質を表すためには，ほかの生物の生細胞に依存しなければならない．したがって，ウイルスは生物と無生物の中間の存在である．ウイルスが感染する宿主は，動物，植物，菌類，細菌，古細菌など多岐にわたり，宿主によって**動物ウイルス**，**植物ウイルス**，**バクテリオファージ**(bacteriophage)などと呼ばれる．

[13] 学名の命名や表記は，真菌類と藻類については国際植物命名規約，細菌と古細菌については国際細菌命名規約，原生動物は国際動物命名規約によって定められている。いずれの命名規約においても，一つの生物種は一つの正しい学名をもつように取り決められている．しかし国際植物命名規約は，多型的生活環をもつ真菌類について，一つの生物に対しテレオモルフ名とアナモルフ名の両方を命名・使用することも認めている．

ウイルスはタンパク質がさまざまに会合し，正二十面体，棒状，ひも状，レモン型などの多様な粒子形態(**キャプシド**, capsid)をとる．その周囲を膜成分が包んでいるものも多く存在し，その場合には，弾丸状などの形態をとる(図 3.10)．

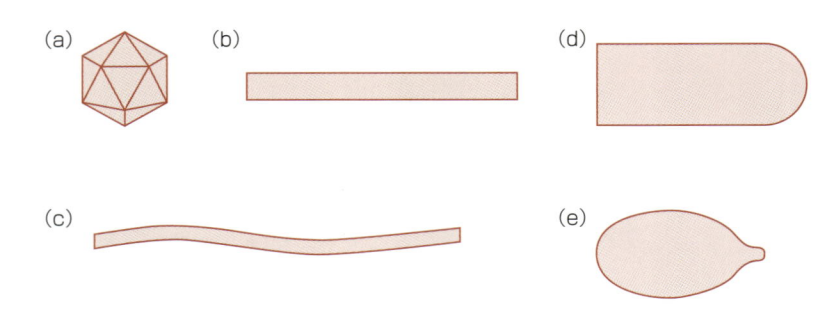

図 3.10 ウイルスの粒子形態
(a)正二十面体，(b)棒状，(c)ひも状，(d)弾丸状，(e)レモン型

ウイルス粒子に含まれるウイルス遺伝子の全セットを**ウイルスゲノム**という．ゲノム核酸には **DNA** と **RNA** の両方があり，いずれも直鎖状の一本鎖と二本鎖のものが知られている(6 章参照)．また，DNA ゲノムのなかには，環状のものも存在する．ゲノムのサイズは，数千塩基の一本鎖 RNA から数十万塩基対の二本鎖 DNA まである．一般に，前者は植物ウイルスに多く見られ，後者のような巨大 DNA をもつものは動物ウイルスや細菌ウイルス(バクテリオファージ)に多い．また，DNA ゲノムの多くは 1 本の単一ゲノムで粒子に含まれるが，RNA ゲノムのなかには分節した 12 本を 1 セットにしている例もある．インフルエンザウイルスは 8 本の分節 RNA ゲノムをもっており，異なるウイルス系統のゲノムがトリやブタに共感染した際，その個体のなかで容易に組換えが起こることにより，多様なウイルスが出現する．

生物は一般に，セントラルドグマ(6.2 節参照)に従って DNA から DNA を複製し，DNA から mRNA を転写したあと，タンパク質に翻訳することにより遺伝子を発現する．**DNA ウイルス**の大部分は，感染した細胞中で宿主細胞と同様な複製や遺伝子発現を行う．一方，**RNA ウイルス**の多くは，RNA から RNA を複製あるいは転写し，タンパク質を生合成する．ウイルス粒子に含まれる RNA が mRNA として直接タンパク質に翻訳されるものを**(+)鎖 RNA ウイルス**，新たに合成された相補鎖 RNA が mRNA として機能するものを**(−)鎖 RNA ウイルス**という．一部には，複製に逆転写酵素を用いるものが知られている．**レトロウイルス**と呼ばれるエイズウイルスなどは RNA → DNA → RNA という過程の前半で，B 型肝炎ウイルスは DNA → RNA → DNA という過程の後半で逆転写反応を行って，ゲノム核酸を複製する．

ウイルスについてもほかの生物と同じように分類が試みられている．国際ウイルス分類委員会(The International Committee on Taxonomy of Viruses: ICTV)が1971年から数年ごとに分類に関する報告を刊行している．2011年の第9次報告には，87科349属2284種が記載された．ICTVによるウイルス分類のデータベース[*14]には，各ウイルスの粒子やゲノム核酸の特徴，塩基配列のデータベース情報，宿主範囲，宿主に引き起こす症状など多様な情報が記載されている．

[*14] ICTV の URL
http://talk.ictvonline.org/

3.2 微生物の分類法
3.2.1 分類のための微生物解析法

微生物を分類するためには，対象とする微生物に対していろいろな試験を行い，それぞれの微生物のもつ特徴を明らかにすることが必要である．微生物を分類するために行われる試験法には，次のものがある．

① 微生物細胞の形態学的な特徴の観察
② 生理学的な特徴の試験
③ 微生物の細胞成分の化学分析
④ 微生物の遺伝子の解析

表3.2 細菌・古細菌を分類するための方法

	試験項目	試験によって明らかになる性質など(おもな対象菌)
形態学的な特徴の観察	目視による観察	固体培地上での形態
	顕微鏡観察	菌の形状，大きさ，運動性
	グラム染色	グラム陽性・陰性の区別
	べん毛染色	べん毛の有無と着生状態
	胞子染色	胞子の形成の有無(グラム陽性菌，芽胞菌)
生理学的な特徴の試験	O-Fテスト	好気および嫌気条件下で糖からの酸の生産性
	増殖pH	増殖できるpH範囲(好酸性菌，好アルカリ性菌)
	増殖温度	増殖できる温度範囲(好熱菌，低温菌)
	増殖食塩濃度	増殖を示す食塩濃度，増殖に必要な食塩濃度(好塩菌)
	炭素源の利用性	利用できる炭素源の種類，種の区別に利用
	カタラーゼ	過酸化水素から生成されるO_2の生産性
	オキシダーゼ	シトクロムオキシダーゼなどの酵素活性
	その他さまざまな酵素活性	微生物の増殖基質の分解性，種の区別に利用
化学分析	細胞壁ペプチド部位の組成	アミノ酸とジアミノ酸の種類(グラム陽性菌)
	グリカン部位の組成	ムラミン酸のグリコリル基(*Mycobacterium*属，*Nocardia*属，*Rhodococcus*属)
	菌体内脂肪酸	脂肪酸組成
		ミコール酸組成(*Mycobacterium*属，*Nocardia*属，*Rhodococcus*属)
	イソプレノイドキノン	ユビキノン，メナキノンの種類
	DNAの塩基組成	GC含量
遺伝子の解析	16S rRNA遺伝子の塩基配列	相同性による属・種の分類に利用
	DNAジャイレースのアミノ酸配列	相同性による種の分類に利用
	DNA-DNA相同性	相同値による種の区別に利用

なお，分類に対して**同定**（identification）という言葉がしばしば使用されるが，同定は，新しく分離した未知の菌株を分類する場合に用いられる．したがって，未知の菌株には，分類・同定という語を使用することが多い．

表3.2に示す細菌，古細菌の分類を行う場合の微生物解析法のうち，形態学的な特徴と生理学的な特徴を調べる方法は，特別の装置を必要としないことから，また，新しく分離した菌株を分類するうえで基礎となる情報を得る手段となることから，きわめて重要である．しかし，今日，細菌や古細菌の分類が複雑化するにつれ，これらの手法だけで分類を進めることが困難となっている．化学分析法は，細胞壁構成成分や細胞内成分の組成を分析することにより，菌株を分類する手法である．一般的な分類の指標となるだけでなく，特定の微生物のみに見いだされる物質もあり，分類を進めるうえで重要な手段となる．遺伝子の解析法は，遺伝子の塩基配列やゲノムそのものの類似性を調べる方法で，おもに種の分類に利用される．とくに，これまでにデータの蓄積量が多い16SリボソームRNA（rRNA）[15]遺伝子の塩基配列を用い，供試菌の配列と類似する配列をデータベースで検索することによって，所属すべき属種を推定する方法がしばしば用いられる．またDNA-DNA相同値[16]は，種の相違を判定する場合に用いられる指標である．

未知の細菌や古細菌の分類・同定を進めるためには，まず形態観察や生理学的試験で基本的な微生物の性質を明らかにし，供試菌がおおよそどの菌群に属するかを推定する．次に，化学分析の結果や16S rRNA遺伝子の塩基配列を解析して，供試菌と類縁する菌株を見いだす．そして，形態観察や生理学的な試験結果と合わせて総合的に評価し分類する．

形態的な特徴がはっきりしているカビやキノコなどの真菌では，おもに形態学的な相違に基づく分類がなされてきた．一方，形態的な変化が乏しい酵母では，形態的な特徴に加え，糖からの発酵性や炭素源の利用性の相違に基づく分類が行われてきた．しかし，これらの方法による分類には経験的な技術が必要であり，容易に未知の菌株を分類することは困難であった．近年，18S rRNA[17]遺伝子などの塩基配列を利用した手法が真菌の分類に利用されるようになり，比較的容易に分類を進めることができるようになった．

3.2.2 炭素源，エネルギー源による分類法

微生物は，増殖するために，炭素源を同化して菌体成分を生合成するとともに，増殖に必要なエネルギーを獲得しなければならない．増殖に必要な炭素源とエネルギー源の相違に基づいて，微生物を分類できる（図3.11）．

炭素源としてほかの生物が生産した有機物を利用して増殖する微生物を**従属栄養菌**と呼ぶ．これに対し，炭酸固定能をもち，炭素源として二酸化炭素を利用してすべての菌体成分を生合成できる微生物を**独立栄養菌**

---

[15] タンパク質の生合成を担うリボソームを形成するRNAの一つで，細菌と古細菌に分布する．16SリボソームRNAの遺伝子（DNA）は約1500〜1600塩基からなる．同DNAには保存領域が存在するため，PCRで容易に増幅させ，塩基配列を決定できる．これまでに多数の菌株の配列がデータベース化されている．

[16] 基準になる菌株のDNAを熱変性したのち，再会合（ハイブリダイゼーション）させたときに生成する量（交雑量）を100％とした場合，検定しようとする菌株のDNAと基準株のDNAとの交雑量を相対的に示した値．この値は，両菌株のゲノム全体の類似性を反映しており，70％以上のDNA-DNA相同値の場合は，同種であるとされる．

[17] 真菌類は16SリボソームRNAをもっていないため，18SリボソームRNA遺伝子の塩基配列が分類の指標として利用されている．ほとんどすべての真菌類において保存領域が存在するため，同遺伝子をPCRで増幅させ，塩基配列を決定することができる．

(autotroph)という．独立栄養菌は，エネルギー源として光を利用する**光合成独立栄養菌**(photoautroph)と，エネルギー源として無機の化学物質を利用する**化学合成独立栄養菌**に分類される．従属栄養菌も，光をエネルギー源として利用する**光合成従属栄養菌**(photoheterotroph)と有機物をエネルギー源として増殖する**化学合成従属栄養菌**(chemoheterotroph)に分類される．

化学合成独立栄養菌には，鉄酸化細菌などの細菌類やメタン細菌のような古細菌まで，さまざまな菌群が含まれるが，有機物の存在下では，従属栄養的に増殖するものが多い．なお，一般的な微生物はおもに化学合成従属栄養菌に分類される．

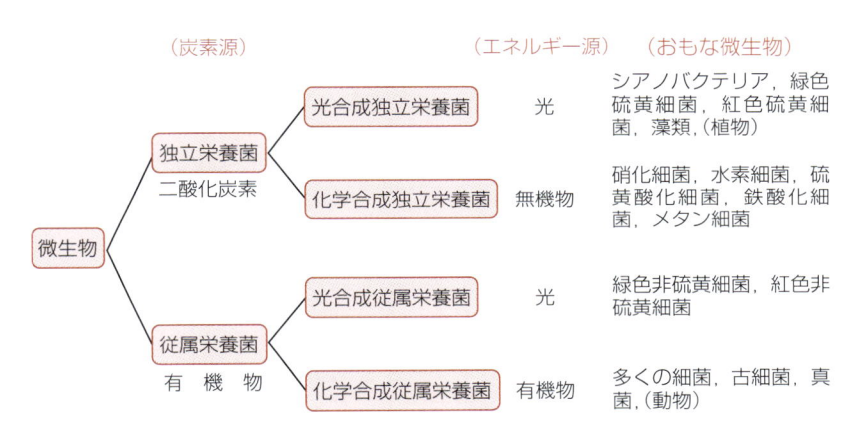

図 3.11 炭素源およびエネルギー源の相違に基づく微生物の分類

3.2.3 系統樹による分子系統分類法

生物間に共通に保存されている遺伝子の塩基配列やタンパク質のアミノ酸配列に基づき，分子進化的な観点から，生物間の相対的な位置関係を示したものを**系統樹**(phylogenetic tree)という．細菌と古細菌では，16S rRNA 遺伝子の塩基配列に基づいて系統樹が作成されるのが一般的である（図 3.12）．

細菌の系統樹では，グラム陰性細菌の大部分が**プロテオバクテリア**(proteobacteria)**門**に分類されている（表 3.3）．細菌や古細菌は，これまで主として形態学的，生理学的，化学的な特徴に基づいて分類されてきたが，これらの分類に関するバイブルともいうべき "Bergey's Manual of Systematic Bacteriology" 2nd ed, Springer (2001) では，16S rRNA 遺伝子の塩基配列によって作成された系統樹に基づいて分類されている．また種間の相違を明確にするために，DNA ジャイレース[18]の β サブユニットのアミノ酸配列を利用した系統樹も作成されている．

真菌類でも，形態学的，生理学的な特徴に基づいて分類体系がつくられて

[18] 細菌や古細菌に広く存在する DNA の転写や複製に関与する酵素．この酵素のアミノ酸配列は種間での相違が大きいため，16S リボソーム RNA 遺伝子の塩基配列の相違から分類できないような菌株の分類・同定に利用される．

いたが，近年 18S rRNA 遺伝子の解析が進み，同遺伝子の配列に基づく系統樹によって分類体系が見直されつつある．

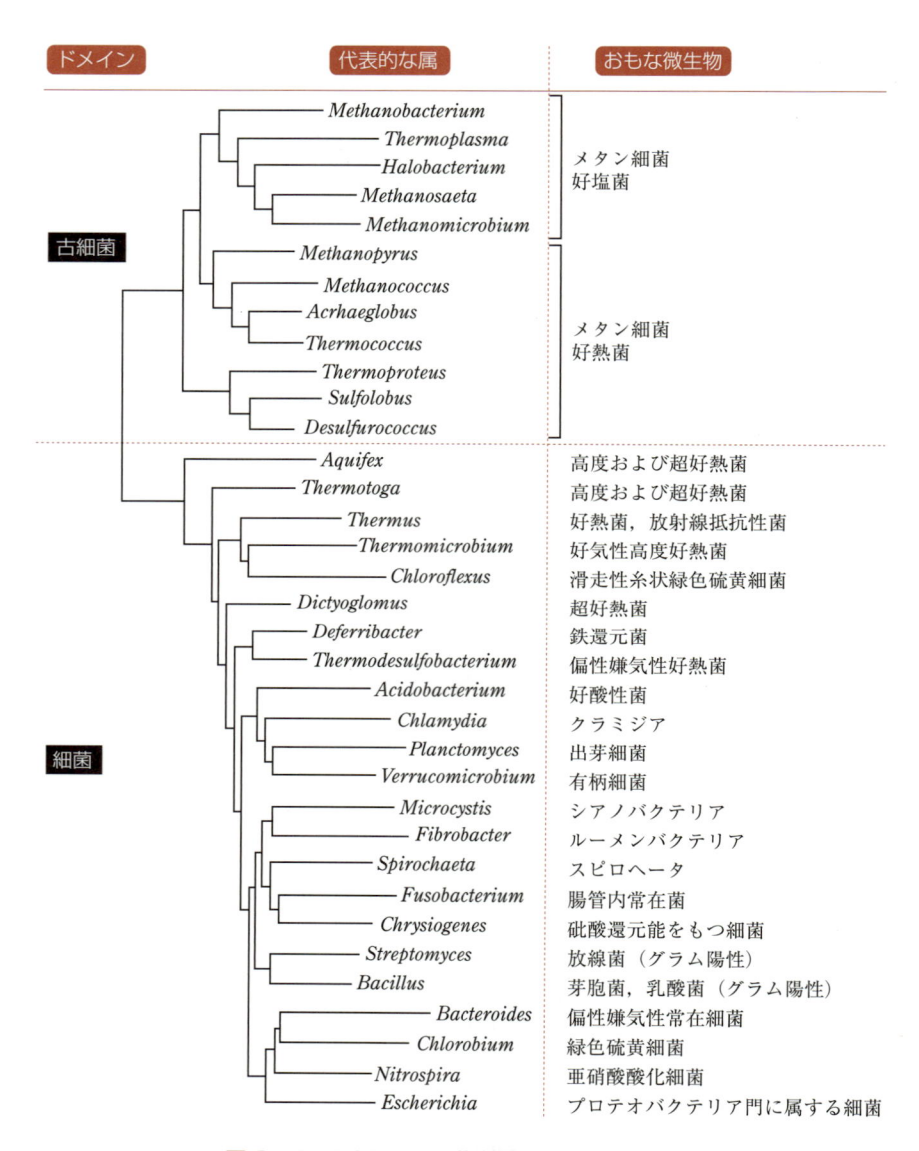

ドメイン	代表的な属	おもな微生物
古細菌	*Methanobacterium* / *Thermoplasma* / *Halobacterium* / *Methanosaeta* / *Methanomicrobium*	メタン細菌 好塩菌
古細菌	*Methanopyrus* / *Methanococcus* / *Acrhaeglobus* / *Thermococcus* / *Thermoproteus* / *Sulfolobus* / *Desulfurococcus*	メタン細菌 好熱菌
細菌	*Aquifex*	高度および超好熱菌
細菌	*Thermotoga*	高度および超好熱菌
細菌	*Thermus*	好熱菌，放射線抵抗性菌
細菌	*Thermomicrobium*	好気性高度好熱菌
細菌	*Chloroflexus*	滑走性糸状緑色硫黄細菌
細菌	*Dictyoglomus*	超好熱菌
細菌	*Deferribacter*	鉄還元菌
細菌	*Thermodesulfobacterium*	偏性嫌気性好熱菌
細菌	*Acidobacterium*	好酸性菌
細菌	*Chlamydia*	クラミジア
細菌	*Planctomyces*	出芽細菌
細菌	*Verrucomicrobium*	有柄細菌
細菌	*Microcystis*	シアノバクテリア
細菌	*Fibrobacter*	ルーメンバクテリア
細菌	*Spirochaeta*	スピロヘータ
細菌	*Fusobacterium*	腸管内常在菌
細菌	*Chrysiogenes*	砒酸還元能をもつ細菌
細菌	*Streptomyces*	放線菌（グラム陽性）
細菌	*Bacillus*	芽胞菌，乳酸菌（グラム陽性）
細菌	*Bacteroides*	偏性嫌気性常在細菌
細菌	*Chlorobium*	緑色硫黄細菌
細菌	*Nitrospira*	亜硝酸酸化細菌
細菌	*Escherichia*	プロテオバクテリア門に属する細菌

図 3.12 16S rRNA 塩基配列による系統樹

3.3 病原性をもつ微生物

微生物は，動物や植物の排泄物や遺体を無機物に分解することによって，動植物の生育環境を整え，維持している．その一方で，微生物は，動植物とともに生存していく過程で，生存競争に勝ち残るために，病原性を発揮した

表3.3 プロテオバクテリア門に含まれる細菌

プロテオバクテリア門	おもな細菌
α-プロテオバクテリア綱	酢酸菌
	紅色非硫黄細菌
	根粒菌
	亜硝酸酸化細菌
β-プロテオバクテリア綱	一般的な化学合成細菌
	アンモニア酸化細菌
	紅色非硫黄細菌
γ-プロテオバクテリア綱	紅色硫黄細菌
	植物病原菌
	一般的な化学合成細菌
	腸内細菌
δ-プロテオバクテリア綱	硫酸還元菌
	粘液細菌
ε-プロテオバクテリア綱	ヒトの寄生細菌

り，宿主に**感染症**(infectious disease)を引き起こしたりする．ここでは，ヒトに感染症を起こす微生物およびウイルスと，植物や農作物の病原微生物・ウイルスを取り上げる．また，これらの感染に対して生物が示す**免疫**(immunity)について説明する．

3.3.1 感染症を引き起こす微生物

医薬品の開発，環境衛生や栄養状態の改善などによって感染症は激減してきた．しかし，開発途上国ではいまだに多くの人びとが感染症の犠牲となっている．熱帯林の開発や地球規模の人的交流などによって新たな感染症(新興感染症)も広まってきた．また，地球環境の変化などにより，衰退していた一部の感染症が再び流行するようにもなった(再興感染症)．わが国では，旧来の伝染病予防法に代わり，1998年に「感染症の予防及び感染症の患者に対する医療に関する法律(感染症法)」が制定され(2003年に改正)，対策が再構築されてきた．

病原微生物(病原体)は，宿主に入り込んだあと，組織や細胞に付着・定着し，増殖する．多くの細菌はこの過程で毒素を生産する．ウイルスは，宿主細胞外への粒子の放出を繰り返し，炎症を誘起して宿主を発病させる．一部のウイルスは全身性疾患を来すが，多くの病原体は特有の感染経路をもち，特有の臓器や細胞で増殖する．以下に感染の標的臓器ごとの代表的な病原体を説明する．

(1) 全身感染症(多臓器性感染症)

天然痘ウイルス(variola virus)はポックスウイルス科に属し，200 × 200 ×

250 nm のレンガ状で**エンベロープ**(envelope)[*19] をもつ二本鎖 DNA ウイルスである．気道感染のあと，リンパ節で増殖し，全身の皮膚に疱疹を来す．1980 年に WHO が撲滅宣言をしたが，危機管理上は重要なウイルスである．
エボラウイルス(ebola virus)属はフィロウイルス科に属し，スーダン，ザイールなどのウイルス種を含む．長さ約 800 nm のフィラメント状でエンベロープをもつ（−）一本鎖 RNA ウイルスである．発熱などを伴って急激に発症し，重症では出血症候群を認め，致死率は 50 ～ 90% に達する．

(2) 呼吸器感染症

インフルエンザウイルス(influenza virus)は，直径が 80 ～ 120 nm の球形のエンベロープをもつ（−）一本鎖 RNA ウイルスで，流行性感冒の原因となる．コアタンパク質の抗原性によって A, B, C 型に分類されている．ゲノムは，A 型と B 型では 8 個に，C 型では 7 個に分かれている．エンベロープ上には赤血球凝集素（H 抗原）とノイラミニダーゼ（N 抗原）の二種類のスパイクタンパク質[*20] をもち，A 型は，高病原性鳥インフルエンザの H5N1 型のように，抗原性により亜型がある．**ライノウイルス**(rhinovirus)は，ピコルナウイルス科に属し，小型正二十面体構造の粒子をもつ（＋）一本鎖 RNA ウイルスで，鼻かぜ（普通感冒）を引き起こす．

コロナウイルス(coronavirus)は，エンベロープをもつ球状粒子からなる（＋）一本鎖 RNA ウイルスである．通常は風邪症候群を引き起こすが，2003 年に中国を中心に多発した重症急性呼吸器症候群（SARS）の原因は新種のコロナウイルスであることが判明した．

呼吸器感染症を引き起こす細菌には，*Streptococcus pyogenes*（**A 群溶血性連鎖球菌**），*Corynebacterium diphtheriae*（**ジフテリア菌**）などがある．*Mycobacterium tuberculosis*（**結核菌**）は好気性グラム陽性桿菌である．毎年世界中で約 200 万人が死亡しており，単一病原体としては世界最大の感染症である．**多剤耐性菌**[*21] も出現しており，再興感染症の代表である．

(3) 消化器感染症

最近，食中毒病原体に加えられた**ノーウォークウイルス**(norwalk virus, ノロウイルス属)を含むカリシウイルス科のウイルスは，直径約 30 nm の小型正二十面体で，（＋）一本鎖 RNA をもつ．寒冷期に見られる下痢・嘔吐をともなう急性胃腸炎の主要な起因ウイルスである．

肝臓に親和性のある**肝炎ウイルス**(hepatitis virus)は，A ～ E 型などが知られている．B 型肝炎ウイルスは，直径 42 ～ 50 nm の球状粒子からなり，エンベロープをもつ環状二本鎖 DNA ウイルスである．C 型肝炎ウイルスは，フラビウイルス科に属し，直径約 50 nm の球状粒子からなり，エンベロープをもつ（＋）一本鎖 RNA ウイルスである．

細菌性病原には感染症法 2 類に分類される危険な病原が多く知られてい

[*19] キャプシドの外側にある脂質二重膜で，ウイルス粒子が宿主細胞から飛び出すときに，宿主の細胞膜や核膜の一部をまとったもの．

[*20] ウイルスの遺伝子からつくられる糖タンパク質で，エンベロープから突出している．

[*21] 複数の薬剤に対して耐性や抵抗性をもつ細菌．

る．サルモネラ感染症には，*Salmonella enterica* subsp. *enterica* serovar Typhi（**腸チフス菌**）による発熱症状のほかに，*S. enterica* subsp. *enterica* serovar Typhimurium（**ネズミチフス菌**）や *S. enterica* subsp. *enterica* serovar Enteritidis（**ゲルトネル菌**）による食中毒が知られている．*Salmonella* 属の菌株は桿菌で，多くは運動性をもつ．

Vibrio 属の菌株は湾曲した桿菌で，コレラの原因菌である *Vibrio cholerae* O1 や腸炎ビブリオの原因菌である *Vibrio parahaemolyticus* を含む．**コレラ菌**の重要な病原因子はコレラ毒素であり，コレラ毒素は激しい下痢を引き起こす．**腸炎ビブリオ**は，サルモネラ菌と並んで食中毒の主要な原因菌である．

グラム陰性らせん菌である *Helicobacter pylori*（**ピロリ菌**）は，急性・慢性胃腸炎を引き起こすとともに，胃・十二指腸潰瘍の再発因子である．この菌の培養に成功したウォーレン（J. R. Warren）とマーシャル（B. J. Marshall）に，2005 年のノーベル医学・生理学賞が授与された．

病原性大腸菌も食中毒の主要菌の一つであり，1996 年には *Escherichia coli* O157（腸管出血性大腸菌）による大規模な食中毒が起きた．この菌が生産するベロ毒素は，出血性大腸炎や溶血性尿毒症などを引き起こす．

（4）尿路感染症

ウイルスがかかわる感染症は，**単純ヘルペスウイルス**（herpes simplex virus）1 型・2 型による性器ヘルペスが知られている．また，病原となる細菌は，大腸菌を始めとするグラム陰性細菌が全体の 9 割を占め，腎盂腎炎，膀胱炎，尿道炎などを引き起こす．尿道炎の原因菌としては，*Neisseria gonorrhoeae*（**淋菌**）や *Chlamydia* 属（**クラミジア**）の菌が知られている．

（5）神経系感染症

日本脳炎ウイルス（Japanese encephalitis virus）はフラビウイルス科に属し，正二十面体のヌクレオキャプシド[*22] をエンベロープが包む（＋）一本鎖 RNA ウイルスである．コガタアカイエカに吸血されることで感染する．

細菌では，グラム陰性双球菌の *Neisseria meningitidis* が髄膜炎を引き起こす．また，グラム陽性桿菌である *Clostridium tetani*（**破傷風菌**）が引き起こす破傷風は，この菌が生産するテタノスパスミンという神経毒が原因であり，高い致死率を示す．同属の *Clostridium botulinum*（**ボツリヌス菌**）による食中毒では，この菌の生産するボツリヌス毒素が運動神経の遮断などを誘起し，呼吸筋麻痺による呼吸困難を引き起こす．

（6）その他の感染症

潜伏期間のきわめて長い感染症として後天性免疫不全症候群が知られている．原因ウイルスである**ヒト免疫不全ウイルス**（human immunodeficiency virus: HIV）はレトロウイルス科に属し，エンベロープをもつ．ゲノムの一本鎖 RNA は，複製の過程で逆転写反応を利用している．

[*22] ウイルス核酸とそれを覆っているタンパク質（キャプシド）を合わせたもの．

プリオン病（prion disease）の本体は病原体ではなく，患者の自己タンパク質である．異常プリオンが正常プリオンの立体構造を変化させ，神経細胞死を誘導し，患者を死に至らせると考えられている．ヒトのクロイツフェルト・ヤコブ病（CJD）やウシ海綿状脳症（BSE）などが知られている．現在，CJDのなかでも若年層に発症する新変異型CJDは，BSEに感染したウシの神経組織を摂取することに原因があるとの推測があり，大きな社会問題になっている．

3.3.2 植物病原微生物

農作物などの植物に病気を起こす微生物にも，動物やヒトに感染するものと同様に，真菌類，細菌，ウイルスなどさまざまなものが知られている．

(1) 真菌類

大部分の真菌類は，土壌などに含まれる栄養分を摂取して生息している**腐生菌**（saprophytic fungi）である．植物病原菌は，植物に寄生できる能力を獲得したものといえる．栄養の摂取方法によって，**絶対寄生菌**（obligate parasite），**条件腐生菌**（facultative saprophyte）および**条件寄生菌**（facultative parasite）に分類される．粘菌類を除いて，接合菌，子のう菌，担子菌，不完全菌類など大部分の菌は栄養体が菌糸であるため，菌類病の大部分は糸状菌病と呼ばれる．イネに重大な病気を引き起こす *Magnaporthe oryzae*（イネいもち病菌）も植物病原糸状菌の一つである．この菌の胞子は，発芽後，付着器という侵入器官を形成したのち，イネ表層のクチクラ層[23]と細胞壁を貫通して細胞質に到達し，組織内に広まる．この菌は子のう菌門に分類される．増殖適温が30℃以下であるため，冷夏に大発生することが多い．

(2) 細 菌

一部の難培養性細菌（*Xylella* 属菌など）を除いたほとんどの植物病原細菌が，人工培地で培養できる．グラム陰性では *Pseudomonas* 属，*Acidovorax* 属，*Burkholderia* 属，*Ralstonia* 属，*Xanthomonas* 属，*Erwinia* 属，*Agrobacterium* 属，グラム陽性では *Clavibactor* 属，*Streptomyces* 属の細菌が知られている．細菌病には，細胞壁溶解酵素を分泌して植物組織を溶解するもの，道管で増殖して植物全体を萎縮させるもの，植物細胞を異常分裂させてクラウンゴール[24]というこぶをつくらせるものなどがある．

(3) ファイトプラズマ

ファイトプラズマは，植物を発病させるマイコプラズマ様微生物として扱われてきた．しかし，現在では *Phytoplasma* 属が設定されている．昆虫を介して植物に感染したあと，通常，維管束の師管で増殖する．細胞壁を欠き，人工培地では培養できない．しかし，*Phytoplasma* 属と同じ Mollicutes 綱に分類される *Spiroplasma* 属菌は容易に培養できる．

---

[23] 植物の地上部の表面を覆う厚いワックス様の層．

[24] *Agrobacterium* 属菌の一種は，植物に感染する際に，TiプラスミドのT-DNA領域を植物細胞の核中の染色体に挿入し，各種植物ホルモンやアミノ酸を合成させる．このT-DNAを送り込む能力は，組換え植物の作出の際に広く利用されている．

(4) ウイルス

　植物ウイルスには，ゲノムとして DNA，RNA，また，それらの一本鎖，二本鎖のいずれをもつものも存在するが，一本鎖 RNA をもつものがきわめて多い．エンベロープをもつものは少なく，大部分はタンパク質と核酸のみからなるヌクレオキャプシド構造をとっている．ウイルスは，媒介昆虫などによる傷口から植物細胞に導入されたあと，増殖を始める．その後，細胞壁中の原形質連絡[*25]を通り，隣接する細胞や維管束中の転流によって全身に広がる．そして，モザイク，黄化，萎縮などを引き起こすことによって，植物の生育に影響を与える．タバコモザイクウイルスは，最初に発見され，結晶化された RNA ウイルスである．またイネ萎縮ウイルスなどのように，イネ細胞でも媒介昆虫細胞でも増殖するユニークなウイルスも知られている．

[*25] 細胞壁を貫いて隣接する細胞の間を連結する構造で，この穴を通じて物質の移動が行われている．

(5) ウイロイド

　ウイロイド（viroid）は，一本鎖環状の裸の RNA からなる病原因子である．植物固有の病原体として知られている．約 300 塩基の低分子 RNA であり，タンパク質の情報をコードしていない．宿主核の RNA ポリメラーゼⅡまたは葉緑体の RNA ポリメラーゼによってローリングサークル型複製[*26]をすると考えられている．最も大きな被害例として，フィリピンで数百万本のヤシを枯死させたウイロイド病が知られている．

[*26] リーディング鎖が環に沿って移動し，直鎖状の新生 RNA が派生するような複製様式．

3.3.3 微生物と免疫

　微生物の感染に対して，動物宿主側も防御反応で応戦する．この防御反応は**自然免疫**（innate immunity）と**獲得免疫**（acquired immunity）に分けられる．

　自然免疫は，非特異的防御反応であり，感染初期における病原微生物の認識と防御に不可欠である．病原微生物の多くは粘膜上皮を介して体内に侵入するが，この粘膜上皮は病原体に対する物理的，化学的あるいは生物学的障壁として働く．近年，粘膜上皮とその直下に常在するマクロファージや樹状細胞などの表面には Toll-like receptor（TLR）と呼ばれる病原体認識受容体が存在することが見いだされた．ヒトでは 10 種類の TLR が知られており，グラム陰性細菌のリポ多糖は TLR4 により，グラム陽性細菌のペプチドグリカンなどは TLR2 によりパターン認識されている．細菌やウイルスの DNA に特有の非メチル化 CpG DNA は TLR9 により，RNA ウイルスの複製中間体である二本鎖 RNA は TLR3 により認識される．

　これらの細胞外に存在する病原体認識受容体のほかに，最近，細菌やウイルスを認識する細胞内受容体として Nod1，Nod2 や RIG-1 が発見された．このように，自然免疫では病原微生物を細かく特異的に認識せず，グラム陰性細菌，RNA ウイルスのように大きい分類単位で"非特異的"に認識したあ

3章 微生物の種類と分類

と，下流のシグナル伝達経路を活性化して炎症性サイトカイン[*27]，インターフェロン，抗菌性ペプチドなどの生産を誘導する．これによって自然免疫の担当細胞が活性化され，さらに獲得免疫が誘導される．

獲得免疫は，抗原を特異的に認識するリンパ球によって担われており，**体液性免疫**(humoral immunity)と**細胞性免疫**(cellular immunity)に大別される．前者では骨髄由来のB細胞や抗体，後者では胸腺由来のT細胞が中心となる．病原体が宿主動物細胞内で増殖する方法の違いによって，免疫の働きはそれぞれ次のように異なる．

(1) 偏性細胞外寄生体（例：連鎖球菌，ブドウ球菌，淋菌など）

これらの病原体は，感染部位に集合してきた**食細胞**(phagocyte)[*28]に貪食され，殺菌される．この際，体液性免疫が主体となって細菌体成分に対する抗体が作用することにより，補体成分を介した溶菌や食細胞による貪食が促進される．また，細菌毒素に対する特異的抗体は毒素作用を中和する．

(2) 通性細胞内寄生体（例：チフス菌，結核菌，レジオネラ菌など）

食細胞の中でも細胞外でも増殖できるこれらの病原体に対しては，細胞性免疫が主体となって働く．感染細菌を貪食した食細胞はある種のヘルパーT細胞[*29]を活性化する．それによって放出されるサイトカインの働きでさらに食細胞の機能が活性化され，細胞内の細菌増殖を阻止する．

(3) 偏性細胞内寄生体

ウイルスは生体の感受性細胞内でのみ，またクラミジアやリケッチアは食細胞のマクロファージ内でのみ増殖する．細胞破壊性のウイルスには抗体による体液性免疫が主役となって働く．細胞破壊性が弱く持続感染するようなウイルスには，感染細胞を破壊する細胞性免疫が主役となって働く．

近年，病原体に対する植物の抵抗性についての研究が進み，ある種の抵抗性遺伝子産物の構造が，動物の自然免疫において重要なTLRの構造と類似していることが見いだされた．また，植物では，**RNAサイレンシング**という機構が，RNAウイルスの感染に対して強力な抵抗性を示し，ウイルス側もその抵抗性を抑制するようなサプレッサータンパク質をコードする遺伝子を保持していることが明らかにされた．

3.4 特殊環境で増殖する微生物

3.4.1 好熱菌

好熱菌(thermophile)は一般に，45℃以上で良好な増殖を示す微生物で，光合成細菌を含む幅広い細菌，古細菌，真菌で見いだされている．好熱菌は，増殖温度の相違から65℃で増殖可能な**中等度好熱菌**，75℃以上で増殖できる**高度好熱菌**，90℃以上でも増殖できる**超好熱菌**に分類される．

中等度好熱菌は，*Bacillus*属およびその類縁菌に多く見いだされている．

[*27] 細胞から分泌されるタンパク質で，特定の細胞に情報伝達をするもの．

[*28] 白血球の中のマクロファージや好中球などの細胞の総称で，細菌や死んだ細胞などを摂取する能力をもつ．

[*29] 細胞表面にCD4抗原を発現しているリンパ球の亜集団で，ほかのT細胞の機能発現を誘導したり，B細胞の分化成熟，抗体産性を誘導したりする．

最近，*Bacillus* 属から分かれた *Geobacillus stearothermophilus* は，40 ℃ 以上で増殖を示す中等度好熱性菌の代表である．

高度好熱菌は，細菌ではグラム陰性の *Thermus* 属が知られている．*Sulfolobus* 属や *Desulfurococcus* 属は古細菌に分類される高度好熱菌であり，海底火山の噴出口や酸性の温泉源などから分離された．

超好熱菌はほとんどが嫌気性の古細菌である．これらの古細菌は高度好熱菌と同様，海底火山の噴出口などから分離されており，海底の熱水鉱床から分離された *Pyrolobus fumarii* は 113 ℃ でも増殖する（図 3.13）．細菌に分類される *Thermotoga* 属や *Aquifex* 属でも，90 ℃ で増殖する菌株が報告されている．なお，細菌や古細菌を問わず，超好熱菌のゲノムは，およそ 2 Mbp（bp は塩基対，6.1.2 項参照）であり，一般的な細菌のゲノムサイズと比較して小さい．

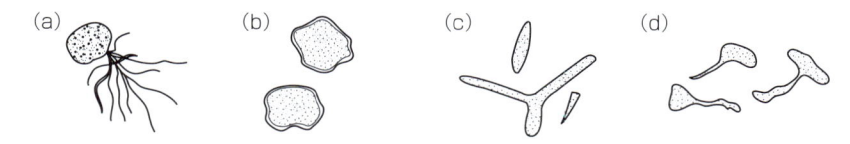

図 3.13 高度好熱性の古細菌の例
(a) *Pyrococcus furiosus*，(b) *Pyrolobus fumarii*，(c) *Thermoproteus tenax*，(d) *Pyrodictium abyssi*

好熱菌の生産する酵素は，非常に高い反応温度と優れた耐熱性をもっているので，工業的利用の点から注目を集めている．とくに，デンプン分解関連酵素は高温下で用いられているため，超好熱性菌由来の α-アミラーゼ，プルラナーゼ，シクロデキストリン合成酵素などが広く研究されている．遺伝子工学で多用される Taq DNA ポリメラーゼや耐熱性 DNA ポリメラーゼも，*Thermus aquaticus* などの高度好熱菌や超好熱菌から得られている．

3.4.2 好塩菌

好塩菌（halophile）には，高濃度の食塩をとくに必要とはしないが高濃度の食塩中でも増殖できる**耐塩性**（halotolerance）のものと，増殖に一定量以上の食塩濃度を必要とする**好塩性**（halophilism）のものが含まれている．耐塩性を示す細菌や真核微生物は多く，みそやしょう油の製造に使用されている．好塩性のものは，増殖の至適食塩濃度が 0.2〜0.5 M である**低度好塩菌**，0.5〜2.5 M である**中度好塩菌**，2 M 以上の食塩濃度を必要とし，増殖至適食塩濃度が 2.5〜5.2 M に達する**高度好塩菌**に分類される．

低度好塩菌は，塩濃度が 0.5〜0.6 M である海洋に生息する細菌の多くが該当する．中度好塩菌は，塩蔵食品などの含塩試料から分離されており，

Psuedomonas 属, *Vibrio* 属などの細菌や *Halobaculum* 属などの古細菌で報告されている. 高度好塩菌は, その大部分が古細菌である. このなかで, 石川県の塩田から分離された *Haloarcula japonica* は, 三角形をした珍しい微生物である (図 3.14). また *Halobacterium* 属は, バクテリオロドプシンと呼ばれる色素タンパク質を用いて光からエネルギーを得て, ATP の合成やナトリウムイオンの排出に利用している. 細菌に属する高度好塩微生物は, *Actinopolyspora halophila*, *Halorhodosphira halophila*, *Halobacteroides halobius* などが知られている.

図 3.14　高度好塩性の古細菌の例
(a) *Haloarcula japonica*, (b) *Haloarcula quadrata*

3.4.3　好アルカリ性菌

アルカリ性の環境下で増殖を示す微生物 (alkaliphile) には, 中性 pH で良好な増殖を示しながら pH10 以上でも増殖できる**アルカリ耐性菌**と, 至適増殖 pH が 10 を超える**好アルカリ性菌**が含まれている. 好アルカリ性菌は, 細菌, 古細菌, 酵母, カビなどさまざまな微生物で見いだされており, 細菌では, とくに *Bacillus* 属やその近縁種で多数報告されている. 好アルカリ性菌のなかには, 好塩菌であるものも多い. アルカリ性の環境下で良好な増殖を示す好アルカリ性菌の菌体外酵素は, アルカリ性で高い活性を示すため, 工業的価値が高い. 洗剤に配合されているアルカリ性プロテアーゼやアルカリ性セルラーゼは, いずれも好アルカリ性 *Bacillus* 属細菌由来の酵素である.

3.4.4　好酸性菌

増殖至適 pH が 3 以下の微生物を**好酸性菌** (acidophile) という. 高度好熱菌である *Sulfolobus* 属や *Acidianus* 属などの古細菌は, 好酸性菌でもあり, 硫化水素を硫黄や硫酸に酸化することによってエネルギーを得て, 独立栄養的に増殖する. 一方, *Stygiolobus* 属の古細菌は硫黄を還元し, 硫化水素を生成する. *Acidiphilium* 属や鉄酸化細菌である *Acidithiobacillus* 属の菌株も好酸性の細菌であり, *Acidithiobacillus ferrooxidans* や *Acidithiobacillus thiooxidans* は, 低品質の銅を含む硫化鉱物から銅を回収するバクテリアリーチング (微生物採鉱法) に利用されている.

3.4.5 その他の特殊環境で生育する微生物

0～5℃で増殖できる微生物は**低温菌**(psychrotroph)と呼ばれ，そのなかで，20℃以上では増殖できない微生物をとくに**好冷菌**(psychrophile)と呼ぶ．好冷菌は，さまざまな種類の微生物から見いだされており，深海から分離されるものも多い．

40MPa以上の圧力のかかる深海から分離される微生物は**好圧菌**(barophile)と呼ばれ，そのなかで，常圧で増殖を示さないものは，**偏性好圧菌**と呼ばれている．

Deinococcus radiodurans は，γ線に対する強い抵抗性を示す**放射線抵抗性菌**である．この菌は，放射線によって損傷を受けたDNAを速やかに修復する機構をもっている(6.6.1項参照)．また，複数のゲノムを保持し，ゲノム間での組換え機構をもっている．この菌の放射線抵抗性には，これらの特性が関与すると考えられている．

練習問題

1 次の語句を説明しなさい．
　(1) 放線菌
　(2) 系統樹
　(3) chemoautotroph
　(4) 好熱菌

2 古細菌を生理学的な性質に基づいて分類しなさい．

3 真菌の生活環について，子のう菌を例にとって説明しなさい．

4 ウイルスゲノムとは何か，説明しなさい．また，ゲノム核酸の種類やそれらの複製・遺伝子発現様式によってウイルスを分類しなさい．

5 細菌を分類・同定するための実験方法を系統的に述べ，それらの結果に基づき分類・同定を進める手順を説明しなさい．

6 光エネルギーを増殖に利用できる光合成細菌とシアノバクテリアについて，それぞれ炭素源の同化(利用)法を説明しなさい．

7 ヒトに病原性を発揮して感染症を引き起こす微生物のうち，呼吸器感染症と消化器感染症にかかわるものについて，ウイルスと細菌に分けて列挙しなさい．

4章 微生物の細胞構造

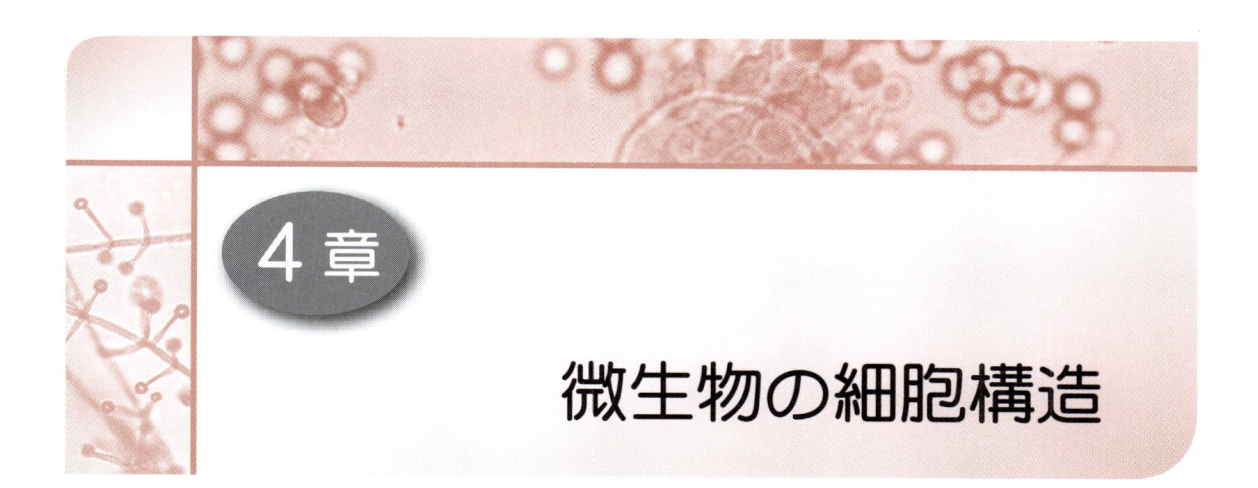

4.1 細菌の構造

細菌の基本構造は，**細胞膜**(cell membrane)や**核様体**(nucleoid)，**リボソーム**(ribosome)といった生命活動に必須な共通の構造体と，**細胞壁**(cell wall)，**べん毛**，**線毛**(pilus)などの特殊な構造体とから成り立っている(図4.1).

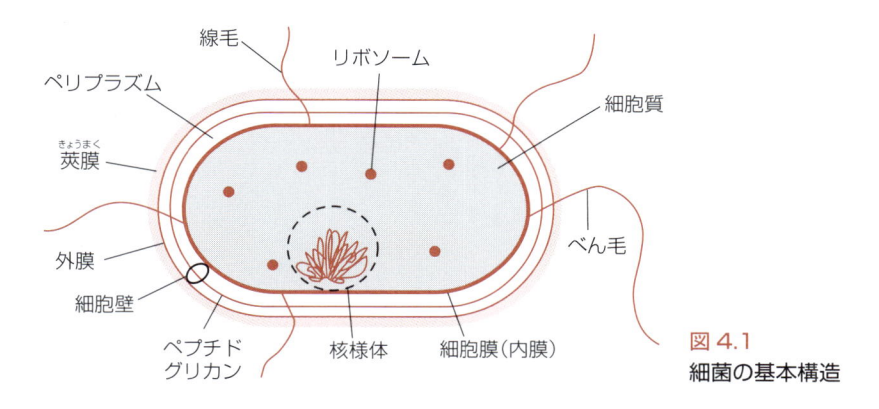

図 4.1 細菌の基本構造

4.1.1 細胞壁

細胞壁は，細胞膜を取り囲んでいる比較的厚い層である．**グラム陽性菌**と**グラム陰性菌**では細胞壁が異なる(図4.2)．グラム陽性菌の細胞壁はグラム陰性菌と比較して均一な厚い単層構造(10～100 nm)であり，主として**ペプチドグリカン**(peptidoglycan)から成り立っている．ペプチドグリカンは，N-アセチルグルコサミンとN-アセチルムラミン酸とが交互に$β$-1,4結合を繰り返しながら重合した糖鎖で，L-アラニン，D-グルタミン酸，$meso$-ジアミノピメリン酸，D-アラニンの四つのアミノ酸からなるペプチドがN-アセチルムラミン酸に結合してできた構成物質(ムレイン)である(図4.3)．細胞

壁のなかには，タイコ酸と呼ばれるポリアルコールとリン酸が交互に結合した構造も含まれている．

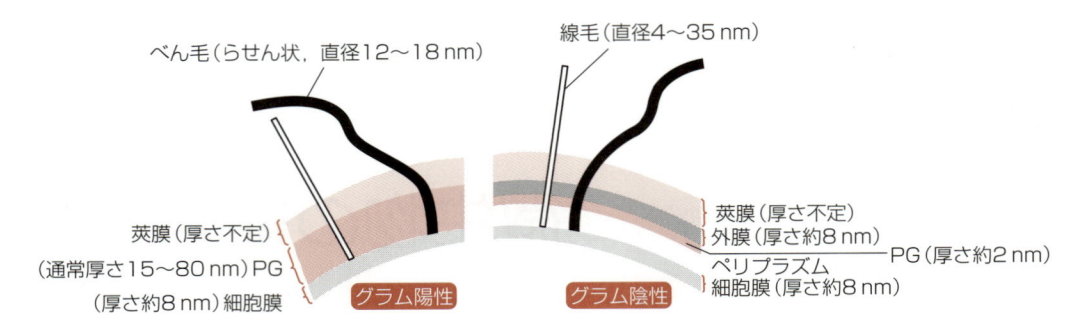

図 4.2 細菌の細胞表層（グラム陽性菌とグラム陰性菌の違い）
PG：ペプチドグリカン

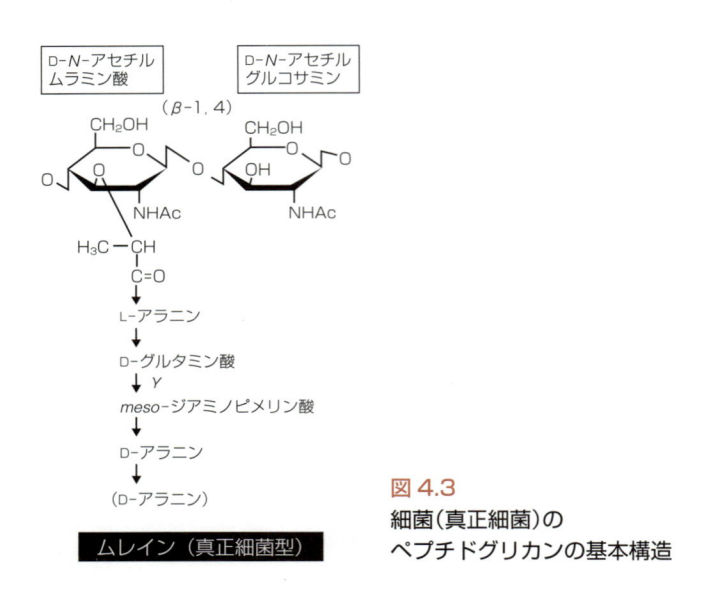

図 4.3 細菌（真正細菌）のペプチドグリカンの基本構造

　これに対し，グラム陰性菌の細胞壁は，より複雑な多層構造をなしている（図 4.4）．細胞壁中のペプチドグリカンの量は比較的少なく，薄いペプチドグリカン層の外側に外壁層が存在する．この層はタンパク質，脂質，リポタンパク質やリポ多糖からなる脂質二重膜で，外膜と呼ばれている．また，細胞膜とペプチドグリカン層の間の空間は**ペリプラズム**（periplasm）と呼ばれている．ペリプラズムにはさまざまな水溶性タンパク質が存在しており，細胞膜と外膜の間での物質輸送の仲介や外膜形成に重要な役割を果たしている．

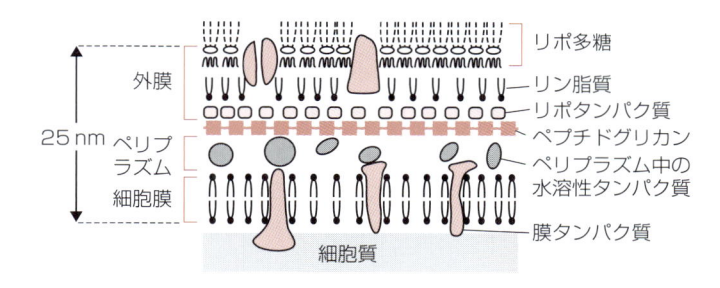

図4.4 グラム陰性菌の細胞表層の構造

4.1.2 細胞膜

　細胞壁の内側には**細胞膜**と呼ばれる半透性の膜が存在する．細胞膜は，細胞を外部環境から保護しており，主としてリン脂質とタンパク質から構成されている．リン脂質分子の極性部分は膜の表面に存在し，電荷をもたない疎水的な脂肪酸部分は膜の内部に互いに向かい合うように並んでいる．その結果，膜構造はリン脂質の二重層となっている（図4.4）．細胞膜のタンパク質は疎水的な部分をもっており，脂質の二重膜に埋め込まれている．

　細菌の細胞膜は物質の代謝の中心的な役割を果たしている．全タンパク質量の10〜20％が細胞膜に存在していることがそれを裏づけている．たとえば，細胞内への有機・無機栄養分は選択的に取り込まれなくてはならない．そして，輸送もそれぞれの物質に特異的である．そのため，細胞膜には，透過酵素（パーミアーゼ）と呼ばれる分子の輸送にかかわるタンパク質が，異なる分子それぞれに応じて多数存在する．また，膜脂質や細胞壁を構成している高分子物質の合成を行う酵素も細胞膜上に多く存在している．

　さらに，細菌の細胞膜はエネルギー生産の場でもある．したがって，呼吸代謝に関与する酵素や担体が細胞膜に存在している．

4.1.3 核様体

　細菌は，真核生物がもつような完全な形態の核をもっていない．真核細胞の核に存在する核膜や核小体はなく，有糸分裂（6.4.3項参照）の過程は存在しない．すなわち，遺伝情報をもつDNAが，核膜に包まれることなく細胞質中に存在する．したがって，細菌の核は**核様体**とも呼ばれている．DNAは環状染色体として存在し，その長さは1000〜2000 μmである．これは細胞の長さのおよそ1000倍に相当し，密に折りたたまれて存在する．

4.1.4 細胞内顆粒

　古くから細菌には，さまざまな**細胞内顆粒**が存在することが知られている．おもな顆粒は，リピド（ポリ-β-ヒドロキシ酪酸），グリコーゲン，ポリリ

ン酸，硫黄などである．病原細菌で有名な細胞内顆粒は，ジフテリア菌に見られる異染小体または Babes-Ernst 小体と呼ばれるものである．この顆粒の本体は，無機のメタリン酸の**ポリマー**（polymer）であり，リン酸の貯蔵物質である．細胞内顆粒の大きさや数は増殖条件によって変化するが，栄養源が過剰に存在する場合は，乾燥重量で細胞の 50% にも達する．逆に，栄養源が枯渇し，エネルギー源が欠乏した場合には，エネルギー源や細胞の構成成分として利用される．

4.1.5 べん毛，線毛

細菌は硬い細胞壁に囲まれており，アメーバ運動も行わない．ほとんどの運動性細菌は，**べん毛**と呼ばれる細長い糸状付属器官の収縮によって泳ぐ〔2.3.2項(2)参照〕．べん毛は細胞膜より派生し，細胞壁を通じて外部へと伸び，細胞の大きさの 10 倍にも及ぶことがある．真核生物のべん毛や繊毛が束状繊維からできているのに対し，細菌のべん毛は 1 本の細い繊維からできている点で大きく異なる．べん毛の直径は約 20 nm であり，フラジェリンとよばれるタンパク質が中空を形成するようにらせん状に巻きついてできている．細胞内で合成されたフラジェリン分子は，べん毛内部から中空を通り抜け，べん毛の先端に加わっていくことが知られている．べん毛の回転運動は，モーターのように働く基底小体により駆動される．基底小体は，外膜と細胞膜に埋め込まれたリングから構成されており，このリングが回転子となってべん毛が回転する．基底小体の外側にはプロトンチャンネルが存在し，通過するプロトンの流れによって，回転運動を生ずるエネルギーが生産される（図4.5）．微生物の同定や分類をする際には，べん毛の数やその配列が重要な基準となっている（図 2.10・図 2.11 参照）．

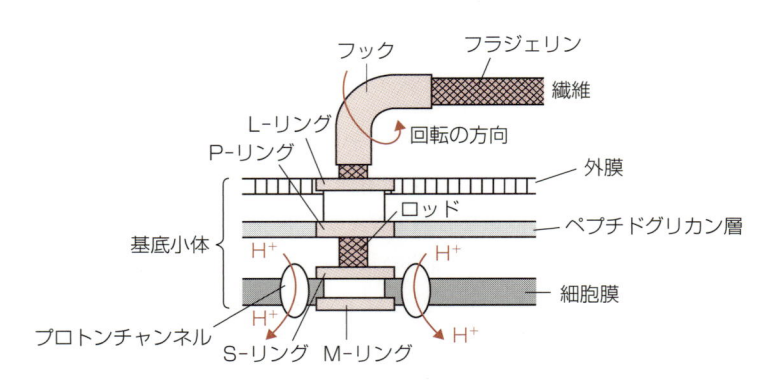

図 4.5 べん毛の構造

細菌のなかには，**線毛**と呼ばれる繊維状構造体をもつものがある．形や化学組成はべん毛に似ているが，べん毛より真っすぐで細く（直径約 10 nm），

短い．線毛はピリンと呼ばれるタンパク質からできており，べん毛と同様にらせん状に配列されて繊維を形成している．線毛は，細胞が基質に付着する役目をしたり，接合相手の細胞との間に架橋をつくるときに働いたりすると考えられている．

4.1.6 内生胞子

内生胞子(芽胞)は外界のストレス(熱，乾燥，放射線)に対して，きわめて強い抵抗性をもっている．環境悪化などの特定条件下で，細菌の栄養細胞は分裂を停止し，細胞内部に親細胞とは生理的性質の違う新しい細胞すなわち内生胞子を形成する．この過程は，細胞が別の形へ分化する最も単純なモデル系であり，細胞分化の解明の手がかりとなりうるため，多くの研究者から興味がもたれている．環境条件がよくなると，胞子は発芽して再び栄養細胞となる．

内生胞子の構造は薄い外膜の外側に不透過性のタンパク質からなる胞子殻があり，その内側にはペプチドグリカンからなる層状の**皮層**(cortex)がある(図4.6)．この皮層の内側に，**胞子壁**(spore wall)や**胞子膜**(spore membrane)，**核物質**(nuclear body)などが存在する．また，胞子の細胞質は**コア**(core)と呼ばれる．このように，内生胞子は，栄養細胞とは細胞壁の外部構造において著しく異なる．胞子の化学成分として最も特徴的であるのが，ジピコリン酸である．ジピコリン酸は皮層中に存在すると考えられ，カルシウムとの複合物を形成している．この成分が胞子の耐熱性に関係すると考えられている．

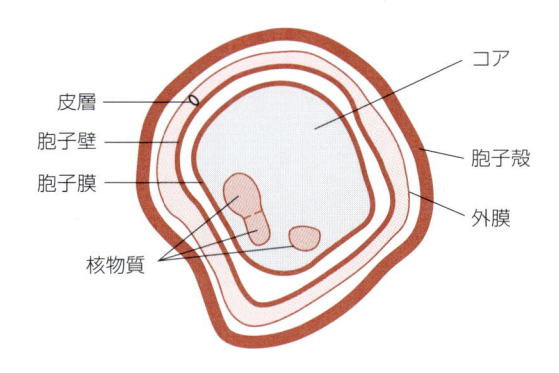

図4.6 内生胞子の模式図

4.1.7 その他の細胞構造物

(1) 莢膜

ある種の細菌は，細胞壁の外側にゲル状の粘液物質を分泌する．この粘液物質は細胞の周りを取り囲んでおり，**莢膜**(きょうまく)(capsule)と呼ばれている(図4.1

参照).莢膜の化学組成は菌種や菌株によって異なるが,多糖類やポリペプチド,または多糖体−タンパク複合体からできている.

(2) メソソーム

細胞膜の一部が細胞質内に陥入して胞状になった構造物を**メソソーム**(mesosome)と呼んでいる.細菌一般に存在するが,とくにグラム陽性菌に多く見られる.細胞分裂時に細胞壁成分を合成して隔壁に提供したり,エネルギー生産酵素の集積所として機能したり,分泌酵素の搬出器官として機能したりしている.

4.2　古細菌の構造

古細菌は原核生物でありながら,複製,転写,翻訳など(6.2節参照),いくつかの点で真核生物に類似の機構をもっており,真核生物の起源であると考えられている.細胞の構造は,同じ原核生物である細菌と類似した点が多いが,遺伝子,細胞壁,細胞膜の構造は異なる.

古細菌の細胞壁は,細菌(真正細菌)で共通に見られるムラミン酸をもっていない.その代わりにL−タロサミニュロン酸を含む**シュードムレイン**と呼ばれるペプチドグリカン様の細胞壁をもつ(図4.7).また,シュードムレインをもたないメタン菌や好熱菌などの古細菌は,S−レイヤーと呼ばれるタンパク質や糖タンパク質からなる表層構造をもつ.

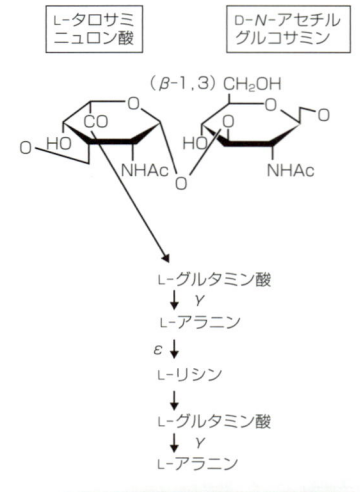

図4.7　古細菌のペプチドグリカンの基本構造

そのほか,古細菌で特徴的な細胞構造は,細胞膜中の脂質構造である.細菌や真核生物ではエステル型脂質であるのに対して,古細菌の細胞膜は炭化水素鎖がグリセロール骨格にエーテル結合したエーテル型脂質からなってい

る．炭化水素鎖は，炭素数 20 や 25 のイソプレノイドからなっている．

4.3 真菌の構造

　細菌が原核生物であるのに対し，真菌は真核生物であるという点で両者の細胞構造は大きく異なる．真菌の細胞には，それぞれ膜に覆われた細胞内小器官が存在し，小器官ごとに特有の機能をもっている．ここでは，真菌類の代表的なモデル生物である**酵母**と**糸状菌**〔filamentous fungus（俗称カビ，mold）〕を中心に，細菌にはない細胞構造を説明する（図 4.8）．

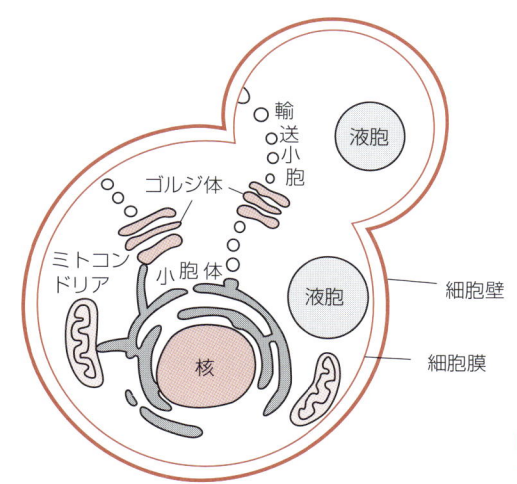

図 4.8
真菌（出芽酵母）細胞の基本構造

　真菌類のうち単細胞で生活するものを**酵母**と呼び，代表的なものとして *Saccharomyces cerevisiae* や *Pichia pastris* などがある．また，酵母のなかには，特定の環境条件下では菌糸発育をするものが知られている．このような酵母形から菌糸形への変換は**二形性**（dimorphism）と呼ばれる．ヒトの日和見感染症として知られているカンジダ症の原因菌である *Candida albicans* が二形性を示す酵母として有名である．酵母は通常，**出芽**（budding）によって増殖するが，**分裂**（fission）により増殖する分裂酵母もあり，*Schizosaccharomyces pombe* がその代表である．

　一方，**糸状菌**は菌糸を伸長させ，ときに分岐しながら成長する．細胞と細胞は**隔壁**〔3.1.3 項(2)・図 5.1 参照〕といわれる細胞壁で仕切られている．隔壁には穴があいており，細胞質成分および細胞内小器官は細胞間を自由に行き来できる．

4.3.1 細胞壁

　酵母の細胞壁は**キチン**（chitin）**層**，**グルカン**（glucan）**層**，**マンナン**（mannan）**層**から構成されている（図 4.9）．キチンは，N-アセチルグルコサ

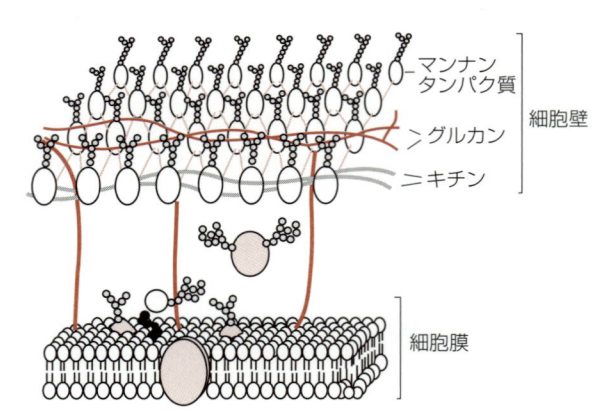

図4.9 酵母の細胞表層

ミンが β-1,4 結合で連なって構成されている．グルカンは，β-1,3-グルカンが主成分であり，これに β-1,6-グルカンが分岐して結合している．マンナン層は細胞壁タンパク質に付加されている**マンナンタンパク質**（mannoprotein）から構成されている．

細胞壁のマンナンタンパク質のなかには，特異な構造をもつ，二つのタイプのタンパク質があることが知られている．一つは，グリコシルフォスファチジルイノシトール（GPI）アンカー型タンパク質が細胞膜で切断されて，細胞壁上の β-1,6-グルカンに GPI アンカー部分を介して結合している GPI 型タンパク質である．もう一つは，タンパク質内に繰返し配列をもつプロテインインターナルリピート（PIR）型タンパク質と呼ばれるもので，結合様式は不明であるが，細胞壁の β-1,3-グルカンに結合している．GPI 型，PIR 型タンパク質はともにマンナンタンパク質であり，N-結合型糖鎖，O-結合型糖鎖に富み，細胞壁維持に重要な役割を果たしている．とくに GPI 型タンパク質は，細胞表層の強度保持のほかに，細胞壁の構築および修復，細胞表層センサーとしての機能をもつと考えられている．

分裂酵母やカビの一部の菌株には，マンナンにさらにガラクトースが付加された**ガラクトマンナン**（galactomannan）が存在する．カビの細胞壁の特徴は，酵母で見られるキチン，グルカン，マンナンのほかに，**キトサン**（chitosan）や**セルロース**（cellulose）も含むことである．また，酵母の細胞壁がマンナンを主成分としているのに対し，カビはマンナンが少なく，キチンの含量が高い．

4.3.2 核

真核細胞では遺伝物質 DNA をもつ**染色体**（chromosome）が**核膜**（nuclear envelope）で囲まれた核のなかに存在している．核膜には孔があいており，この孔を通じて mRNA やタンパク質の出入りが行われている．たとえば，

ヒストン，DNA ポリメラーゼ，RNA ポリメラーゼ(6.2.1 項・6.2.2 項参照)は細胞質で合成されて，核内に輸送されている．一方，核内で合成された RNA は細胞質へ搬出されている．さらに，遺伝子の発現をになう調節タンパク質は，必要時には細胞質から核内へ選択的に取り込まれ，不必要になったときには核外へ輸送されることにより，特定遺伝子の発現を制御している．

4.3.3 小胞体

小胞体(endoplasmic reticulum)は，核膜の周囲を中心に存在し，細胞の膜系の半分以上を占める．小胞体の役割はさまざまで，タンパク質，脂質，糖鎖の生合成の起点となっている．また，タンパク質の品質管理機構(クオリティーコントロール)にもかかわっている．**リボソーム**(ribosome)が小胞体の細胞質面に散在する**粗面**(rough)**小胞体**では，mRNA が翻訳され，タンパク質が小胞体内腔へと輸送される．タンパク質への糖鎖の付加も小胞体で行われる．また，リボソームが付着していない**滑面**(smooth)**小胞体**では，おもに脂質の合成が行われる．さらに，**輸送小胞**(transport vesicle)が形成されて，分泌タンパク質をゴルジ体へと輸送するのに重要な働きをしている(図 4.10)．

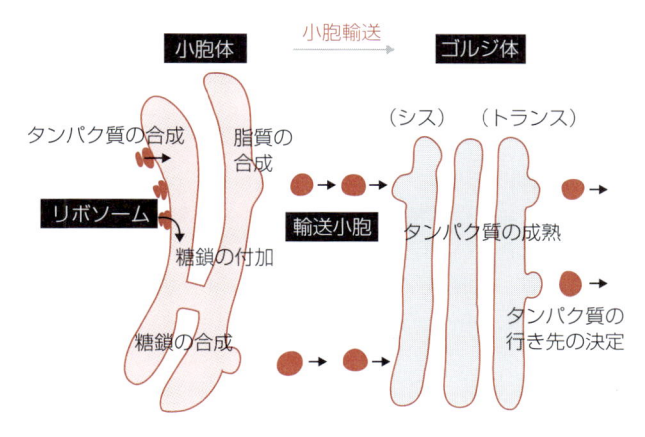

図 4.10 小胞体-ゴルジ体間の細胞内輸送

4.3.4 ゴルジ体

ゴルジ体(Golgi apparatus)は小胞体に由来する袋状の構造体である．高等真核生物では膜が扁平状に層をなしている．ゴルジ体には極性があり，小胞体からの小胞を受け取る面(シス面)と，タンパク質などがゴルジ体での修飾を終えてゴルジ体から送り出される面(トランス面)が存在する．ゴルジ体は，小胞体で合成されたタンパク質などのさらなる修飾や成熟に必要であり，

修飾・成熟したタンパク質などのその後の行き先が決定されて，細胞内の適切な場所へと輸送される．

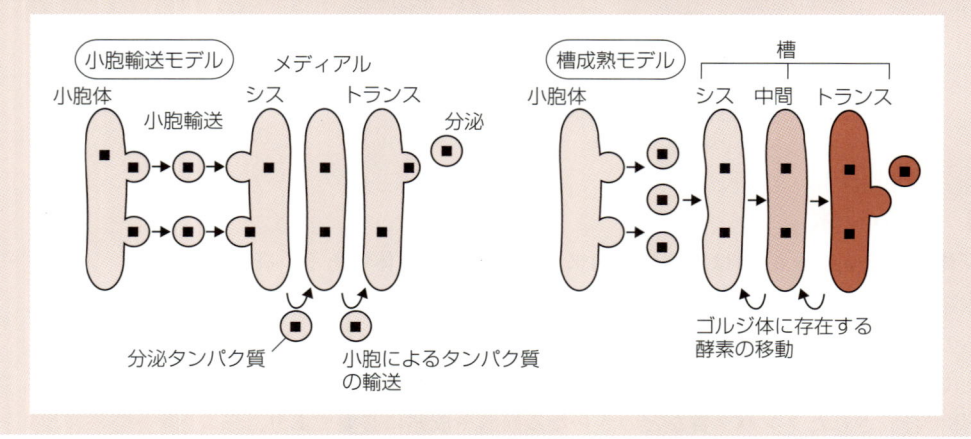

4.3.5　ミトコンドリア

ミトコンドリア（mitochondria）は外膜と内膜の二重膜で包まれた直径 1 μm，長さ 2 ～ 3 μm の細胞内小器官である（図 4.11）．エネルギー生産の場として重要であり，TCA サイクル，電子伝達系を介して **ATP**（7.1.2 項参照）を生産している．**クリステ**（crista）は内膜のひだ構造を指し，**マトリックス**（matrix）は内膜内の間質を指す．ミトコンドリアは，自立複製できる独自の DNA と翻訳装置をもっており，ミトコンドリアのタンパク質の一部はこの DNA にコードされている．

Column

ゴルジ体は成熟する？

小胞体でつくられたタンパク質はゴルジ体に輸送され，そこでさまざまな修飾を受けて目的の場所へ送り届けられる．シス槽に輸送されたタンパク質がどのようにトランス槽へ移動しているかは多くの研究者にとって好奇心をそそられる未解決の問題の一つであった．これには「小胞輸送モデル」と「槽成熟モデル」という二つの説が提唱されていた（図 4.10 参照）．前者は，ゴルジ体の各々の槽とその中にある各種修飾酵素は移動せず定位置に存在し，輸送されるタンパク質のみが小胞に乗って運ばれていくというものである．一方，後者の槽成熟モデルは輸送されるタンパク質が乗ったゴルジ体がシス槽からトランス槽へと成熟していく過程で各種修飾酵素のほうが働くべき場所に移動して機能するというものである．世界中の研究者たちの間では，この二つの説をめぐって論争が続いていた．事実，細胞内の微細なタンパク質の動きを厳密に追うことは非常に難しく明確な結論を出すのは困難であると思われていた．しかし 2006 年になって，ついにこの論争に終止符がうたれることとなった．日本の研究グループが，酵母のゴルジ体タンパク質を蛍光タンパクを用いて可視化し，それを高速かつ高感度で観察できる最新の顕微鏡システムを用いることによって，槽成熟モデルが正しいことを証明したのである．

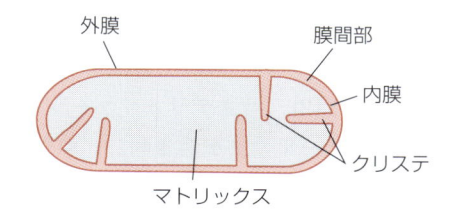

図4.11 ミトコンドリアの構造

4.3.6 液　胞

酵母のような真菌では**液胞**(vacuole)と呼ばれる器官が発達している．液胞内にはプロテアーゼ，グリコシダーゼ，リパーゼ，ホスファターゼなどの分解酵素が多量に存在し，不要となったタンパク質，糖，脂質などの分解を担っている．また，液胞は，イオンやリン酸の蓄積・貯蔵に関与し，液胞内はpH 5程度に保たれている．高等真核生物では，液胞に代わって**リソソーム**(lysosome)と呼ばれる器官が発達し，液胞と同様，老廃物の分解やpH調節にかかわっている．

4.4　ウイルスの構造

ウイルスは，20〜300 nmほどの大きさで，電子顕微鏡でのみ観察可能である．

ここでは代表的なウイルスとして大腸菌に寄生するウイルスであるT2バクテリオファージの構造について詳細に述べる．T2バクテリオファージは，線状二本鎖DNAをもつ．その構造は，**頭部**(head)と**尾部**(tail)からなり，頭部は，**核酸**とそれを包む**キャプシド**から成っている．また，尾部は，6〜

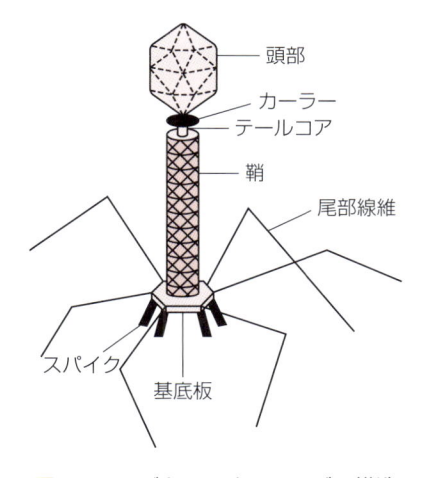

図4.12　バクテリオファージの構造 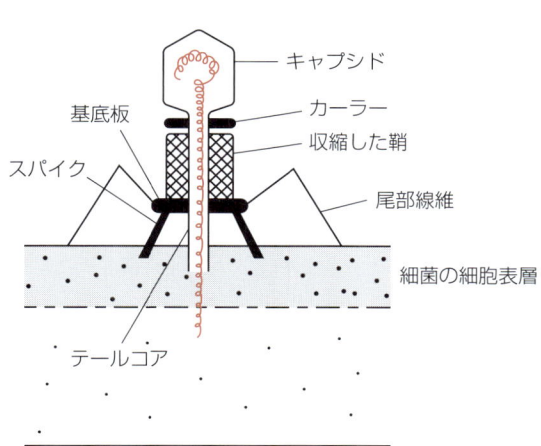　　図4.13　バクテリオファージの細菌への感染

10 nm の幅をもつ**テールコア**と，それを取り巻く**鞘**(sheath)，鞘の上部にあるカーラー(collar)，下部にある**基底板**(base-plate)，**スパイク**(spike)，**尾部線維**(tail-fiber)によって成っている(図4.12)．バクテリオファージは，感染の際に宿主菌の表層で鞘を収縮させてテールコアを突き刺し，頭部のDNAを宿主に放出していると考えられている(図4.13)．

練習問題

1. 原核生物(細菌)と真核生物(真菌)の細胞内小器官の違いについて説明しなさい．
2. グラム陽性菌とグラム陰性菌の細胞壁構造の違いについて説明しなさい．
3. 細菌(真正細菌)と古細菌の細胞壁構造の違いについて説明しなさい．
4. 酵母の細胞壁構造について，細菌と比較しながら説明しなさい．
5. 小胞体とゴルジ体の機能についてそれぞれ説明しなさい．

5章 微生物の栄養と増殖

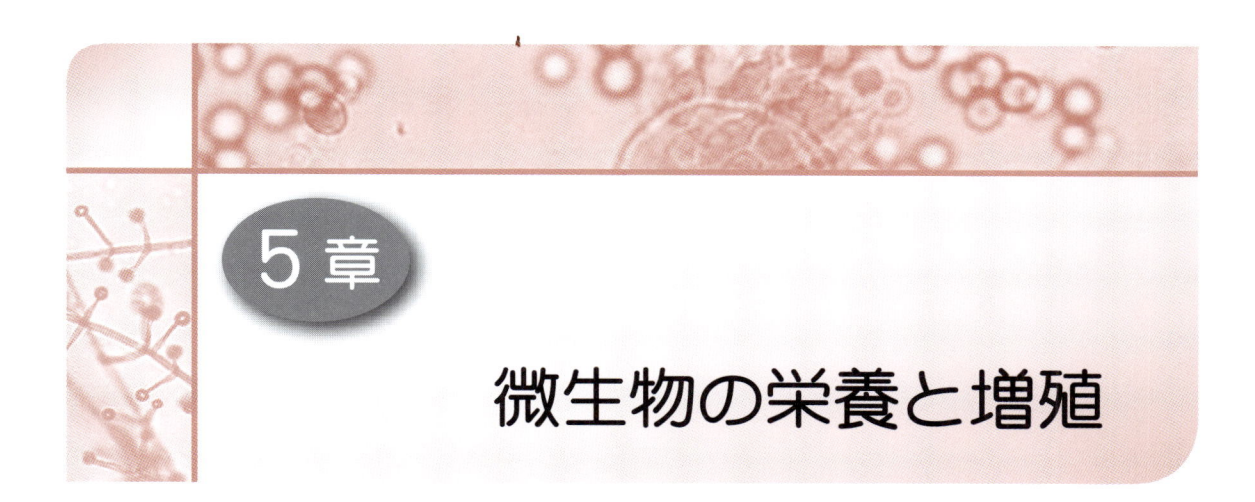

5.1 微生物の増殖
5.1.1 微生物増殖の特性

3章で説明したように,多くの微生物は,動植物が生存できないような厳しい環境,すなわち100℃を越える高温,アルカリ性,酸性,高い塩濃度のような条件下でも増殖できる.また,動物が利用できない無機物や難分解性有機物[*1]を,炭素源,エネルギー源,窒素源として利用できる.しかし一方で,増殖するために多種類のビタミンやアミノ酸を必要とする乳酸菌のように,動植物以上に栄養要求性の高い微生物も存在する.

微生物は,温度,pH,酸素分圧などの環境条件や,炭素源,窒素源などの栄養条件が整うと増殖を開始する.いったん増殖が開始されると,その後は急速に増殖が進行し,一般的な微生物だと半日から数日で最大増殖に達する.したがって,夕方実験室を離れるときに植菌すると,翌日には増殖したコロニーを得られる場合が多い.

このように,微生物の増殖の仕方は,動植物とは異なる.微生物は,**栄養増殖**(vegetative reproduction)と**胞子形成**(sporulation)によって増殖する.

細菌は一般に,細胞の**二分裂**(binary fission, binary division)によって栄養増殖する(図5.1).*Bacillus* 属の菌株のように,増殖環境が悪くなると胞子を形成し,環境がよくなると胞子が発芽して栄養増殖を行うものもある.

酵母はおもに,栄養増殖と有性胞子[*2]の形成によって増殖する.また,酵母の多くの種は**出芽**によって栄養増殖する(図5.2).出芽には,さまざまな種類があり,*Candida* 属の株のように出芽した細胞が長く伸びて菌糸状に連なったもの(偽菌糸という)や,*Trichosporon* 属の株のように隔壁がある真菌糸をもつものもある.

糸状菌や放線菌は菌糸の伸長により栄養増殖するが,有性胞子および無性胞子の形成によっても増殖する.

[*1] 微生物による分解(生分解)を受けにくい物質のこと.たとえば,PCB類や農薬類などが知られている.

[*2] 雄性配偶子と雌性配偶子が接合することにより形成される胞子のこと.休眠胞子,卵胞子,接合胞子などが該当する.

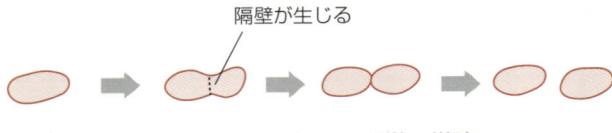

図5.1 二分裂による細菌の増殖

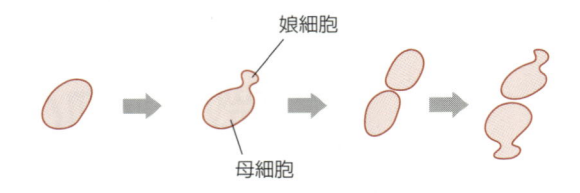

図5.2 出芽による酵母の増殖

5.1.2 増殖曲線

　二分裂で増殖する一種類の細菌を，栄養が十分入った液体培地に接種したのち，算術目盛りで横軸に培養時間をとり，対数目盛りで縦軸に細胞数をとってグラフを描く．すると，図5.3のような**増殖曲線**(growth curve)が得られる．接種された細菌はすぐには増殖を開始せず，新しい環境での増殖に必要な各種酵素遺伝子の発現を行う．この時期を**誘導期**(inducible phase)という．新しい環境に必要な酵素が生合成されると，細胞は急速に増殖する．細胞数が指数関数的に増加するこの時期を，**指数増殖期**(exponential growth phase)という．さらに増殖が進むと，栄養分が不足してくるとともに，細菌自身の生産する有害な代謝産物[*3]が培地中に蓄積する．このため増殖速度が低下して死滅速度と同じになり，見かけ上の細胞数の変化がなくなる．この時期を**定常期**(stationary phase)という．なお，胞子形成菌はこの定常期に胞子を形成する．やがて，栄養細胞や胞子は時間とともに次第に死滅していく．その時期を**死滅期**(death phase)という．

　指数増殖期では，細胞の増殖速度はその時間に存在している細胞数(細胞

*3　微生物内に取り込まれた物質が，酵素などにより変換されて生じる最終的な物質のこと．

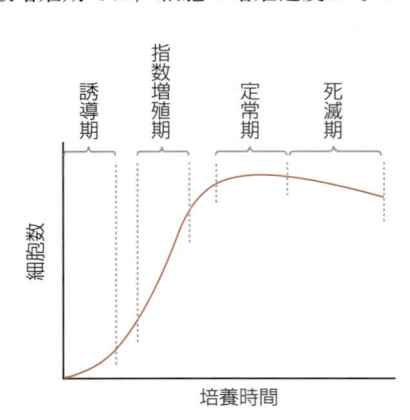

図5.3 細菌の増殖曲線

重量，濁度などでもよい）に比例する．したがって，細胞数を N，時間を t，増殖速度定数を μ とすると，次の式が成立する．

$$dN/dt = \mu N \tag{5.1}$$

$t = t_0$ のときの N の値を N_0 として式(5.1)を積分すると，

$$\ln N - \ln N_0 = \mu (t - t_0) \tag{5.2}$$

となる．常用対数をとると，次のようになる．

$$\log N - \log N_0 = \mu (t - t_0)/2.303 \tag{5.3}$$

式(5.3)により μ の値が得られると，1個の細胞が二分裂によって2個になるのに要する平均の時間である**世代時間** g (generation time)を計算することができる．すなわち，式(5.2)で g は N が $2N_0$ になるときの $(t - t_0)$ に相当するので，式(5.2)から次の式が得られる．

$$\ln 2N_0 - \ln N_0 = \mu g$$
$$\ln 2 = \mu g$$
$$g = \ln 2/\mu = 0.693/\mu \tag{5.4}$$

世代時間は，式(5.4)によらずに増殖曲線から直接読み取ることもできる．

5.1.3 増殖の測定法

微生物の増殖を測定するには，顕微鏡を用いて細胞数を直接計測するのが確実である．しかし，微生物の増殖を測定する場合，必ずしも細胞数が必要ではなく，細胞の重量，培養液の濁度，細胞のある特定の成分（タンパク質など）によって代用することもできる．ただしその場合は，培養中の微生物細胞が均一であり，細胞成分の化学組成も一定であることが前提になる．

（1）顕微鏡による直接測定法

顕微鏡を用いて微生物細胞数を直接計測するために，酵母用としてトーマの血球計算盤，細菌用としてペトロフ-ハウザー計算盤が使われる．いずれも，スライドグラス上に一定の体積をもった空間をつくり，その空間内に浮遊する細胞を顕微鏡で計測するものである．1区画の体積が，トーマの血球計算盤では 2.5×10^{-4} mm^3，ペトロフ-ハウザー計算盤では 5×10^{-5} mm^3 となっている．この体積と顕微鏡による計測結果に基づいて，培養液1 mlあたりの菌数を算出できる．

細胞を計測しやすくするため，核酸に親和性を示す4′,6-ジアミジノ-2-フェニルインドールやアクリジンオレンジなどの蛍光色素を用いて細菌を標識することも行われる．しかし，この場合は，生菌と死菌を合わせた全細胞

数を計測することになる．

生菌数は，生きている細胞内の酵素活性などを蛍光色素を用いて検出することによって，計測できる．たとえば，細胞内エステラーゼ活性を検出するフルオレセインジアセテート法，呼吸活性を検出する5-シアノ-2,3-ジトリルテトラゾリウムクロリド法などがある．

(2) コロニー計測法

測定しようとする培養液を一定の割合で希釈したのち，希釈液を平板上に散布して培養し，増殖したコロニーを計測する方法である．この方法では生菌のみを計測対象にできる．この測定法は，独立したコロニーは一つの細胞に由来するとの考えに基づいている．ただし，計測結果は生菌数そのものではないので，最近では**コロニー形成ユニット**(colony forming unit: CFU)[*4]という単位が使われる．この方法は，コロニーが増殖して計測できる大きさになるまで時間がかかるなどの欠点があるが，簡便であり，現在も広く用いられている．

(3) 濁度測定法

細菌などの微生物を液体培養すると，細胞が増殖するにつれて液体培地が白濁し，次第にその濃度が増加してくることは肉眼でも観察できる．白濁した培養液を分光光度計で測定すると，光の散乱によって，透過光の一部が遮断される．濁度測定法はこのような原理に基づいている．直接細胞数を計測する方法ではないが，あらかじめ，測定する菌株の細胞数と濁度の関係を示す検量線をつくっておくと，細胞数を算出することができる．

この方法は簡便であるため多用されるが，濁度が一定以上(吸光度[*5]で0.6前後)になると，細胞濃度が増加してもそれに比例して濁度が増加しなくなるので注意を要する．このような場合には，試料を希釈してから測定する．また，濁度は細胞数を直接示す値ではなく，相対的な値であるから，その菌株についてのみ意味をもつ数値である．したがって，複数の菌株にまたがって増殖度を比較するような場合には使用できない．

(4) 乾燥重量測定法

培養液が菌体の存在以外の理由で濁っている場合や，糸状菌のように細胞が培養液中で不均一な状態で懸濁している場合は，(3)の方法は使うことができない．このような場合には，培養した細胞を集め，十分に洗浄したのちに乾燥させ，その重量を計測することによって細胞重量を算出する．乾燥は，秤量管を用いて105〜110℃で恒量に達するまで行う．

(5) 細胞成分の定量による測定法

微生物が順調に増殖している指数増殖期では，細胞を構成しているタンパク質などの成分はほぼ一定の割合で推移し，その量は細胞数と比例関係にあると見なすことができる．したがって，細胞内のタンパク質，核酸，ATP，

[*4] ある溶液中の微生物数を知るための手法の一つ．溶液の一部を，ある組成の平板培地に塗布し，得られるコロニー数から算出する．たとえば，ある溶液を10^6倍に希釈し，その0.1mlを平板培地に塗布，培養した後，100個のコロニーが得られたとすると，もとの溶液のコロニー形成ユニットは$1×10^9$/mlと算出されることとなる．

[*5] 試料無し(溶媒のみ)のセルを透過した光の強さをI_0，試料を含んだセルを透過した光の強さをIとしたとき，$\log(I_0/I)$で算出される値のことを指す．

全窒素などを定量することによって細胞数を算出できる．

(6) PCR による測定法

　微生物の特定遺伝子を **PCR**(polymerase chain reaction，**ポリメラーゼ連鎖反応**)**法**によって増幅する(6.7.3 項参照)．そして，あらかじめ作成した，鋳型の DNA 濃度(細胞濃度，細胞数)とターゲット遺伝子の検出条件との関係を示す検量線から，細胞数を算出する．この方法は，特定遺伝子を対象としているので種特異性が高く，多種類の微生物が存在する培養条件下でも，ある特定の菌株のみの細胞数を算出できる．また，ほかの方法と比較して検出の感度も高い．最近では，リアルタイム PCR 法[*6]や遺伝子の検出に蛍光色素を用いる方法など，改良されたいくつかの測定方法が用いられている．

5.1.4 連続培養と同調培養

　微生物を培養する場合，栄養分を追加せずに閉鎖系で培養する方法を**回分培養**(batch culture)という．5.1.2 項で示した増殖曲線は回分培養において当てはまる．微生物の培養にはそれ以外の方法もある．ここでは**連続培養**(continuous culture)と**同調培養**(synchronous culture)を説明する．

　連続培養は，培養槽の一方から新しい培地を一定の速度で供給し，他方から同じ速度で培養液と微生物細胞を排出させる開放系の培養方法である．したがって，培養槽内の液量は一定に保たれている．また，培養液中の細胞濃度，培地成分の濃度，pH などを一定に保つことができるので，微生物細胞の動的な状態での生理学的な解析ができる．

　連続培養には，**ケモスタット法**(図 5.4)と**タービドスタット法**がある．ケモスタット法は，培地中のある成分を制限することによって，培養液中の細胞濃度を一定に保つ方法である．タービドスタット法は，培養液中の細胞濃度が一定になるように培地の供給速度を調節する方法である．連続培養での

[*6] 分光蛍光光度計と PCR 装置とを組み合わせた装置を用い，PCR による増幅産物をリアルタイムでモニタリングすることにより，もとの試料に含まれている目的遺伝子の量を定量的に解析する手法のこと．

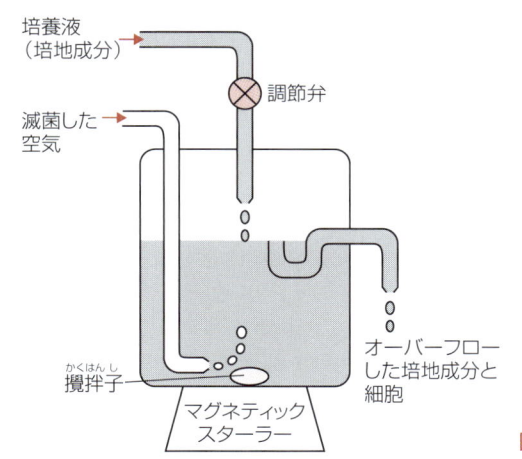

図 5.4 ケモスタットの仕組み

培養液中の細胞濃度は，おもに濁度測定法により計測される．

同調培養は，培養液中の微生物の細胞分裂が同時期に起こるように調整(同調)した培養方法である．同調培養は，細胞の生長や分裂の過程で，細胞の形態や機能にどのような変化が起こるかについて調べようとする場合などに用いられる方法である．普通の培養法では，細胞分裂の時期が一定でないなど，さまざまな状態にある細胞が混在しているので，このような試験はできない．

細胞分裂を同調させる方法には，選別法と誘導法の2種類がある．選別法は，ろ過や密度勾配遠心[7]により，一定の大きさや形状の細胞を物理的に選別したのち，増殖させる方法である．また，誘導法は温度，光，栄養制限，薬物などにより細胞の増殖を阻害して特定の細胞周期[8]にそろえ，その後，増殖阻害を解除していっせいに増殖を再開させる方法である．

5.2　エネルギー源と栄養素
5.2.1　エネルギー源，炭素源

動物は，有機物のみを**エネルギー源**，**炭素源**として利用するが，微生物はその種類によって，有機物以外に，エネルギー源として光と無機物を，炭素源として二酸化炭素などを利用できる(図3.11参照)．微生物がエネルギー源(化学エネルギー)として利用できる無機物は，無機硫黄化合物，アンモニア，亜硝酸，水素ガス，鉄イオンなど多岐にわたる(7.1.3項参照)．

[7] スクロースやグリセロールなどの，適当な媒体で形成される密度の勾配を利用して行われる遠心分離法のことを指す．

[8] 細胞が増殖し，DNAを複製し，染色体を分配して，核の分裂や細胞質分裂などを経由して，二個の娘細胞となるまでのサイクルのことを指す．

Column
難培養性微生物の解析技術

顕微鏡で観察される微生物の99%以上が，培養が困難であるか培養不可能であるといわれている．このような微生物は難培養(Viable But Non-Culturable: VBNC)微生物と総称されている．現在では，(1)各種環境中にはどのような微生物が〔16S rDNAクローン解析法やT-RFLP(Terminal-Restriction Fragment Polymorphisms：末端制限酵素断片長多型)法による〕どの程度(定量的PCR法による)存在しているのか，また，(2)それぞれの環境中で，微生物叢は時間的空間的にどのように変化しているのか〔DGGE(Denaturing Gradient Gel Electrophoresis)法やT-RFLP法による〕，という知見をもとに，(3)ある難培養性微生物を特異的に採取し(フローサイトメーターを用いたゲルマイクロドロップ法による)，16S rDNAクローン解析法により大まかな分類学的位置づけを知り，当該菌が必要としているであろう培養条件を絞り込む，(4)微生物の栄養条件を各種検討し(活性汚泥の遠心上清添加など)，これまで難培養といわれていた微生物を培養できるようにする，(5)ある環境を特徴づける遺伝子について，その発現性などを明らかにする(環境中の機能遺伝子のmRNA検出)，などの研究が行われている．また，環境中のDNAをそのまま研究対象とする各種手法も開発されてきている．

動物がエネルギー源，炭素源として利用できる有機物は，デンプン，アミロースなどのほか，スクロース，グルコースなどの低分子糖類に限られている．しかし，微生物は，リグニン，セルロース，マンナン，アガロースなど動物の利用できない難分解性多糖類を分解し，エネルギーおよび炭素源とすることができる．ウシは草を食べて生きているが，草の主成分であるセルロースは，ウシの胃(ルーメン)のなかに生息する微生物によって分解され，分解生産物がウシによって利用されている．

微生物は，人為的に合成された有機化合物もエネルギー源および炭素源として利用できる．農薬などの有機塩素化合物も利用でき，その過程(好気条件)で有機塩素化合物は分解されて，二酸化炭素，アンモニア，水，塩化物イオンまで**無機化**(mineralization)される．10章では，こうした微生物の機能を利用した環境保全について説明している．

5.2.2 窒素源

微生物は，有機窒素化合物，無機窒素化合物，分子状窒素(N_2)などさまざまな窒素化合物を**窒素源**として利用できる．

有機態の窒素源としては，タンパク質，ペプチド，アミノ酸，尿素などが利用される．尿素，アミノ酸は菌体内にそのまま取り込まれるが，タンパク質はそのままでは取り込まれないため，タンパク質を窒素源として利用できる微生物には，強いタンパク質分解活性が見られる．無機態の窒素源として，多くの微生物はアンモニアを利用するが，一部の細菌は硝酸塩を利用できる．

窒素固定能をもつ微生物は，ニトロゲナーゼ[*9]の働きにより，空気中の窒素をアンモニアに固定して利用できる．

5.2.3 無機塩類

無機塩類のうち，リン，カリウム，硫黄，マグネシウムは，微生物の増殖のために比較的多量に必要とされる元素である．このほか，微生物の増殖に必要な元素として，カルシウム，マンガン，鉄，コバルト，銅，亜鉛がある．表5.1に無機塩類の細胞内でのおもな役割を示す．

5.2.4 微量増殖因子

乳酸菌など一部の微生物は，ビタミン類を生合成できないため，これらを**増殖因子**(growth factor)として要求する(表5.2)．増殖因子は，微生物の細胞内で，代謝(7章参照)に関与する酵素の**補酵素**(coenzyme)[*10]として作用している場合が多い．増殖因子は炭素源や窒素源に比べて少量でよいので，**微量増殖因子**ともいう．微量増殖因子を要求する微生物を培養する場合には，ビタミン類を含む酵母エキスなどを培地に添加する必要がある．微量増殖因

[*9] 分子状窒素をアンモニアに変換する酵素のこと．ニトロゲナーゼは，モリブデン-鉄タンパク質と鉄硫黄クラスター(Fe-Sクラスター)をもつ鉄タンパク質からなる．

[*10] 酵素のタンパク質部分(アポ酵素)に結合し，その活性発現に必須な非タンパク性因子のことを指す．NAD(P)$^+$，FAD，FMN，PQQ，PLP(ピリドキサールリン酸)，CoA，TPP(チアミンピロリン酸)，THF(テトラヒドロ葉酸)などが代表例である．

子には，ビタミンのほか，アミノ酸，ペプチド，火落菌〔乳酸菌の一種，3.1.1項(2)参照〕の増殖に必須なメバロン酸などの有機物がある．

一方，こうした栄養要求性をもつ微生物を用いて，ビタミンやアミノ酸な

表 5.1　代表的な無機塩類と微生物細胞内でのおもな役割

無機塩類	おもな役割
リン	核酸，リン脂質の構成成分．ATP，GTPなどの分子のリン酸エステル形成に必須
カリウム	タンパク質合成などの酵素活性に必須
硫黄	含硫アミノ酸，チアミン，ビオチン，リポ酸，鉄-硫黄クラスターの構成成分
マグネシウム	タンパク質合成などの酵素活性および，リボソーム，細胞膜，核酸の安定化に必須
カルシウム	細胞壁の安定化に重要な役割
マンガン	活性酸素種との反応に関与する酵素，スーパーオキシドジスムターゼ，光化学系IIの水-酸化酵素系の構成成分
鉄	ヘム，シロヘム，鉄-硫黄クラスターの構成成分
コバルト	ビタミン B_{12} の構成成分，炭素の再配列反応やメチル基転移に関与する酵素の構成成分
銅	酸化還元反応に関与する酵素，シトクロム c オキシダーゼ，プラストシアニンの構成成分
亜鉛	カーボニックアンヒドラーゼ，アルコールデヒドロゲナーゼ，RNAおよびDNAポリメラーゼの構成成分

表 5.2　一般的なビタミン類とそれらの細菌細胞内における役割

ビタミン類	役割
葉酸 p-アミノ安息香酸 (H′)	C_1 代謝と C_1 転移反応を行う酵素の補酵素葉酸の前駆体
ビオチン (H)	$-C=O$ 基に隣接した $-CH_2=$ 基のカルボキシル化反応 (ATPが必要) における補酵素
ニコチン酸	酸化還元反応の補酵素である $NAD(P)^+$ の前駆体
パントテン酸	アシル基転移反応におけるアシル基の担体である CoA の前駆体
リボフラビン (B_2)	酸化還元反応の補酵素である FAD や FMN の前駆体
リポ酸	2-オキソ酸の不可逆的な酸化的脱炭酸反応における補酵素
チアミン (B_1)	2-オキソ酸の脱炭酸，トランスケトラーゼ反応に関与
ピリドキサール，ピリドキシン，ピリドキサミン (B_6)	アミノ酸や 2-オキソ酸代謝に関与する酵素の補酵素
シアノコバラミン (B_{12})	メチル基などの転移反応における補酵素

どを定量することができる．その方法は，まず，定量しようとするビタミンのみを除いた完全培地を用い，そのビタミン量とビタミン要求性菌株の増殖量（濁度）との関係を示す検量線を，あらかじめ作成する．次に，ビタミンを含む検定試料をビタミン要求性変異株の培養液に添加して増殖させ，得られた濁度から，検量線に基づいて試料中に含まれるビタミンを定量する．このような定量法を**バイオアッセイ**（bioassay）**法**と呼ぶ．

5.3 微生物増殖の環境因子

5.3.1 温度とpH

微生物は，ある特定の温度とpHの範囲内で増殖が可能である．そのため，特定の微生物を増殖させようとするときは，その微生物の増殖に適した培養温度や培地のpHを保つことが必要である．

微生物の増殖に適した温度は，温度調節された培養装置や培養室で得ることができる．多くの微生物は中温菌に属し，30～37℃で培養するが，低温や高温で増殖する微生物も多数存在している（3.4.1項・3.4.5項参照）．これらに対しては，それぞれの増殖に適した温度で培養する必要がある．微生物は一般に，増殖最高温度を20℃上回る温度に置くと死滅するが，低温では，増殖は抑制されるものの細胞は生き続けることができる．したがって，微生物菌株の低温下での長期保存が行われている（2.6.2項参照）．

培養液のpH調整は，小規模の培養器を用いて培養を行う場合は，培地を調製する時点で行う．しかし，厳密な培養条件を必要とする実験や中・大規模な培養では，pH電極とリンクさせて酸やアルカリを添加し，培養中にpHを調整する．また，培地に緩衝作用をもたせるためにリン酸塩などの濃度を調節したり，中性付近に最適増殖pHをもつ酸の生成菌に対して炭酸カルシウムを添加してpHの低下を抑えたりする．一般に，細菌は中性または微アルカリ性でよく増殖し，カビと酵母は微酸性でよく増殖する．

5.3.2 酸素

酸素は微生物の増殖に大きな影響を与える．増殖のための酸素の要求性に関して，微生物は，**好気性菌**，**偏性嫌気性菌**，**通性嫌気性菌**の三つに分けられ（2.1.2項参照），それぞれに対応する培養方法や培養装置が使われている．

5.3.3 その他の環境因子

大部分の微生物は大気圧下で増殖している．これらはかなりの圧力下においても増殖できるが，30 MPaを超えると増殖は阻害される．また，微生物は一般に圧力に対しては抵抗性を示すが，急激な圧力変化には弱い．しかし，10 kmの深海から，高圧下でも増殖できる菌株が分離されている．これらは

好圧菌と呼ばれ，最適増殖圧力が 40 MPa 以上で，加圧下のほうが良好な増殖を示す菌である．また，40 MPa の環境下でも大気圧下と同様に増殖する**中度好圧菌**や，増殖に圧力が欠かせない**偏性好圧菌**などが知られている(3.4.5 項参照)．

微生物は一般に，高浸透圧下では増殖しにくい性質をもっている．これを利用して，食塩やスクロースを加えて食品の浸透圧を高め，保存性を高めることが行われている．一方，食塩の高浸透圧に抵抗性を示して増殖する微生物も知られている(3.4.2 項参照)．

可視光は，光合成独立栄養菌のエネルギー源となるばかりではない．365～450 nm の可視光は，DNA 修復にかかわる酵素を活性化する作用をもつことが知られている．しかし，それ以外の波長，とくに短波長側にある**紫外線** (ultraviolet ray)，**X 線**，**γ 線**には強い変異誘起作用や殺菌作用がある．このような殺菌作用を利用して，食品工業などでは，X 線や γ 線を照射する**放射線殺菌** (radiation sterilization)[*11] が行われている．

[*11] γ 線などの放射線を照射して微生物を殺菌すること．一般に胞子は抵抗性が強く，また，グラム陽性菌は陰性菌よりも抵抗性が強い．

練習問題

1. 細菌の増殖における 4 種類の「期」をあげ，それぞれの期の特徴を述べなさい．
2. 細菌増殖の測定法を列挙しなさい．
3. 同調培養において，細胞分裂の時期を一定にさせる方法を説明しなさい．また，同調培養は，どのような研究のために使われるか説明しなさい．
4. リン，硫黄，鉄の微生物細胞内における役割について述べなさい．
5. 微生物の増殖にかかわる環境因子について，例をあげて説明しなさい．

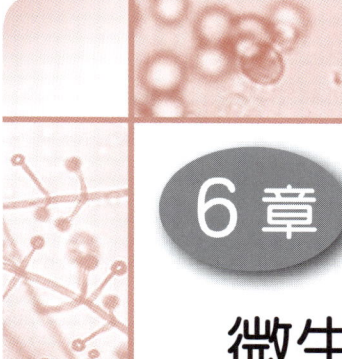

6章 微生物の遺伝と遺伝子工学

6.1 遺伝子
6.1.1 遺伝子とDNA

染色体を構成する**デオキシリボ核酸**(deoxyribonucleic acid: **DNA**)は，親の形質を子に伝えるとともに，生物が自分自身をつくり出すために必要な情報を含んでいる．この情報の一つ一つを担っているのが**遺伝子**(gene)である．ゲノムDNAのなかには，最も単純な細菌で数千，高等生物では数万個の遺伝子が存在することが知られている．個々の遺伝子は，タンパク質を合成するための情報をもっている．遺伝子がどのようにしてこの情報を担っているかを知るためには，DNAの構造を理解することが重要である．

6.1.2 DNAの構造

DNAの基本単位は，**塩基**(base)，**糖**(sugar)，**リン酸**(phosphoric acid)からなる**ヌクレオチド**(nucleotide)である．DNAの糖は2′位のヒドロキシル基(OH基)が水素に置換された**デオキシリボース**(deoxyribose)である〔DNAと構造がよく似たRNAでは**リボース**(ribose)である〕．塩基には，プリン環をもつ**アデニン**(**A**)，**グアニン**(**G**)と，ピリミジン環をもつ**シトシン**(**C**)，**チミン**〔**T**, RNAでは**ウラシル**(**U**)〕の4種類が存在する(図6.1)．

DNAは，ヌクレオチドの3′位のOH基が別のヌクレオチドの5′位のリン酸基とホスホジエステル結合によって連結されたポリマーであり，**二重らせん構造**(double helix structure)と呼ばれる立体構造をとる(図6.2)．この構造は，フランクリン(R. E. Franklin)らが撮影したDNA結晶のX線解析像などの情報をもとに，1953年にワトソンとクリックによって提唱された(1.8節参照)．この構造の特徴は，次のようなことである．

① 二本のDNA鎖は，それぞれが5′→3′の方向に並んで逆向きとなり，

互いに巻きついて右巻きのらせん状になっている.
② 各鎖にある糖－リン酸骨格はらせんの外側に，塩基は内側に存在する.
③ 一方の鎖上のプリン塩基は，他方の鎖上のピリミジン塩基と水素結合によって対を形成し，二重らせん構造を安定化させている.
④ 外側の骨格鎖の間には主溝と副溝がある.
⑤ らせん一回あたり10個の塩基対[*1]がある.

[*1] 塩基対はbp(base pair)とも表される．10塩基対は10bp，1000塩基は1kbと表す.

CはGと三つの水素結合を，AはTと二つの水素結合をつくることによって，対を形成している（これを相補的という）．塩基の対合が相補的であることは，DNAが遺伝物質として働くうえで最も重要な特徴の一つである.

なお，X線解析から，この構造以外に，Z型といわれる左巻きDNAや，二重らせんの立体構造がわずかに異なるA型など，数種のDNA構造が存在することが知られている．これらに対して，先に述べたDNA構造はB型と呼ばれ，細胞内のDNAがほとんどの条件下でこの構造をとっている.

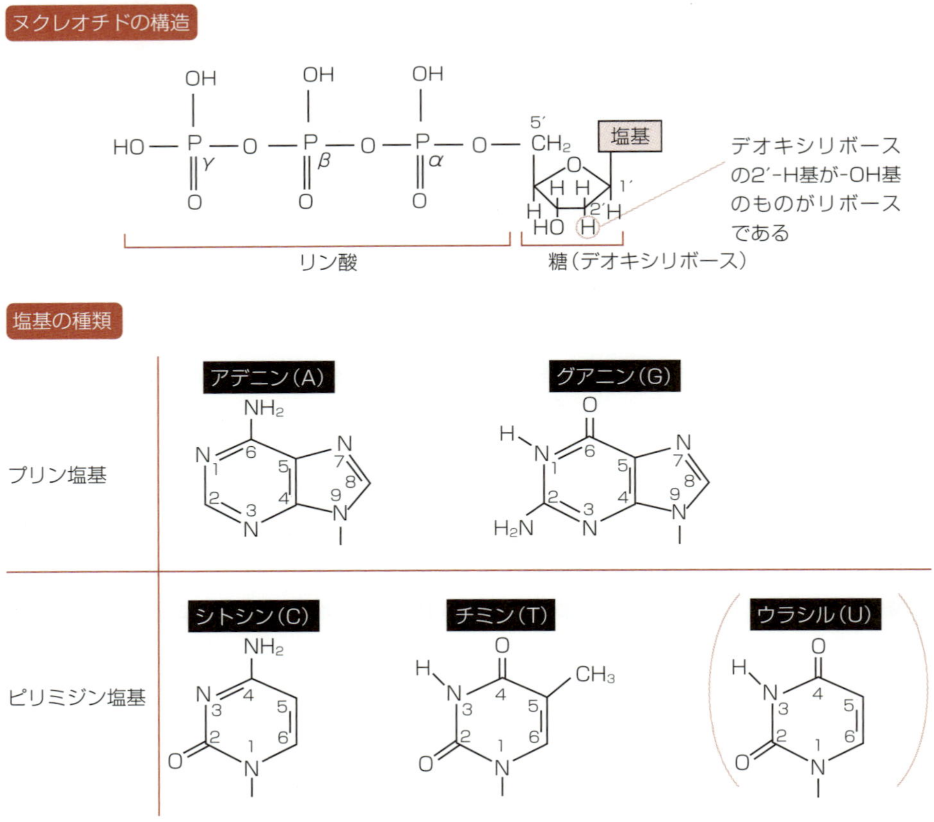

図6.1 ヌクレオチドの構造と塩基の種類

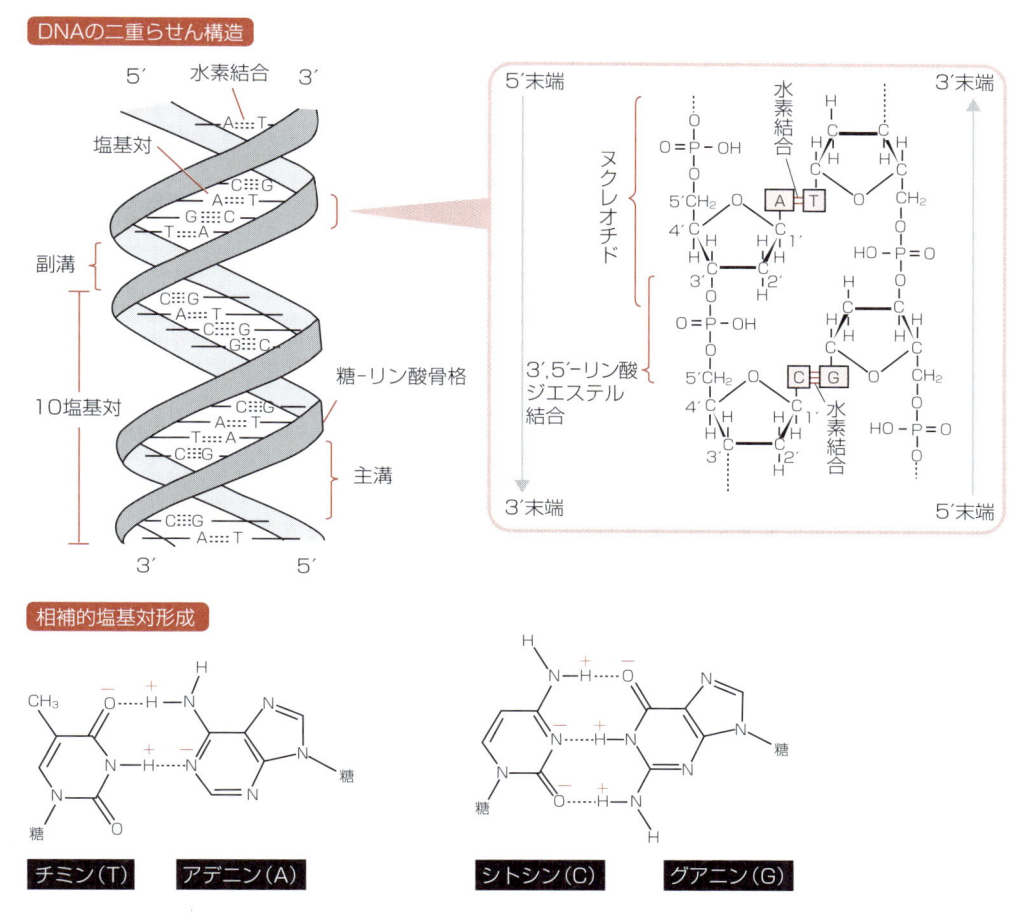

図6.2 DNAの二重らせん構造と相補的塩基対形成

6.2 遺伝情報の伝達と発現

遺伝子が発現し，機能するためには，**DNA** が **RNA**(ribonucleic acid，リボ核酸)に読み取られる**転写**(transcription)と，その後 RNA がタンパク質へと変換される**翻訳**(translation)が必要である．また，DNA は，細胞分裂によって生じる娘細胞に細胞中の遺伝情報を伝えるために，正確に**複製**(replication)されなければならない．これらの情報の流れは，1958年，クリックによって**セントラルドグマ**(central dogma)として提唱された(図6.3)．そのなかで彼は，情報の流れは一方向的で，タンパク質が RNA 合成を指令したり，RNA が DNA 合成を指令したりはできないとした．

その後，RNA から DNA を合成(逆転写)するレトロウイルスが見つかり，RNA から DNA への情報伝達もあり得ることがわかってきた．しかし，これは特殊なケースであり，通常はセントラルドグマが成立している．

6章 微生物の遺伝と遺伝子工学

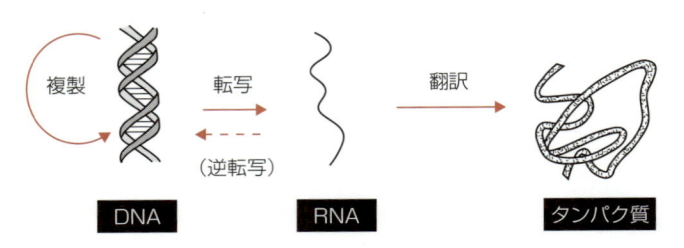

図 6.3 セントラルドグマ

6.2.1 DNA の複製

　DNA が遺伝情報を伝えるために**複製**されるときには，正確さが維持されなければならない．このことは，先に述べた DNA の塩基対が相補的であることによって保証されている．DNA の複製では，二本鎖 DNA は解離し，それぞれの一本鎖を鋳型としてもう一方の鎖が相補的に合成される．合成された二本鎖 DNA のうち，片方は親 DNA からのもの（鋳型として使われた DNA）で，もう一本は新たに合成されたものであることから，DNA の複製は**半保存的複製**（semiconservative replication）と呼ばれている（図 6.4）．

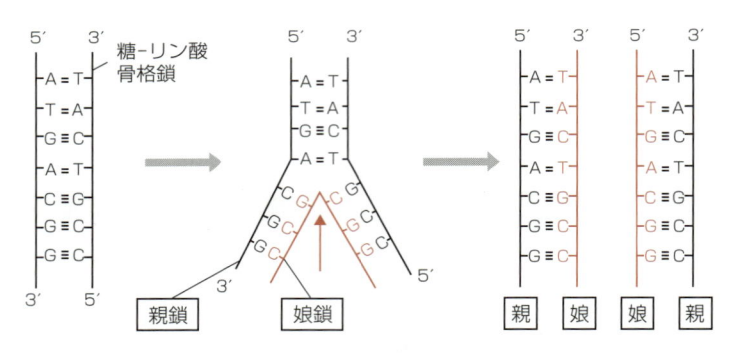

図 6.4 DNA の半保存的複製

　複製はまず，二本鎖 DNA が巻きほどかれて一本鎖 DNA 部分ができることから始まる（図 6.5）．この二本鎖 DNA の巻きほどきは，複製開始点と呼ばれる特定の箇所（通常は水素結合が解離しやすい AT 塩基対に富んだ領域）から始まり，多くの場合，そこから両方向に向かって徐々に進行していく．二本鎖 DNA の巻きほどきは，ヘリカーゼと呼ばれる酵素によって行われる．生じた一本鎖部分には，一本鎖結合タンパク質（SSB）が結合することによって，二本の鎖が再対合することを防いでいる．巻きほどきによって生じる二本鎖 DNA 上の歪みは，一時的に DNA 鎖を切断して再結合させる活性をもつトポイソメラーゼによって解消されている．

　次に，生じた一本鎖 DNA 部分を鋳型とし，**DNA ポリメラーゼ**（DNA

6.2 遺伝情報の伝達と発現

複製フォークにおけるDNAの合成

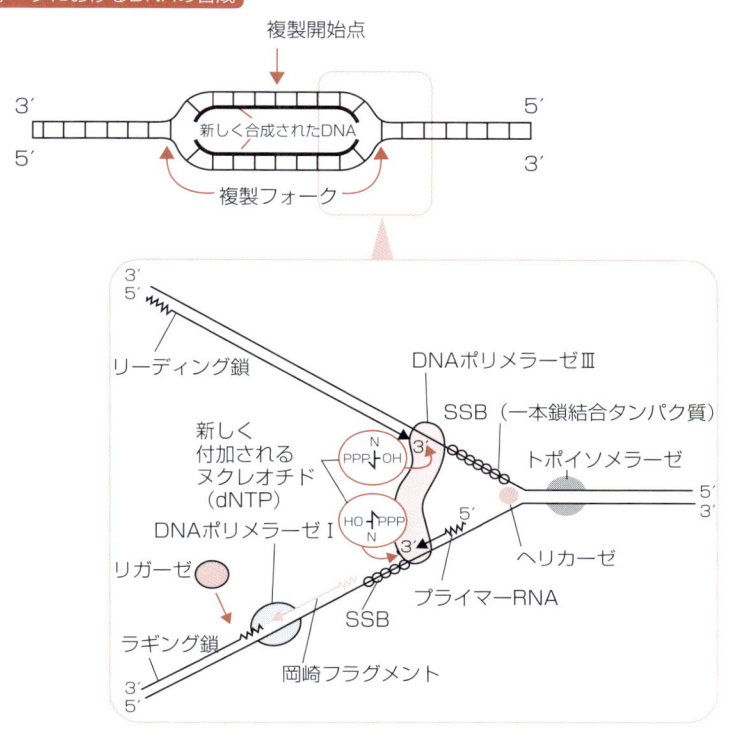

DNAポリメラーゼによるDNA合成反応

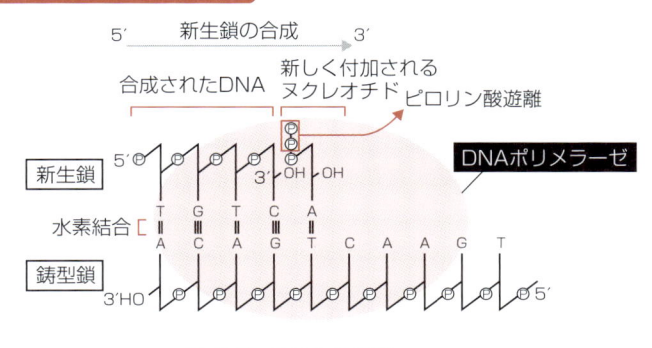

図 6.5 　DNA の複製

polymerase，大腸菌では DNA ポリメラーゼⅢ）によって DNA 合成が行われる．DNA ポリメラーゼは，相補的なデオキシヌクレオチド三リン酸（dNTP）を，合成中の DNA 鎖の 3′–OH 基に結合させることにより，鎖を伸長させている．DNA ポリメラーゼは dNTP を鎖に付加させることしかできないため，DNA 合成の開始には，付加の出発点となる相補的な短い RNA 断片（**プライマーRNA**，primer RNA）が前もって鋳型鎖に結合している必要がある．

ところで，二重らせん中の2本のDNA鎖は，互いに逆向き（5′→3′と3′→5′）となっているのに対し，DNAポリメラーゼは5′→3′の方向にのみしかDNA合成を行わない．このため，一方の鎖のみが，二重らせんの巻きほどかれる方向に複製され，連続的に合成される（これをリーディング鎖と呼ぶ）．これに対しラギング鎖と呼ばれるもう一方の鎖では，結合したプライマーRNAを起点として，DNAポリメラーゼによって比較的短いDNA断片（発見者にちなんで岡崎フラグメントという）が繰り返し合成される．ラギング鎖上では，プライマーRNAはDNAポリメラーゼⅠによって取り除かれ，DNAに置き換えられ，DNA断片が，3′→5′方向にリガーゼという連結酵素によって順次連結されることにより，DNA鎖が合成される．

DNA複製時に誤ったヌクレオチドを取り込むことがあるが，通常は，DNAポリメラーゼの3′→5′エキソヌクレアーゼ活性により誤ったヌクレオチドは取り去られ，正しい相補的なヌクレオチドが挿入されて修復される．このDNAポリメラーゼの校正機構によってDNA複製の正確さが保たれている．

なお二本鎖DNAが巻きほどかれ，新しいDNAの合成が行われる場所を**複製フォーク**（replication fork）という．

6.2.2 転　写

遺伝子の発現は，DNAを鋳型として**RNAポリメラーゼ**（RNA polymerase）によって相補的なRNA鎖が合成されることで開始される．この過程を**転写**といい，転写によって合成されたRNAを**メッセンジャーRNA**（messenger RNA: **mRNA**）と呼ぶ．DNA中のタンパク質に翻訳される遺伝子部分（open reading frame: ORF）の前後には転写に必要な**プロモーター**（promoter）と**ターミネーター**（terminator）という特徴的な2領域が存在する．転写は，開始，伸長，終結の3段階を経て行われる（図6.6）．

（1）転写の開始

転写は，遺伝子情報のスタート地点でのみ始まる．その開始のシグナルは**プロモーター**のなかに存在する．RNAポリメラーゼは，プロモーター配列を認識して結合する．次に，DNA二重らせんを巻きほどき，一本鎖の鋳型DNAをつくり出すことによって，転写開始点（+1）からmRNAの合成を行う．DNA二本鎖のうち，いずれか1本のみが鋳型として使われ，もう片方は使われない（転写される鎖をアンチセンス鎖，転写されないほうをセンス鎖と呼ぶ）．mRNAの合成は，二つのリボヌクレオチド[*2]が+1と+2の位置で塩基対合をつくり，RNA分子の最初のリン酸ジエステル結合がつくられることによって開始される．

大腸菌の場合，転写開始点（+1）から約35bp上流の領域（−35ボックス）と10bp上流の領域（−10ボックス）の遺伝子に，共通した配列が存在してい

[*2] ヌクレオチドにおいて，糖がデオキシリボースではなくリボースのもの．

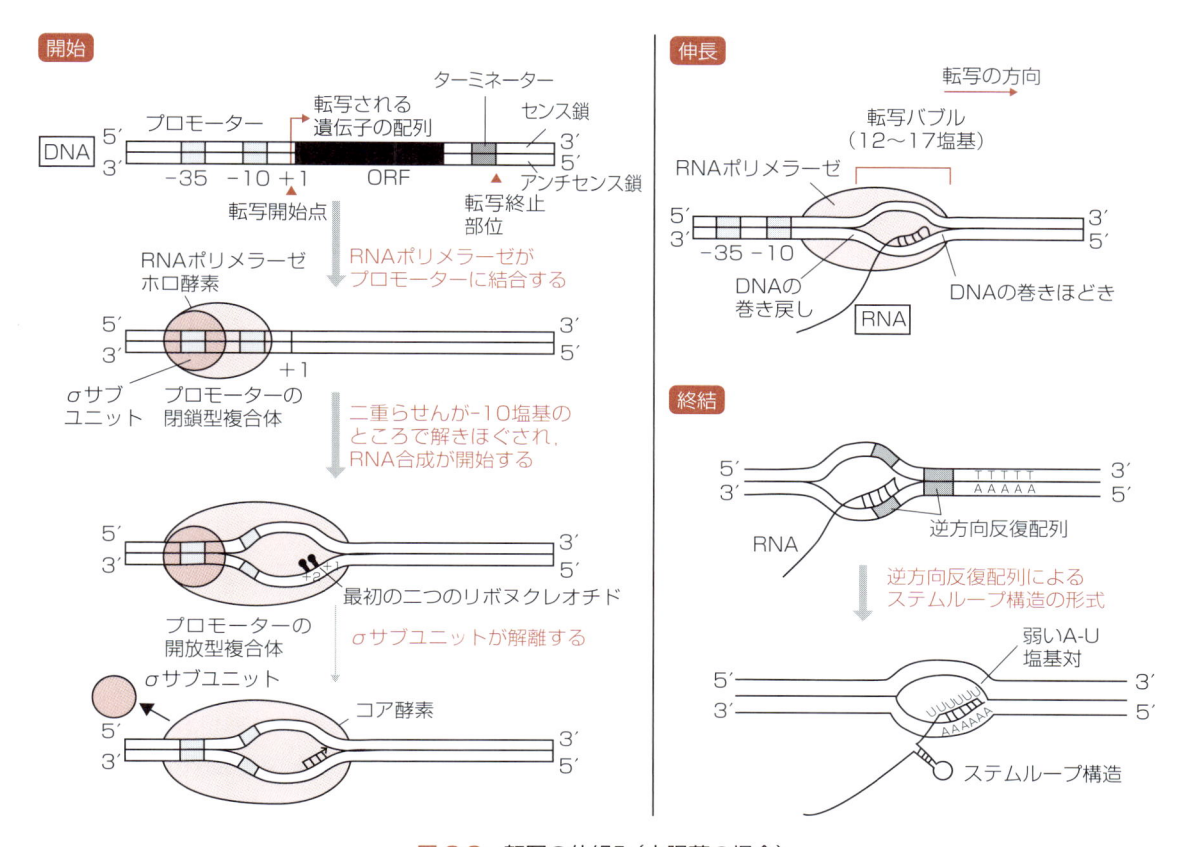

図 6.6 転写の仕組み（大腸菌の場合）

る．転写は，まず RNA ポリメラーゼホロ酵素（コア酵素と σ サブユニット）が形成され，プロモーターの −35 ボックスを認識して結合することから始まる．RNA ポリメラーゼは，さらに −10 ボックスで二本鎖 DNA をほどき始め，転写開始点で 2 個のリボヌクレオチドを連結し RNA 鎖の合成を始める．そして，さらに 10 個ほど連結したあとで σ サブユニットが解離する．

(2) mRNA の伸長

RNA ポリメラーゼは，転写開始点から DNA にそって進むにしたがい，二本鎖 DNA をほどいていく一方で，伸びていく mRNA 鎖の 3′ 末端に，相補的なリボヌクレオチドを順次結合させていく．mRNA 鎖は，DNA 複製時の合成と同様に，5′→3′ の方向に合成される．DNA の二重らせん上にゆがみが生じることを避けるため，伸長が始まると RNA 分子が重合した部分は，徐々に鋳型鎖からはずれ，DNA 二本鎖は元の状態に巻き戻される．したがって，二本鎖 DNA がほぐれるのはごく限られた領域だけとなる．この領域は転写バブルと呼ばれ，新たに合成された mRNA と鋳型 DNA とが 12～17 塩基にわたり塩基対を形成している．

(3) 転写の終結

転写の終結は，開始と同様に，無作為の場所で起こるのではなく，**ターミネーター**（終結シグナル）で起こる．大腸菌では，終結シグナルに多様な塩基配列が見いだされているが，それらは**パリンドローム**（palindrome，逆方向反復配列）[*3]という共通の特徴をもっている．パリンドローム部分では，合成された mRNA 鎖の前半の配列と後半の配列が相補的となるため，塩基対をつくり，**ステムループ構造**（stem-and-loop structure）を形成する．これは，RNA ポリメラーゼの動きを止める働きをする．通常，ステムループ構造の後ろには 5〜10 個の U（ウラシル）が合成され，これが鋳型 DNA 鎖と比較的弱い結合である A–U 塩基対を形成する．そのため，mRNA 鎖が鋳型 DNA から離れると考えられている．また，ステムループ構造の後ろに一連の U をもたない mRNA 鎖では，ステムループ構造でポリメラーゼが止まっているときに，ρ（ロー）と呼ばれる大きなタンパク質が結合することにより，鋳型 DNA との解離が行われる場合がある．

*3 GAATTC のように，前半の配列が後半の配列と相補的になっている配列である．また，ATATGG-------CCATAT のようにある配列を間に挟んで存在することもある．回文配列ともいう．

6.2.3 翻　訳

翻訳では，転写によって生じた mRNA 中の塩基配列情報によってアミノ酸が運搬され，タンパク質が合成される．mRNA が 20 種類あるアミノ酸のなかから特定のアミノ酸を指定するときには，**コドン**（codon）と呼ばれる 3 連の塩基が単位となって働く．その際，コドンとアミノ酸を仲介するアダプター分子である**トランスファーRNA**（transfer RNA：**tRNA**）が必要である．tRNA は 70〜90 の塩基で構成され，特徴的なクローバー型をした一本鎖 RNA である（図 6.7）．その中央付近には**アンチコドン**（anticodon）と呼ばれる三つの塩基が存在する．アンチコドンは mRNA のコドンと相補的に結合する．なお，tRNA は，翻訳が始まる前に，アミノアシル tRNA 合成酵素によって特異的なアミノ酸が 3′末端に付加され，アミノアシル tRNA となる．このようにしてアミノ酸は，tRNA を介して mRNA と結びつく．

コドンは，4 種類の塩基の組合せによって生じるので，$4^3 = 64$ 種類存在する．各コドンとそれに対応するアミノ酸との関係は，遺伝暗号表としてまとめられており（表 6.1），次のような特徴をもっている．

① **コドンは縮重している．**

L-メチオニン（Met）と L-トリプトファン（Trp）はそれぞれ一つのコドンによって指定されるが，その他のアミノ酸は二つ以上のコドンによって指定される．たとえば，L-フェニルアラニン（Phe）は UUU，UUC の二つのコドンによって指定されており，同義コドンと呼ばれる．同義コドンのどれがよく使われるかは，生物種または細胞の種類によって異なる．

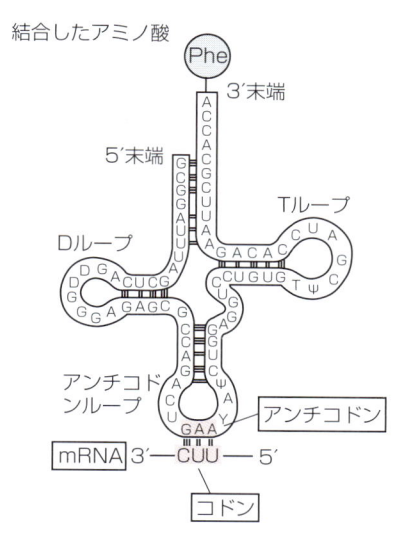

図 6.7 アミノアシル tRNA の構造
L-フェニルアラニンに特異的な tRNA について示す.

表 6.1 遺伝暗号表

第1文字 (5')	第2文字				第3文字 (3')
	U	C	A	G	
U	Phe	Ser	Tyr	Cys	U
	Phe	Ser	Tyr	Cys	C
	Leu	Ser	終止	終止	A
	Leu	Ser	終止	Trp	G
C	Leu	Pro	His	Arg	U
	Leu	Pro	His	Arg	C
	Leu	Pro	Gln	Arg	A
	Leu	Pro	Gln	Arg	G
A	Ile	Thr	Asn	Ser	U
	Ile	Thr	Asn	Ser	C
	Ile	Thr	Lys	Arg	A
	Met*	Thr	Lys	Arg	G
G	Val	Ala	Asp	Gly	U
	Val	Ala	Asp	Gly	C
	Val	Ala	Glu	Gly	A
	Val	Ala	Glu	Gly	G

＊翻訳開始コドンとしても使用される.

② **タンパク質（ポリペプチド）合成の開始および終結のシグナルとなるコドンがある．**

L-メチオニンをコードする AUG は，遺伝子の開始点にほとんどいつも存在し，開始コドンと呼ばれる．また，UAA, UGA, UAG の三つのコドンはアミノ酸をコードせず，終止コドンまたはナンセンスコドンと呼ばれる．

③ **コドンは普遍的である．**

コドンとアミノ酸の対応関係は，原核から真核に至るほとんどすべての生物やウイルスで共通である．しかし，ある種の生物のミトコンドリアや原生動物および酵母の核内では遺伝暗号の一部が表 6.1 とは異なる例が見つかっている．

翻訳は**リボソーム**と呼ばれる細胞内粒子上で起こる．原核生物では，50S[*4]と 30S の二つのサブユニットが 70S リボソームを構成し，真核生物では 60S と 40S の二つのサブユニットが 80S リボソームを構成している．それぞれのサブユニットはいずれも**リボソーム RNA**（ribosomal RNA: rRNA）とタンパク質からできており，翻訳に働いていないときは解離した状態で存在している．リボソームには A（アミノアシル）部位と P（ペプチジル）部位と呼ばれる tRNA 結合領域が存在し，この領域を介して効率よくタンパク合成が行われている．

[*4] リボソームの構成成分は一般に超遠心の沈降係数を表す S 値（Svedberg unit）により命名される．

6章 微生物の遺伝と遺伝子工学

翻訳も転写と同じく，開始，伸長，終結の三段階を経て行われる．以下，大腸菌のリボソームを例にとって説明する（図6.8）．

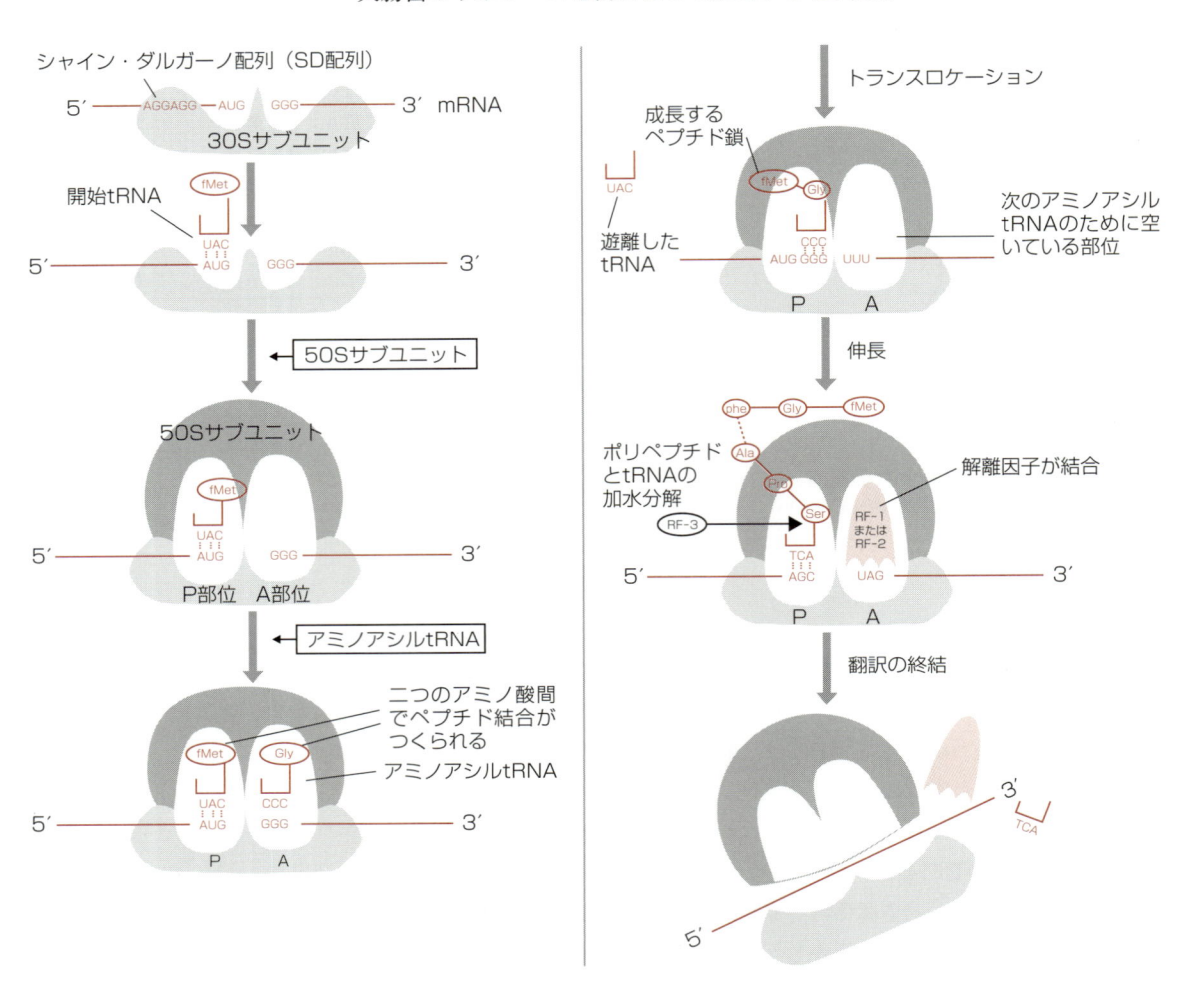

図6.8 原核生物の翻訳

（1）翻訳の開始

mRNAの5′末端付近には，30Sサブユニットに含まれる16S rRNAの3′末端配列と相補的なシャイン・ダルガーノ配列（SD配列）[*5]がある．その相補性を利用して，まず30SサブユニットがmRNAに結合する．次に，30SサブユニットのP部位に開始tRNA（大腸菌ではホルミルメチオニルtRNA：fMet-tRNA）が結合し，そのアンチコドン領域がSD配列のすぐ下流に存在する開始コドンと相補的な塩基対を形成する．これに50Sサブユニットが結合し，70S-mRNA開始複合体が形成され，ポリペプチド鎖の合成が開始される．

*5 原核生物のmRNAにおいて開始コドンの上流に存在するコンセンサス配列で，-AGGAGG-のようにプリン塩基に富む．発見者（ShineとDalgarno）にちなんで命名された．

真核生物では，開始 tRNA は fMet ではなく Met を運んでおり，開始因子とともに 40S サブユニットと結合する．この複合体が mRNA の 5′ キャップ構造と結合し，P 部位に AUG コドンが到達するまで mRNA の上を移動する．そして，これに 60S サブユニットが結合し合成が開始する．なお一連の翻訳開始時の反応は，真核，原核生物ともに開始因子(initiation factor)というタンパク質によって触媒されている．

(2) ポリペプチド鎖の伸長

リボソームの A 部位に，2 個目のアミノアシル tRNA が延長因子の助けにより導入される．次に，50S サブユニットの 23S rRNA とタンパク質からなるペプチジルトランスフェラーゼ活性により，P 部位のペプチジル tRNA のペプチド鎖の C 末端と，A 部位のアミノアシル tRNA のアミノ酸の N 末端との間でペプチド結合が形成される．その後，リボソームは 3′ 方向へ 1 コドンだけ移動し，新たなアミノアシル tRNA が A 部位に挿入される．これらの反応が連続して起きることにより，mRNA の遺伝情報はポリペプチド鎖に翻訳される．

(3) 翻訳の終結

A 部位が終止コドンに達すると，翻訳を終結させるための解離因子 RF1 または RF2 が A 部位に入り，伸長反応が停止する．ついで解離因子 RF3 の作用によって，最後の tRNA から，完成したポリペプチドが切り離される．その後，リボソームはポリペプチドと mRNA を放出し，30 S と 50S サブユニットに解離し，新たな翻訳反応の準備を行う．

6.3　細菌の遺伝

6.3.1　遺伝子の伝達と発現

細菌は通常，無性的に分裂・増殖するため，親の形質は，子の形質と同じになる．しかし，供与菌の DNA の一部が受容菌に移入され，受容菌の染色体に組み込まれることによって，子の遺伝形質が変化することがある．このような形質変化の機構として，形質転換，接合，形質導入の 3 種が知られている．

(1) 形質転換

形質転換(transformation)は，細胞が外来 DNA を取り込み，その遺伝情報が発現することにより，細胞の遺伝形質が変わる現象である．形質転換には，染色体 DNA 断片が受容細胞の染色体に組み込まれて発現する場合と，**プラスミド DNA**(plasmid DNA，6.3.2 項参照)が受容細胞内に進入して発現する場合の 2 種類がある．プラスミドによる形質転換の場合，細胞質からプラスミドが消失すると，受容細胞の遺伝形質は元の状態に戻ってしまう．

自然に形質転換を起こす菌もあるが，大腸菌のように，そのままでは

DNAの巨大分子が細胞膜を通過できず，形質転換が起こらない菌もある．しかし，人為的な処理をすれば外来DNAを導入できるようになる（このような細胞をcompetent cellと呼ぶ）．とくに，大腸菌ではこの方法が確立しており，遺伝子組換え技術を用いるうえで重要な地位を占めている．

(2) 接 合

接合(conjugation)は，接合因子をもつ細胞ともたない細胞が接触することで遺伝物質が移動する現象である．このような接合因子としては，大腸菌のF因子(Fプラスミド)が最もよく調べられている．F因子をもつ細胞(F^+株)は，細胞表面に性線毛を形成し，F因子をもたない細胞(F^-株)と接触すると，そこから接合架橋を形成する．F^+株では，F因子の複製開始位置からDNA複製が始まり，複製されたDNA鎖がこの接合架橋を通してF^-株へ伝達される．DNAがすべて入ってしまうと，F^-株はF^+株になる(図6.9)．なお，F^+株では，たまにF因子が染色体上に組み込まれることがあり，このような株がF^-株と接合すると，自身の染色体内に存在するF因子を開始点としてDNA複製を始め，複製された染色体DNAが接合架橋を通じてF^-株に伝達される．このとき，F^-株では，受容した染色体DNAと自身の染色体DNAとの間の相同的組換えにより，高頻度で組換えが生じる．そのため，このような供与株をHfr株(high frequency of recombination)と呼ぶ．接合によって染色体全体が移動するには100分もかかるため，たいていその移動を待たずにHfr株とF^-株は離れてしまう．そのため，普通Hfr株の染色体DNAの一部のみがF^-株に伝達される．

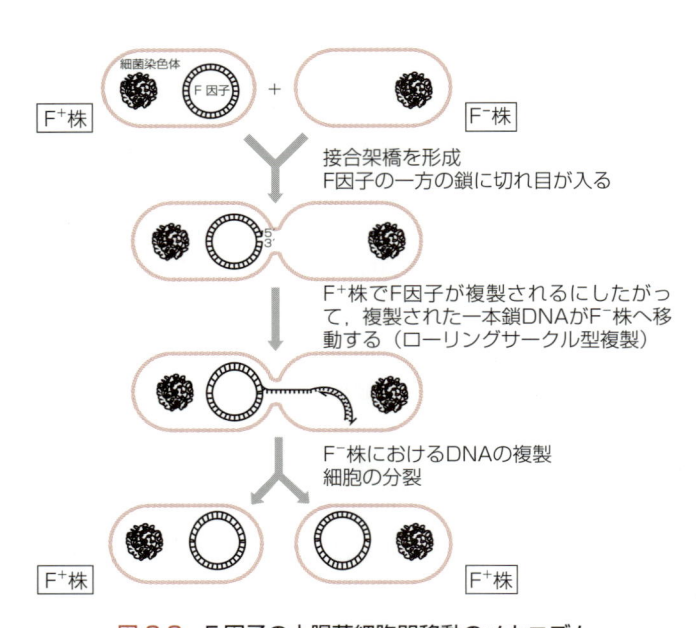

図6.9 F因子の大腸菌細胞間移動のメカニズム

(3) 形質導入

バクテリオファージの仲介により，供与菌の遺伝子が受容菌へ授受される現象が**形質導入**（transduction）である．形質導入には，**普遍形質導入**（generalized transduction）と**特殊形質導入**（specialized transduction）の二つがある．

バクテリオファージは細菌中で複製するが，その際まれに，ファージDNAの代わりに細菌のDNAの一部を頭部の殻の中にもつものが生じる．普遍形質導入では，このようなファージが感染することによって，そのDNA断片が受容菌に移入される（図6.10）．

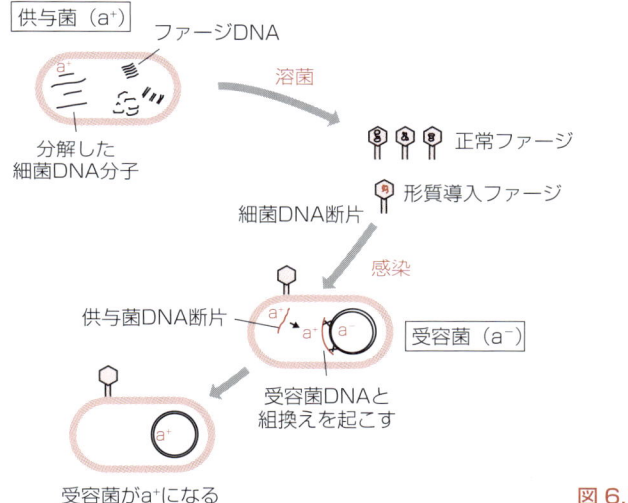

図 6.10 普遍形質導入

バクテリオファージには，λファージのように，細菌の染色体の特定部位に組み込まれて休眠している状態，すなわち溶原化（6.5.2項参照）され**プロファージ**（prophage）として存在するものがある．このプロファージが，紫外線などの刺激を受け，誘発され，ファージとして増殖し始める際，溶原部位の両側にある細菌DNAがプロファージとともに切り出され，ファージに組み込まれることがある．特殊形質導入では，このようなファージが感染することによって，別の細菌DNAが受容菌の染色体に組み込まれる．普遍形質導入では，細菌DNAのランダムな断片の転移が起こるのに対し，特殊形質導入では，溶原部位のすぐ近くの遺伝子のみが転移する点が両者の決定的な違いである．

6.3.2 プラスミド

細菌はしばしば，染色体とは別に，**プラスミド**（plasmid）と呼ばれる小さ

なDNA分子をもつ．プラスミドは通常，共有結合で環状化した超らせん状の分子であるが，酵母や一部の細菌では線状プラスミドの例も知られている．基本的に，複製開始点 (*ori*) をもち，染色体DNAとは独立に細胞内で複製できる．また，生育に必須な遺伝子は含まれておらず，ある環境条件下で細胞に有益となるような機能をもつ遺伝子が含まれていることが多い．代表的なプラスミドとしては以下のものがある．

① F プラスミド (稔生因子)

ほかの細菌と接合体を形成し，遺伝子を移す能力を細菌に与えるタンパク質をコードする遺伝子をもつ．

② R プラスミド (薬剤耐性因子)

さまざまな抗生物質 (アンピシリン，クロラムフェニコール，ストレプトマイシンなど) に対する耐性遺伝子をもつ．抗生物質に対する耐性を細菌の間に広げる要因の一つとなるため，細菌感染症の治療に深刻な影響を与える．

③ キメラプラスミド

必要なDNA断片を制限酵素で切り出し，DNAリガーゼで結合することによって，目的にかなったキメラプラスミドが構築されており，遺伝子クローニングベクターとしてよく用いられている．

④ その他

ほかの細菌を殺すことができるタンパク質を生産するものや，まれな炭素源の分解に必要な酵素を生産する遺伝子をもつものがある．

プラスミドの大きさは小さいもので約 1 kb，大きなもので 250 kb とさまざまである．また，細胞あたりのプラスミドの数 (コピー数) は，その種類によって異なり，一から数百まで広範囲にわたる．多くのプラスミドは，自身をほかの細菌に移動させることができるが，非伝達性のものもある．

6.3.3 転移性遺伝因子

細菌の遺伝子に突然変異を誘発するものとして，移動性DNAが存在する．この移動性DNAは**転移因子** (transposable element) といい，配列間の相同性や特定の塩基配列を必要とせず，低い頻度ではあるが，細胞から細胞，または，染色体上のある遺伝子から別の遺伝子へと移動できる (図 6.11)．

最も小さな転移因子は，細菌のもつ**挿入配列** (insertion sequence: IS) である．これは両末端に数十 bp の**逆方向反復配列** (inverted repeat: IR) をもち，その配列の間に，転移能力を与える**トランスポザーゼ** (transposase) という酵素をコードする遺伝子をもつ．挿入配列は，トランスポザーゼの作用によりDNA中にランダムに挿入される．細菌のゲノムやプラスミド中には，異なる挿入配列が多くのコピー数で存在している．

それ以外の転移因子として，挿入配列より大きい，**トランスポゾン**（transposon）という移動性 DNA がある．細菌では，二つの挿入配列の間に一つ以上の抗生物質耐性遺伝子を含む領域が挟まれた構造をもつ複合トランスポゾンがある．転移は，挿入配列がコードするトランスポザーゼによって触媒される．

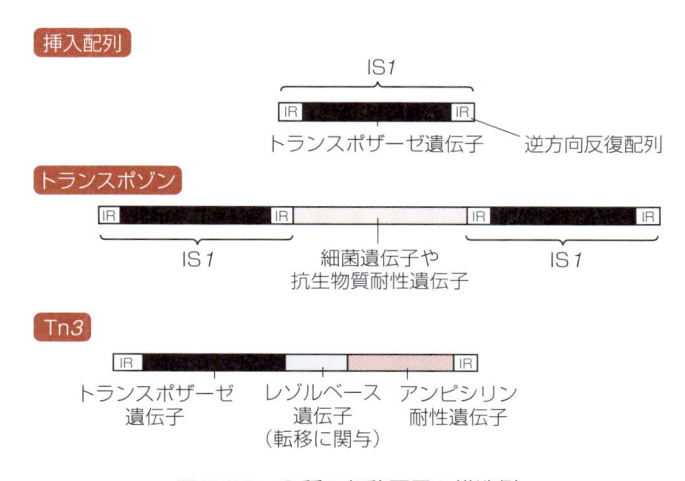

図 6.11　3 種の転移因子の構造例

このほかに，両端に挿入配列をもたないが，逆方向反復配列をもち，その間にトランポザーゼ遺伝子をもつ Tn3 型トランスポゾンも知られている．

抗生物質耐性遺伝子をもつトランスポゾンがプラスミドに転移すると，プラスミド保持菌は抗生物質に対して耐性を示す．さらに，このプラスミドに何種類ものトランスポゾンが次々と転移することにより，一つのプラスミドにもかかわらず何種類もの薬剤耐性遺伝子をもつプラスミドが生じる．その結果，このプラスミドを保持する細菌は多剤耐性を獲得する．

トランスポゾンの機能は完全には解明されていないが，トランスポゾンをもつ細菌は，もたないものに比べて自然選択に関して有利であることが知られており，トランスポゾンは，細菌を環境変化に適応させるなどの重要な役割をもつと考えられる．

トランスポゾンは，その特性から，分子生物学の研究で変異誘発の手法として広く利用されている．

6.4　真菌の遺伝

真菌を含む真核生物は，細胞小器官の形態だけでなく，DNA の構造やその複製機構，また細胞分裂において原核生物と大きく異なる．ここでは，それらの違いについて説明する．

6.4.1 真核生物の染色体DNA

真核生物の染色体DNAは，細胞質から隔てられた核の中にあり，線状のDNAが**クロマチン**(chromatin)構造をとった形で存在している．クロマチンの基本構造は，**ヒストン**(histone)に規則正しくDNAが巻きついた**ヌクレオソーム**(nucleosome)である．ヒストンは4種類の塩基性タンパク質H2A, H2B, H3, H4（コアヒストン）がそれぞれ二分子会合した八量体である．染色体は，ヌクレオソーム線維がらせん状コイルに折りたたまれて直径30 nmのクロマチン線維となり，それらが高次構造を形成し，さらに凝集したものである（図6.12）．

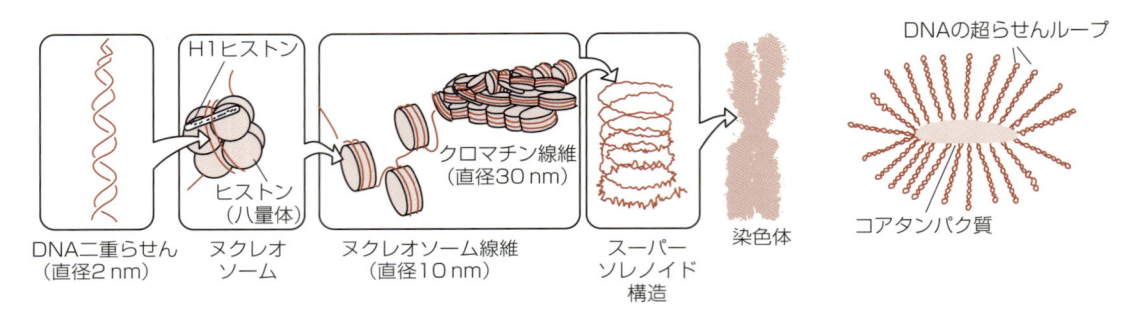

図6.12 原核生物と真核生物の染色体DNAの構造

原核生物の染色体DNAは大環状の二本鎖DNAで，細胞質中に存在している．原核生物にも，ヒストンに類似したDNA結合タンパク質からなるコアタンパク質がある．染色体DNAはこれに結合して超らせんループを形成し，コンパクトに折りたたまれた核様体と呼ばれる構造体となっている．

原核生物は染色体を一つだけもつのに対し，真核生物では種によりその数が異なる．ただし，同一種は常に一定数をもつ．

6.4.2 真核生物におけるDNA複製

染色体DNAの形状の違いから，原核生物と真核生物では染色体DNAの複製開始の方法が異なる（図6.13）．原核生物の場合，複製は一つの複製起点から始まり，そこから両方向に向かって進行する．その結果生じた二つの複製フォークが最終的に合流することにより，複製は終結する．

これに対し真核生物の場合，染色体DNAが非常に長く，複製起点が一つだけでは複製に時間がかかってしまう．したがって，真核生物のDNAは複数の複製起点をもつことにより，適当な時間内でDNA複製を完了できるようになっている．各複製フォークは，複製起点から両方向に進み，複製の泡

構造を形成する．最終的にこれらが出合って合流することにより複製は終結する．酵母では，複製起点が 40 kb に一つ存在している．

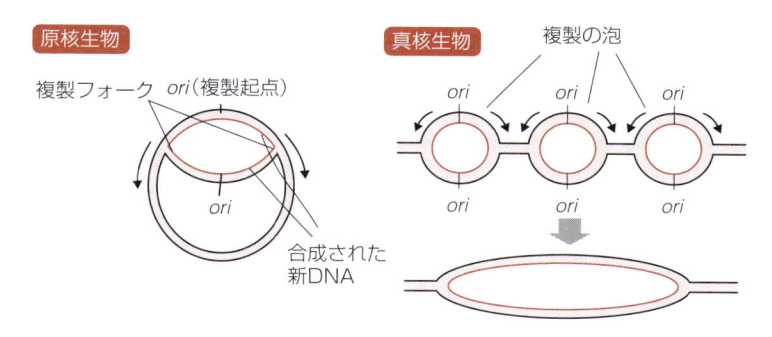

図 6.13 原核生物と真核生物の複製開始の仕組み

6.4.3 有糸分裂

真核生物は，**有糸分裂**（mitosis）をともなう細胞分裂によって増殖する．有糸分裂には，染色体の分裂様式が異なる**体細胞分裂**（somatic division）と**減数分裂**（meiosis）があり，細胞は普通，体細胞分裂で増殖する（図 6.14）．

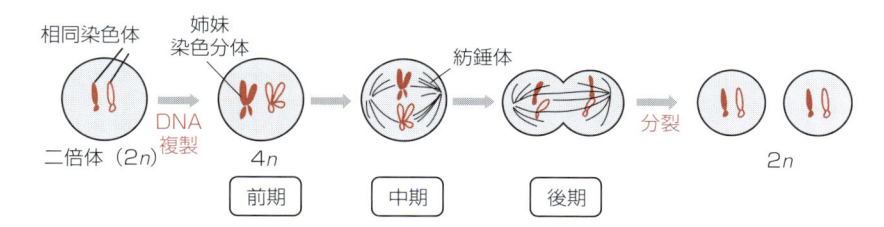

図 6.14 体細胞分裂（一対の相同染色体をもつ細胞）

体細胞分裂ではまず，染色体 DNA の複製が行われる（前期）．複製で生じた染色体 DNA は，**セントロメア**（centromere，動原体）と呼ばれる部分で元の染色体と結合してX字状の姉妹染色分体を形成し，分裂面上に存在する（中期）．その後，姉妹染色分体は分離し，セントロメアのタンパク質複合体に結合した**紡錘体**（spindle）に引かれるように両極へ移動する．そして**核膜**が再形成される（後期）．

出芽酵母の場合，**一倍体**（haploid）と**二倍体**（diploid）が交互に現れる生活環をもつ（図 6.15）．まず，性の異なる一倍体（a または α）どうしが接合と呼ばれる細胞融合を起こして**接合子**（zygote）を形成し，二倍体となる．この細胞は栄養条件がよい場合は出芽によって無性的に増殖できるが，栄養源が枯渇すると**減数分裂**によって一倍体の胞子を生み出す．この胞子は発芽し，一倍体の細胞として増殖する．

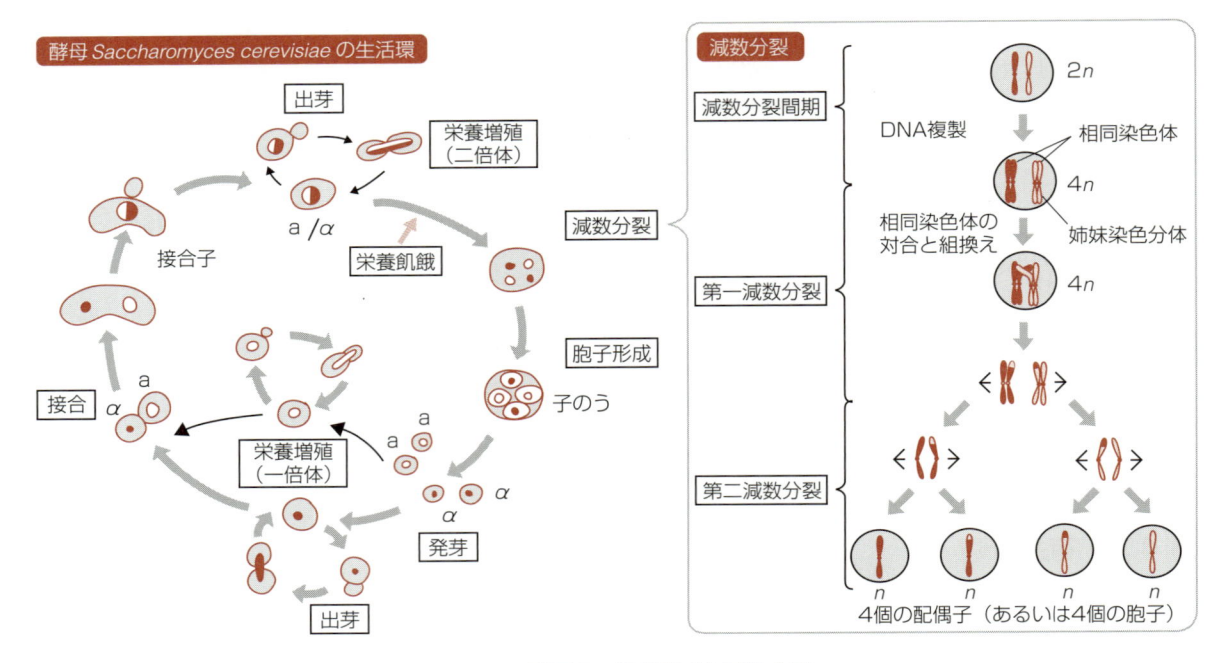

図 6.15 酵母の二倍体形成と減数分裂

　減数分裂では，接合によって生じた二倍体の染色体 DNA は，それぞれ複製によって姉妹染色分体となり，第一減数分裂が起こる（図 6.15）．第一減数分裂では，相同染色体（二つの同一染色体の対）が二つの娘核におのおの分配される．このとき，相同染色体間で対合が起こり，組換えによって互いの相同的な DNA を交換することがある．その後の第二減数分裂では，姉妹染色分体が有糸分裂と同様に分裂し，一倍体の細胞が四つつくられる．

6.4.4 真核生物の遺伝情報の発現

　高等真核生物やカビなどの糸状菌やキノコなどの担子菌の遺伝子には，原核生物には見られない構造上の特徴がある．原核生物の遺伝子部分はひと続きであるのに対し，真核生物のタンパク質コード領域は，タンパク質へと翻訳されない**イントロン**（intron）と呼ばれる大きな DNA 区分によって数個の**エキソン**（exon，翻訳領域）に分断されている（図 6.16）．このため，転写されたばかりの真核生物の mRNA は，翻訳前に以下のような修飾（modification）とプロセシング（processing）を受けて，イントロンが切除される必要がある．その結果生じた成熟 mRNA は，核外へと輸送され，翻訳が行われてタンパク質が合成される．

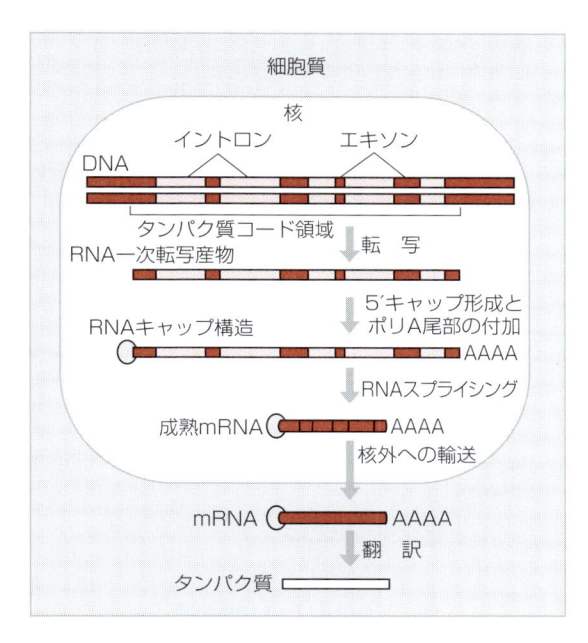

図 6.16 真核生物の遺伝子転写からタンパク質ができるまでの過程

(1) mRNA の両末端における修飾

真核生物の転写は，原核生物と同様に転写開始点から開始される．転写されている間に RNA の 5′ 末端には G が付加され，さらにこの G がメチル化されて 7-メチルグアノシンになる．これは**キャップ構造**（cap structure）と呼ばれ，おもに翻訳を促進しその効率を高める役割をもつ．一方，3′ 末端にも特徴的な修飾が見られる．転写でできた mRNA はポリ A（ポリアデニル酸）が付加される部分よりもさらに下流まで転写されている．そのため，3′ 末端は，ポリ A 付加シグナル（AAUAAA 配列）を認識するエンドヌクレアーゼによってそれより 11～30 bp 下流で切断されたあと，ポリ A ポリメラーゼによってポリ A（約 250 個の A）が付加される修飾を受ける．ポリ A 末端の役割はまだ不明であるが，mRNA の安定性を増すと考えられている．

(2) イントロンの除去

翻訳が起こる前にイントロンは除去され，mRNA のエキソンはそれぞれが結合されなければならない．これは，**スプライシング**（splicing）という過程によって行われる（図 6.17）．スプライシングには，イントロンの塩基配列が GU で始まり AG で終わることと，イントロンの 3′ 末端から 20～40 塩基ほど上流にブランチ部位と呼ばれる YYRAY 配列（Y はピリミジンで C か U，R はプリンで A か G）が存在していることが必須である．また，核内には，300 塩基以下の核内低分子 RNA（small nuclear RNA: snRNA）が数種類存在し，それらがタンパク質と結合して低分子リボ核酸タンパク質（small nuclear ribonucleoprotein: snRNP）を形成し，スプライシングに関与する．

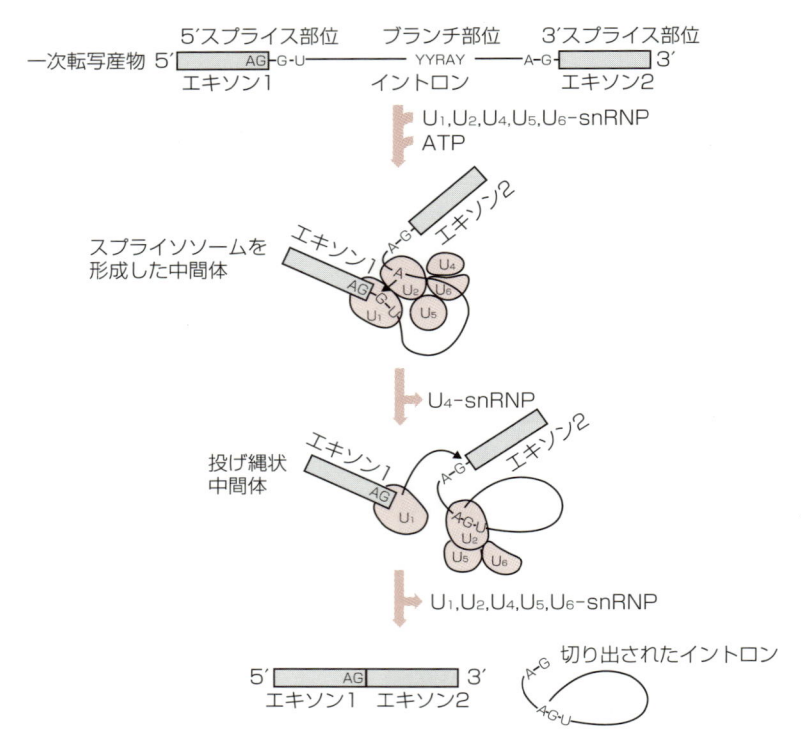

図 6.17 真核生物の mRNA 前駆体のスプライシング機構

　スプライシングはまず，U1 snRNP が 5′ スプライシング部位を認識して結合し，U2 snRNP がブランチ部位を認識して結合することから始まる．そして，U1 snRNP と U2 snRNP の相互作用により，5′ スプライシング部位がブランチ部位に引き寄せられる．続いて，ほかの snRNP が加わって**スプライソーム**（spliceosome）と呼ばれる大きな複合体を形成し，その活性によって，イントロンの 5′ 末端とブランチ部位のアデニン残基とが結合し，投げ縄構造が形成される．さらに，エキソン 1 の 3′-OH 基がイントロンの 3′ 末端に作用してイントロンは切り出され，エキソン 1 とエキソン 2 が連結する．

6.5　ウイルスの遺伝

　ウイルスは自分自身の遺伝子を発現，複製させるために**宿主**（host）の遺伝装置の一部を破壊しなければならない．ウイルスのなかには，RNA ポリメラーゼや DNA ポリメラーゼをもつものもあるが，多くのウイルスは転写や DNA 複製のための酵素を宿主に依存している．また，すべてのウイルスは子孫のコートタンパク質を合成するために，宿主のリボソームや翻訳装置を利用する．きわめて多種類のウイルスが存在しているが，ここでは最もよく

6.5 ウイルスの遺伝

調べられているバクテリオファージについて説明する.

ファージは，基本的には，宿主に感染したあと，**溶菌**(bacteriolysis)**サイクル**または**溶原化**(lysogenization)**サイクル**を通じて増殖する．溶菌サイクルで増殖するものは**溶菌性ファージ**(clytic phage)または毒性ファージといわれ，T4，T7，ϕX174 ファージなどがある．溶原化サイクルによるものは**溶原性ファージ**(lysogenic phage)といわれ，λ，ϕ80，P22 ファージなどがある．溶菌性サイクルでは，ファージは感染後すぐに宿主細菌を溶菌して殺すのに対し，溶原性サイクルでは，ファージは宿主細菌の中で長期間活動せずに過ごしたあと，宿主を溶菌する．具体的な機構を以下に示す．

6.5.1 溶菌サイクルによる増殖

図 6.18 に示すように，ファージは，尾部分を介して，自分のゲノム DNA を宿主細菌の細胞中に注入する．このとき，宿主の DNA，RNA およびタンパク質の合成は停止し，ファージ DNA の一部が宿主の転写酵素によって転写されて初期 mRNA が合成される．初期 mRNA により，残りのファージ DNA の転写や複製に必要な酵素，宿主 DNA を分解させる酵素などの初期タンパク質がつくられる．

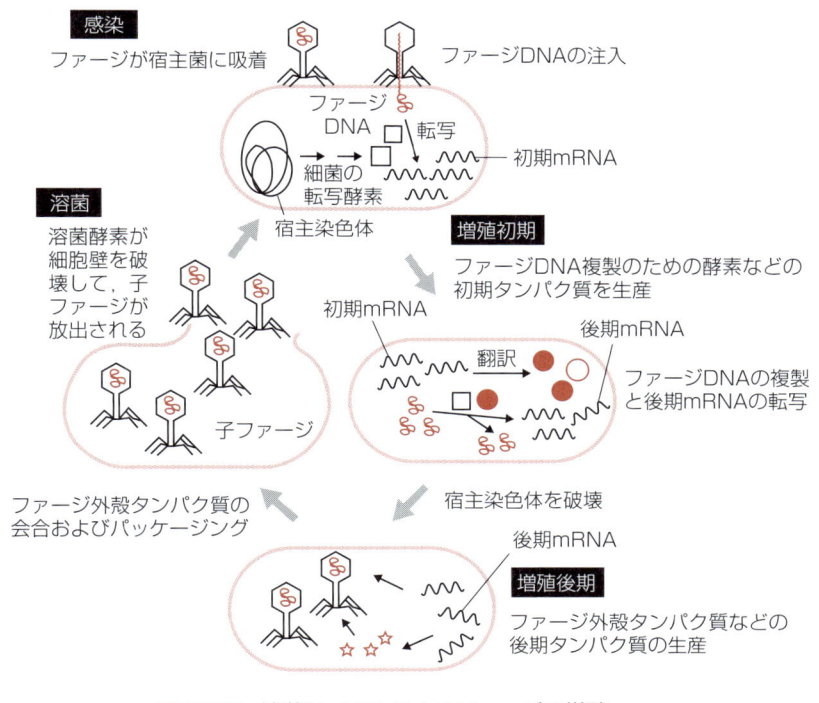

図 6.18 溶菌サイクルによるファージの増殖
□：細菌のタンパク質，●○：ファージのタンパク質
🧬：ファージ DNA，☆：ファージ外殻タンパク質

その後，残りのファージ遺伝子は後期 mRNA として転写され，ファージ外殻タンパク質やファージ DNA をパッケージングさせるための酵素，宿主の細胞壁を溶解させる酵素などの後期タンパク質がつくられる．また，宿主 DNA は分解され，その分解産物をもとにしてファージ DNA が合成される．合成されたファージ DNA は，外殻タンパク質で包まれ，頭部を形成する．これに残りの構造タンパク質が順次結合して完全なファージ粒子ができる．最後に，リゾチームなどの細胞壁分解酵素によって宿主の溶菌が起こり，子ファージが放出される．

6.5.2　溶原化サイクルによる増殖

溶原化サイクルでは，宿主にファージ DNA が注入されると，宿主内で，DNA 組み込み酵素やファージの転写を抑制する**リプレッサー**(repressor)が合成される．これによって，溶菌サイクルに入るためのファージ遺伝子の転写が停止し，ファージ DNA は宿主染色体に組み込まれる（組み込まれたものを**プロファージ**という，図 6.19）．ファージ DNA の宿主染色体への挿入は，宿主 DNA とファージ DNA に存在する相同な塩基配列を介し，**部位特異的組換え**(site-specific recombination)[*6] によって行われる．

挿入プロファージは，宿主 DNA 中で何世代も保持されるだけでなく，宿主 DNA とともに複製されて娘細胞へも受け渡される．しかし，紫外線などの刺激による誘発が起こると，2 回目の組換えによってファージ DNA は環状 DNA 分子として宿主 DNA から切り出される．そして，溶菌サイクルが開始され，ファージを複製，放出する．宿主 DNA からファージ DNA が切り出されるとき，まれに宿主 DNA の一部もいっしょに切り出されることがある．このような DNA をもつファージが別の宿主に感染すると，形質導入〔6.3.1 項 (3) 参照〕が引き起こされる．大半の溶原性ファージ DNA は宿主染色体に挿入されるが，P1 ファージのように宿主染色体に挿入されず，環状化してプラスミド (6.3.2 項参照) として存在する場合もある．

6.5.3　その他のサイクルによる増殖

これらのほかに，溶菌でも溶原化でもない感染サイクルによる増殖がある．そのような増殖を示す例として M13 ファージがある．M13 ファージは環状一本鎖 DNA をもつが，宿主に注入されると相補鎖が合成され環状二本鎖 DNA となる．この DNA はさらに複製され，宿主内に 100 コピー以上できる．また，溶菌サイクルのように M13 の構造タンパク質も合成され，新たなファージ粒子が形成され，宿主細胞から放出されるが，このとき宿主は溶菌されず，増殖と分裂を続けることができる．ファージ DNA は宿主が分裂するときいっしょに娘細胞に受け渡される．

[*6] 組換えが 25 bp 以下の短い特異的塩基配列内で起こる場合をいう．

図 6.19　溶原化サイクルによるファージの増殖
□：細菌のタンパク質，●：ファージのタンパク質

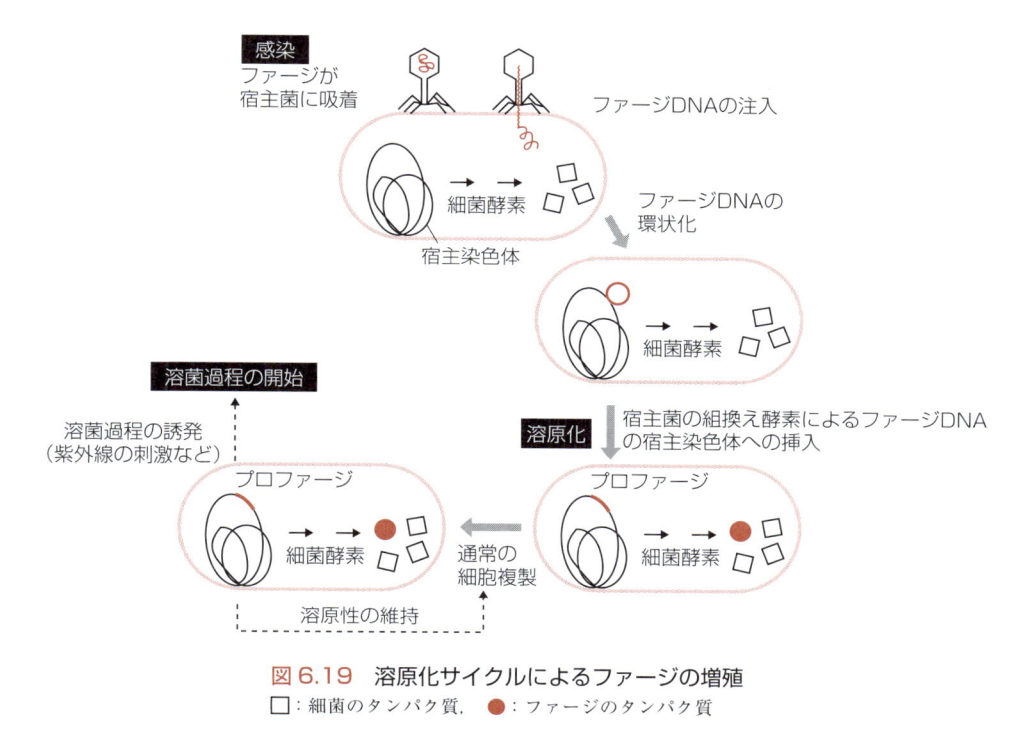

6.6　遺伝子の変異と修復
6.6.1　変異と修復の仕組み

　遺伝情報の担い手である DNA は安定に保持されなければならないが，ときとして遺伝子の配列が変化し**変異**(mutation)が生じることがある．変異は，DNA 複製や修復時のまちがいなどによって自然に起こる場合と，紫外線や X 線，化学物質などの**変異原**(mutagen)によって引き起こされる場合とがある．最も単純な変異は，DNA 中の塩基 1 個が変化する**点変異**(point mutation)である．点変異には，塩基の置換，挿入，欠失があり，それらが起こった部位によりさまざまな効果をもたらす(図 6.20)．

　塩基の置換が起こると，タンパク質のアミノ酸配列やその機能にまったく影響しない**サイレント変異**，アミノ酸配列が変化する**ミスセンス変異**，アミノ酸のコドンが終止コドンに変化して完全なタンパク質が合成されない**ナンセンス変異**のどれかが生じる．塩基の挿入や欠失が起こると，合成される mRNA の読み枠が変わり，まったく異なるアミノ酸配列になる**フレームシフト変異**が生じる．変異は複製によって次の世代へと遺伝する．

　ここでは，変異が生じる仕組みの一例として，塩基の互変異性による変異について説明する(図 6.21)．通常 DNA 上の T(チミン)はケト型で，A(アデニン)と 2 本の水素結合で結ばれているが，DNA 複製時にまれに T がエノール型になることがある．この場合，エノール型の T は G(グアニン)と 3 本

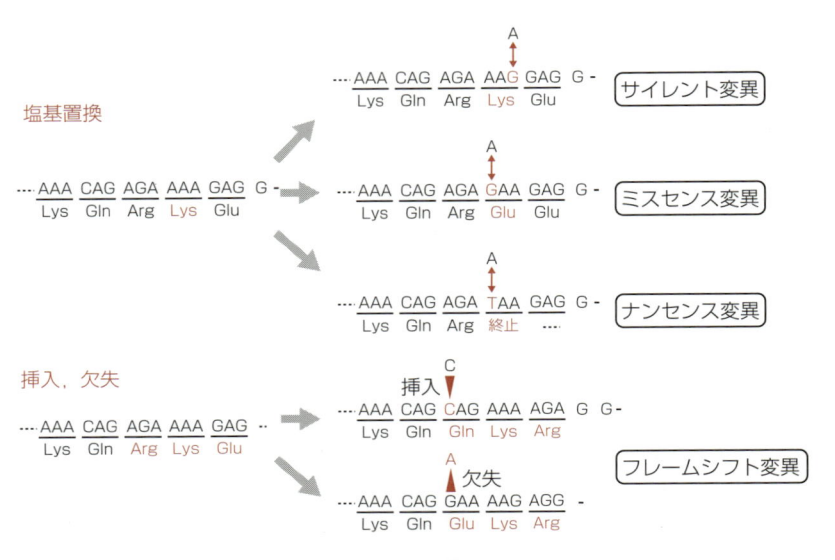

図 6.20　点変異の種類

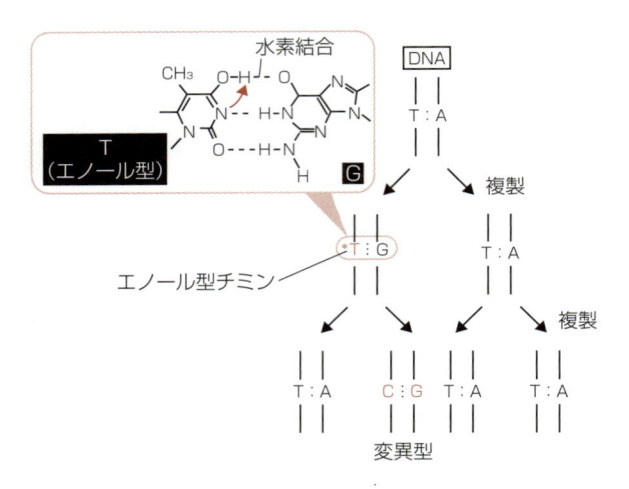

図 6.21　互変異性による変異の仕組み

の水素結合によって結合し，誤った対合が生じる．このGは複製時に正常なC（シトシン）と対合するため，結果的にA-Tの塩基対はG-Cの塩基対に変化する．

　複製の誤りや変異原によって生じたDNA損傷は，変異として固定化し，細胞にとって致死的になりうる．そのため，生物には，損傷を取り除き，DNAの機能を回復させるさまざまな修復機構が存在している．大腸菌では修復機構が詳しく調べられており，少なくとも24種類のタンパク質がなんらかのDNA損傷を治すのに作用することがわかっている．

代表的な修復機構を以下にあげる．

(1) 直接修復

直接修復はDNAの構造変化を単に元の状態に戻すものである．その代表例として**光回復**(photoreactivation)がある．紫外線によってピリミジン二量体[*7]が生じたとき，光回復酵素DNAフォトリアーゼが可視光によって活性化され，二量体結合を切断して元のピリミジンに戻す．DNAフォトリアーゼは，細菌や真核微生物，植物などに存在している．

(2) 除去修復

除去修復には**塩基除去修復**と**ヌクレオチド除去修復**がある（図6.22）．塩基除去修復では，DNAグリコシダーゼが損傷塩基を認識し，そのグリコシル結合を切断することにより塩基を除去する．この塩基を失ったAP（脱ピリミジン）部位はAPエンドヌクレアーゼによって切断される．その後，大腸菌ではDNAポリメラーゼⅠが損傷部位のヌクレオチド残基を取り除き，ギャップを埋め戻す．さらに，DNAリガーゼが，修復されたポリヌクレオチド鎖の切れ目を連結させる．

塩基除去修復はこのように比較的小さな塩基損傷に作用するのに対し，ヌクレオチド除去修復はピリミジン二量体を始め，化学物質による比較的大きな付加体などさまざまな種類のDNA損傷に作用しうる修復系である．この修復では，損傷を受けたヌクレオチドが切断され損傷ヌクレオチドが遊離する．その後，DNAポリメラーゼとDNAリガーゼによってDNAが合成され

*7 DNAに紫外線を照射すると，同一鎖上の隣り合ったピリミジン残基のC-5位およびC-6位どうしが光化学変化によって結合し，シクロブタン型構造が形成されたもの（下図参照）．チミン-シトシン二量体，シトシン二量体も生じるがチミン二量体の頻度が圧倒的に高い．

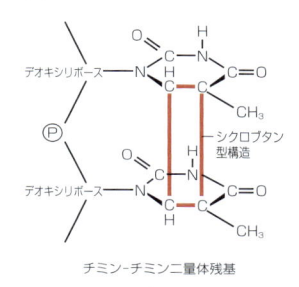

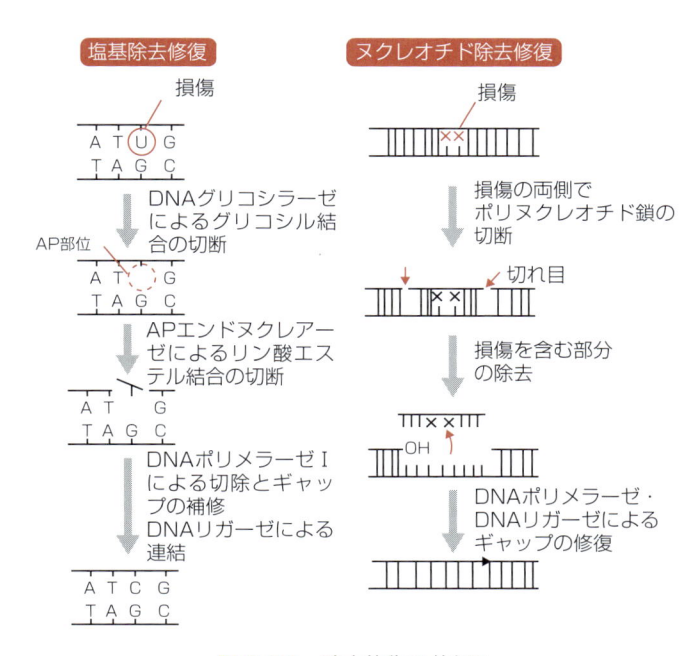

図6.22 除去修復の仕組み

ギャップが埋められる．

(3) 組換え修復

　光修復や除去修復はDNA複製に先立って行われるのに対し，**組換え修復**は損傷を受けたDNAが複製後に修復されるものであることから，複製後修復とも呼ばれる（図6.23）．DNA複製のとき，親鎖にチミン二量体があるとDNA合成が止まってしまうが，組換え修復ではチミン二量体を乗り越えて進行するため，娘鎖DNAにはチミン二量体に対応する部分にギャップが生じる．そのギャップは姉妹鎖交換と呼ばれる組換え反応によって，正常な親鎖から相補的なDNA部分が切り出され，挿入されることで正常な娘鎖が形成される．切り出しによって生じた親鎖のギャップは，DNAポリメラーゼとリガーゼの働きで埋められる．

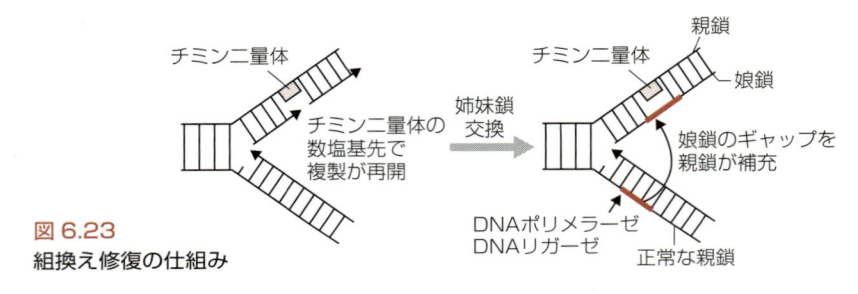

図6.23 組換え修復の仕組み

(4) SOS修復

　大腸菌では，DNAにひどい損傷が生じてDNA複製が阻害されると，緊急応答として15種類以上の遺伝子が一斉に誘導されてくる修復機構があり，**SOS修復**と呼ばれる．誘導されてくる遺伝子には除去修復に働くものや細胞分裂を阻害するもの，複製や組換えに関与するもの（これらをSOS応答遺伝子と呼ぶ）などがあり，これらの作用により複製の正確さをある程度犠牲にして，DNA鎖の合成が行われる．そのため，エラー頻度が高く，個々の細菌細胞にとっては有害である．しかし，細菌集団の遺伝的多様性を高めるので，長期的にみれば有効になると考えられている．

6.6.2　変異の誘起──変異原の種類と作用

　通常，細菌で変異が生じる頻度は，自然条件下では塩基$10^8 \sim 10^{10}$個あたり1個程度であるが，変異原（変異誘起物質）を作用させるとその頻度が著しく上昇する．変異原は物理的変異原と化学的変異原に分けられる．

　物理的変異原には紫外線がある．ピリミジン二量体を形成させ，DNA二重らせんに歪みを引き起こす．また，X線やγ線などの電離放射線はDNA二本鎖を切断し，塩基の環状構造を破壊する．

　化学的変異原には次のようなものがある（図6.24）．

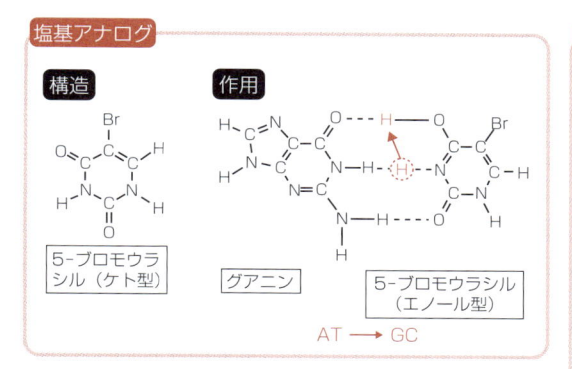

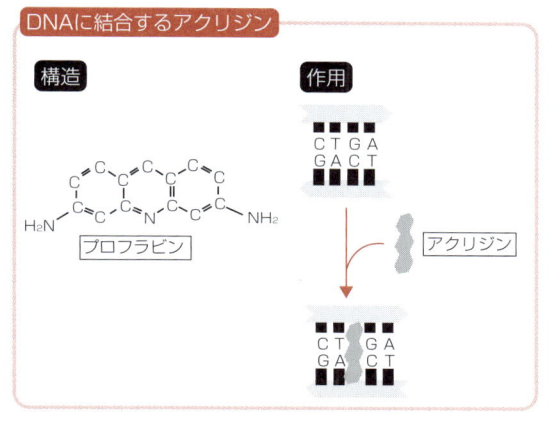

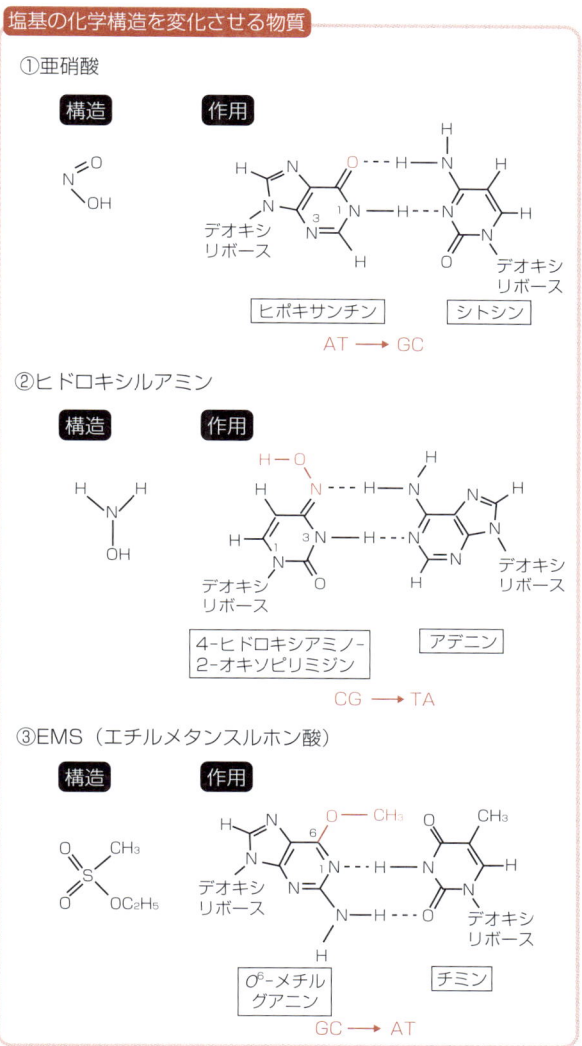

図 6.24 化学的変異原の種類と作用
各塩基の変化部位を赤字で示す.

(1) 塩基アナログ

DNA 中の塩基と類似の構造をもつため，まちがって DNA 中に取り込まれる．このようなものに T（チミン）のメチル基が臭素で置換された 5-ブロモウラシル（5-BU）がある．5-BU が取り込まれると，通常は A と塩基対を形成する．しかし，5-BU は T よりも互変異性化を起こしてエノール型になりやすいため，塩基の互変異性による変異（6.6.1 項参照）と同様に G と塩基対を形成する．その結果，複製によって生じた DNA の娘鎖の一つは元の A-T 塩基対の代わりに G-C 塩基対をもつことになる．

(2) 塩基の化学構造を変化させる物質

亜硝酸（HNO_2）は，脱アミノ化により塩基中のアミノ基をカルボニル基に

変換するため，C(シトシン)はU(ウラシル)，A(アデニン)はH(ヒポキサチン)，G(グアニン)はX(キサンチン)に変換される．その結果生じたHの場合，Cと塩基対を形成するため，複製時に，娘鎖のA-T塩基対であるはずの部分がG-C塩基対に変わる塩基転位[*8]が起こる．Xはナンセンス塩基で，DNA複製を阻害する．また，ヒドロキシルアミンは，Cに作用し，Aとのみ塩基対を形成する塩基に変換する．

強力な変異原であるエチルメタンスルホン酸(EMS)やメチルメタンスルホン酸(MMS)のようなアルキル化剤は，おもにGの6位炭素に酸素を介してアルキル基(メチル基またはエチル基)を結合する．このようなアルキルグアニンはその後の複製においてTと対合するため，この場合も塩基転位が生じる．

(3) DNAに結合するアクリジン

3個の環をもつ平面構造分子であるアクリジン類化合物は，DNA二重らせん中の塩基対と塩基対の間に割り込む．このため，DNA複製時に塩基の欠失や挿入が生じる．また，この型の変異が遺伝子上で起こると，フレームシフト変異が誘発される．このような変異作用を示すアクリジン類化合物には，プロフラビン，アクリジンオレンジ，エチジウムブロマイドなどがある．

これらの変異原は，変異の発生率を上昇させるため，目的とするさまざまな変異体の取得にきわめて有用である．実際，真核生物のモデル生物として長年解析されてきた出芽酵母や分裂酵母においては，EMSを用いてさまざまな表現型[*9]を示す変異株が取得され，それによって遺伝子の多くの機能が明らかになっている．

6.6.3 変異の復帰

変異の影響はさまざまな方法で復帰することがある．塩基の置換は2回目の置換によって，また，挿入は欠失によって復帰する場合，**復帰変異**(reverse mutation)と呼ばれ，まれにしか起きない現象である．

多くの場合は，最初の変異はそのままで，別の位置に変異が起こることによって野生型の表現型に戻る．このような第二の部位での変異は**サプレッサー変異**(suppressor mutation)と呼ばれる．この例として，ナンセンス変異を回復させるtRNAのアンチコドンに起こるサプレッサー変異がある．tRNA^{trp}をコードする遺伝子は重複して2コピーあり，そのうちの一つの遺伝子のアンチコドン5′-CCA-3′に変異が起こり5′-UCA-3′になると，ナンセンス変異によって生じた終止コドン5′-UGA-3′と相補的に結合できるようになる．その結果，この終止コドンはL-トリプトファンとして翻訳され，初めのナンセンス変異によって生じる短いポリペプチド鎖は完全長なものに戻る(図6.25)．ナンセンス変異が起こる前のアミノ酸がたまたまL-トリプ

[*8] DNA鎖に起こる塩基対置換のうち，プリンどうし(A⇄G)またはピリミジンどうし(T⇄C)の置換であるならば塩基転位(transition)，プリンとピリミジンまたはその逆の置換ならば塩基転換(transversion)という．

[*9] 生物のもつ遺伝子構成を遺伝子型(genotype)というのに対し，観察することのできる形態的・生理学的性質を表現型(phenotype)という．ある生物が通常の表現型を示している場合は野生型(wild type)，その表現型が変異によって変化したものを突然変異型(mutant type)という．

トファンである場合，サプレッサー変異は完全に野生型のタンパク質をつくり出すことになるが，違うアミノ酸に置き換わった場合でも，その種類や位置によってはタンパク質の構造を大きく変えず，ほぼ野生型の表現型を示すようになる．

…… CAG AGA UUAGAG ……
　　 Gln　Arg　Leu　Glu

↓ ナンセンス変異

…… CAG AGA UGAGAG ……
　　 Gln　Arg　終止 ……

↑ tRNAのアンチコドンに起こるサプレッサー変異

…… CAG AGA UGAGAG ……
　　 Gln　Arg　Trp　Glu
　　　　　　　誤ったアミノ酸だが，
　　　　　　　ポリペプチド鎖は
　　　　　　　完全長に戻る

Trpコドンと結合するtRNA → tRNAの突然変異 → 終止コドンと結合できるようになる

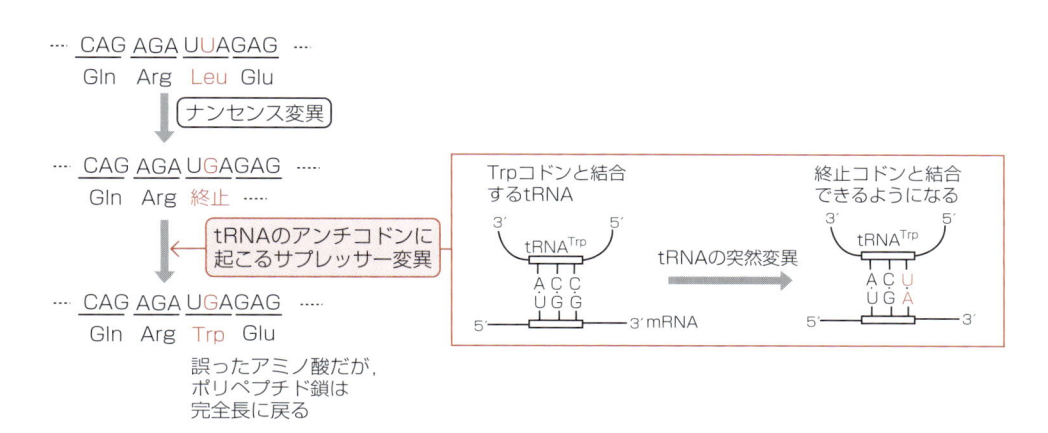

図 6.25 サプレッサー変異による復帰例

6.7　遺伝子工学とバイオテクノロジー

1970年代前半に始まったバーグ（P. Berg）らのλDNAとSV40 DNA間での人工的組換えDNAの作成や，コーエン（S. Cohen）らによる大腸菌のプラスミドDNAと他種DNA間での組換えDNA作成実験の成功により，異種間での組換えDNA分子を人工的に作成する技術，すなわち**遺伝子工学**（genetic engineering）が誕生した．遺伝子工学が誕生する技術的な背景としては，以下のことなどが挙げられる．ここでは，遺伝子組換え技術と，それを支える技術として，**塩基配列決定法**や**PCR法**について説明する．

① プラスミドやファージなどを，遺伝子を運ぶDNAすなわち**ベクター**（vector）として取り扱う技術が確立されていたこと．
② **制限酵素**（restriction enzyme）や**DNAリガーゼ**（DNA ligase）などの核酸関連諸酵素の研究が進展していたこと．
③ 組換えDNAを大腸菌や真核細胞のなかに効率よく導入するトランスフォーメーションなどの技術が工夫されていたこと．

6.7.1　遺伝子組換え技術

遺伝子組換え技術とは，**宿主ベクター系**（host-vector system）を用いてDNA断片を増幅させたり，タンパク質を発現させたりする技術のことであ

る．現在までに，大腸菌を始め，枯草菌，酵母，糸状菌，動物細胞，植物細胞など多種の宿主ベクター系が開発されてきた．遺伝子組換えは，プラスミド，制限酵素，DNAリガーゼの発見によって可能となったといえるが，ここでは，最も代表的な大腸菌の宿主ベクター系について説明する．

(1) プラスミドのベクターとしての利用

細菌に広く分布するプラスミドは，染色体DNAとは別に存在する自立複製可能な環状構造のDNA分子である(6.3.2項参照)．プラスミドは染色体と比較して小さな分子であることから，その分離精製や試験管内での操作が容易であり，遺伝子DNAを宿主細胞内で保持するベクターとして利用されている．

大腸菌宿主ベクターとして古くから用いられている **pBR322**(図6.26)は，ColE1型のpMB1プラスミドを改良したものであり，アンピシリン耐性遺伝子とテトラサイクリン耐性遺伝子をもたせてある．pBR322のテトラサイクリン遺伝子の部位は，制限酵素によって切り出し，DNA断片を挿入することができる．うまくDNA断片が挿入された場合，それを保持する大腸菌は，アンピシリン耐性を示すが，テトラサイクリン耐性を示さない．これを指標にしてDNA断片がうまく挿入されたプラスミドベクターを選択することができる．

pUC18(図6.26)は，もっと多機能で，多コピー数となるようにpMB1の複製抑制機構を除いた改変複製起点と，大腸菌のβ-ガラクトシダーゼのαサブユニットをコードする *lacZ′* (7.3.1項参照)およびアンピシリン耐性遺伝子をもち，さらに *lacZ′* の内部に各種の制限酵素で切断可能な外来DNA挿入部位(multiple cloning site)をもっている．pUC18上から生成したαサブユニットは，大腸菌ゲノム上にコードされ，生成したβ-ガラクトシダーゼのβサブユニットと複合体を形成し，β-ガラクトシダーゼ活性を示す．

X-gal はβ-ガラクトシダーゼの**基質**(substrate)であり，分解されると青色を呈する．X-galを培地中に添加しておくことにより，**クローニング**(cloning)されたプラスミドベクターを保持する宿主大腸菌を選択できる．DNA断片がこの領域に挿入されると正常なαサブユニットが生合成されなくなる．その結果，β-ガラクトシダーゼが作用しないため，X-Galが分解せず，白いコロニーとなる．逆に，ベクターにDNA断片の挿入されていないプラスミドの形質転換株は，正常なβ-ガラクトシダーゼが生合成されるため，X-Galが分解して青いコロニーとなる．外来DNA挿入部位にクローニングされた外来遺伝子は強力なプロモーターによって転写発現される．

(2) 制限酵素によるDNAの切断

(1)で説明したクローニングベクターにDNA断片を連結させるため，おもに**制限酵素**とDNAリガーゼが用いられる．制限酵素とは，特異的な塩基

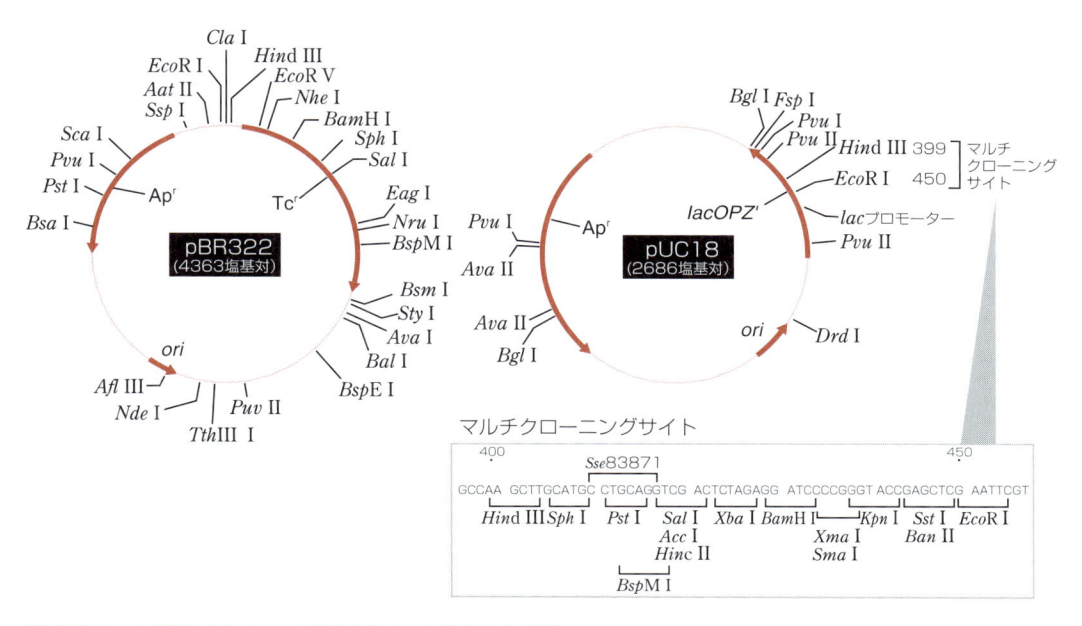

6.7 遺伝子工学とバイオテクノロジー

図 6.26　大腸菌ベクターpBR322 と pUC18 の構造
円の外周に示す記号は各種制限酵素による概略の切断位置，内周の矢印はそれぞれアンピシリン耐性(Ap^r)，テトラサイクリン耐性(Tc^r)と *lacI-lacOPZ'* 各遺伝子のコード範囲と転写方向を示す．*ori* の矢印は複製起点と複製方向を示す．

配列を認識して二本鎖 DNA を切断する**エンドヌクレアーゼ**(endonuclease)であり，その多くは原核生物に由来する．制限酵素は本来，菌体内に侵入したウイルスやほかの生物種由来 DNA を，DNA methylase によって修飾された自己の DNA と区別して分解する防御機構の役割を担う．1960 年代，多数の制限酵素が報告された．それらは直ちに精製され，DNA の切断に利用されるようになった．制限酵素の名前は生産する細菌名からつけられ，たとえば，*Eco*R I は大腸菌の学名 *Escherichia coli* RY13 に由来する．制限酵素は，さまざまな特異性をもつものが知られており，各社で製品化され市販されている．

制限酵素は，活性発現に必要な因子と切断様式によりⅠ型，Ⅱ型，Ⅲ型に分類されている．遺伝子工学に用いる制限酵素の多くは，Ⅱ型酵素である．Ⅱ型制限酵素は，それぞれの酵素に特異な**パリンドローム**〔6.2.2 項(3)参照〕を示す 3〜8 塩基対からなる部位を認識し，その配列内の特異的な箇所で二本鎖 DNA を切断する．切断末端の型には，*Eco*R I や *Hind* Ⅲ のように 5′ 末端が突出した粘着末端になるもの，*Pst* I や *Kpn* I のように 3′ 末端が突出した粘着末端になるもの，*Eco*R V や *Sma* I のように平滑末端になるものがある(表 6.2)．

(3) DNA リガーゼによる DNA の連結

同一の制限酵素で切り出した二つの DNA 断片は，**DNA リガーゼ**によって

表 6.2　よく使用される制限酵素とその切断塩基配列

制限酵素	認識配列	切断末端の型	切断配列
Sau3A I	5′-NGATCN-3′ ↓ 3′-NCTAGN-5′ ↑	粘着, 5′突出	5′-N　　　　GATCN-3′ 3′-NCTAG　　　　N-5′
EcoR I	5′-GAATTC-3′ ↓ 3′-CTTAAG-5′ ↑	粘着, 5′突出	5′-G　　　　AATTC-3′ 3′-CTTAA　　　　G-5′
Hind III	5′-AAGCTT-3′ ↓ 3′-TTCGAA-5′ ↑	粘着, 5′突出	5′-A　　　　AGCTT-3′ 3′-TTCGA　　　　A-5′
Pst I	5′-CTGCAG-3′ ↓ 3′-GACGTC-5′ ↑	粘着, 3′突出	5′-CTGCA　　　　G-3′ 3′-G　　　　ACGTC-5′
Not I	5′-GCGGCCGC-3′ ↓ 3′-CGCCGGCG-5′ ↑	粘着, 5′突出	5′-GC　　　　GGCCGC-3′ 3′-CGCCGG　　　　CG-5′
Sma I	5′-CCCGGG-3′ ↓ 3′-GGGCCC-5′ ↑	平滑	5′-CCC　　　　GGG-3′ 3′-GGG　　　　CCC-5′

Nは任意の塩基. 認識配列に示す上下の矢印はDNA鎖の切断位置.

連結できる. すなわち, ある外来 DNA を EcoR I によって消化すると, 得られた DNA 断片は, 5′-GAATTC-3′ の 6 塩基が認識・切断されるため, 5′-AATT の 4 塩基が突出した粘着末端の構造をもつ. 同様に, EcoR I で消化したクローニングベクター pUC18 の EcoR I 部位も同じ粘着末端をもつ. 両者の切断末端には相補性があるので, DNA リガーゼを作用させることにより, 双方の DNA 鎖の末端をホスホジエステル結合で連結させることができる. このとき, DNA どうしが平滑末端であれば, 外来遺伝子とベクターの切断に用いた制限酵素が異なっていても連結できる. また, Bgl II と BamH I のように, 切断認識部位は異なるが切断末端の配列が同一である場合も, 同様に DNA リガーゼによって連結できる.

このようにして構築したプラスミドベクターを宿主大腸菌細胞に導入することにより, 外来遺伝子 DNA 断片の増幅および発現が可能となる. 大腸菌宿主には, K-12 株が多用されている. 大腸菌は低温の塩化カルシウム溶液に懸濁することにより DNA 受容可能 (コンピテント) な状態になる. さらに, 42 ℃ で熱処理することにより, プラスミドベクターを導入できる (図 6.27).

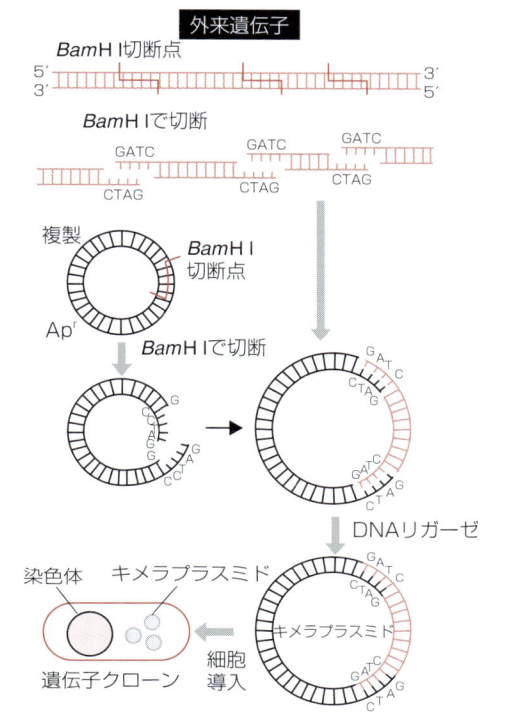

図 6.27　遺伝子クローニング法

6.7.2　塩基配列決定法

塩基配列を決定する**塩基配列決定法**には，**マクサム-ギルバート法**（Maxam-Gilbert method，化学分解法）と**サンガー法**（Sanger method，酵素法）がある．

マクサム-ギルバート法では，鎖長の同じ一本鎖 DNA を調製し，別々の化学試薬による塩基特異的な切断反応が DNA 1 分子あたり約 1 個になるようにして，部分分解を行う．特異的な塩基切断反応によって得られるいろいろな長さの DNA 断片をポリアクリルアミド電気泳動によって分離し，オートラジオグラフィーによって検出することにより塩基配列を決定する．マクサム-ギルバート法は，開発当初は正確性の高さから多用されていたが，サンガー法が改良されて正確性・簡便さなどの点で上回ってきたため，現在ではほとんど用いられていない．

サンガー法では，配列を決定しようとする一本鎖 DNA に**プライマー DNA**（primer DNA）を対合し，DNA ポリメラーゼにより伸長反応を行う．DNA ポリメラーゼは，リボースの 3′-OH 基が 3′-H となったジデオキシリボヌクレオシド三リン酸（dideoxyribonucleoside triphosphate：ddNTP，図 6.28）が取り込まれると，次の dNTP を付加することができず，DNA の伸長反応が停止する．塩基配列の決定には，一本鎖 DNA とプライマー DNA に，過

剰量の dNTP と ddNTP のどれか一種を加えた反応溶液を4種調製し，それぞれで DNA 鎖の伸長反応を行う．合成されたさまざまな長さの DNA 鎖を，1塩基の長さの違いでも区別できるポリアクリルアミド電気泳動によって分離することで，塩基配列を決定する．サンガー法の改良はめざましく，現在は，耐熱性 DNA ポリメラーゼを用いたサイクルシークエンシング法により，二本鎖 DNA から塩基配列を決定することができる（図 6.29）．

図 6.28　デオキシ ATP（dATP）とジデオキシ ATP（ddATP）の構造

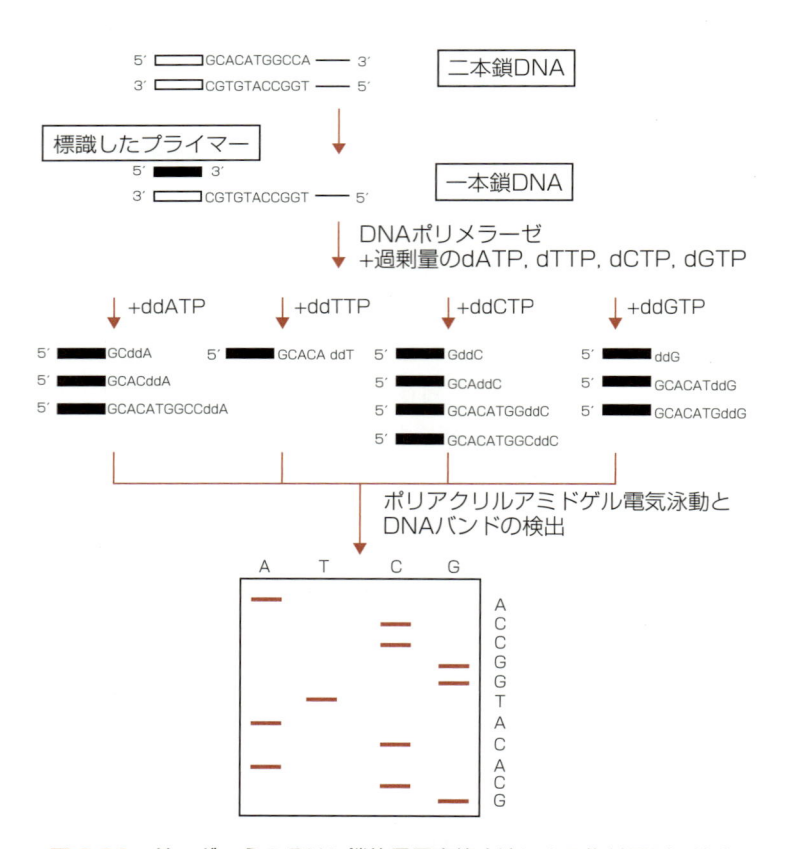

図 6.29　サンガーらの DNA 鎖伸長反応停止法による塩基配列の決定

また，サンガー法の開発当初は，プライマーDNAの5′末端を^{32}Pで標識していたが，現在では蛍光物質を用いて行う方法が一般的である．さらに，プライマーDNAやddNTPを1種類の蛍光物質で標識したり，ddNTPをそれぞれ4種類の異なった蛍光物質で標識・検出したりする方法が開発されている．また，電気泳動をガラス板ではなくキャピラリーと呼ばれる細い管を用いて行う方法も開発されている．

6.7.3 PCR法

PCR法は，マリス（K. B. Mullis）らによって1984年に開発された．PCR法は，目的のDNA領域を挟む両端で，それぞれ別のDNA鎖に相補的に結合するプライマーを用い，耐熱性DNAポリメラーゼによるDNA合成サイクルを試験管内で繰り返すことで，目的とするDNAの特定の領域を指数関数的に増幅できる技術である．PCR法は，試験管のなかに以下のものを加える．

- 4種類のデオキシリボヌクレオチド三リン酸（dNTP）やMg^{2+}などを含む反応混合液
- 増幅させる鋳型となるDNA
- 増幅領域を挟むようにデザインした2種類のプライマー
- 耐熱性のDNAポリメラーゼ

そして，次の三つのステップを繰り返すことによって行われる（図6.30）．

① 二本鎖DNAを含む溶液を，ある一定温度以上に温めると，二本鎖DNAの水素結合が切断され一本鎖となる．これをDNAの**熱変性**（thermal denaturation）という．

② 一本鎖になったDNAにプライマーを結合させる．DNAの熱による変性は可逆的であり，温度を下げることにより本来の二本鎖に戻すことができる．これをDNAの**再会合**（reassociation）または焼きなましの意味で**アニーリング**（annealing）と呼ぶ．

③ DNAポリメラーゼによって，プライマー部からDNAが**伸長**（extension）する．当初は，大腸菌のDNAポリメラーゼⅠを用いていたが，この酵素は熱変性のステップで失活してしまうので，伸長反応ごとに追加する必要があった．しかし，温泉から分離した高度好熱菌 *Thermus aquaticus* 株由来のDNAポリメラーゼを使用することにより，DNAポリメラーゼを追加しないでPCRを行うことができるようになった．

こうして，1分子のDNA断片は理論的には2のn乗倍に増幅でき，たとえば，この反応を30回繰り返すと2^{30} = 1,073,741,824倍となる．

PCR法は，遺伝子工学，分子生物学分野などにおいて多方面で応用され

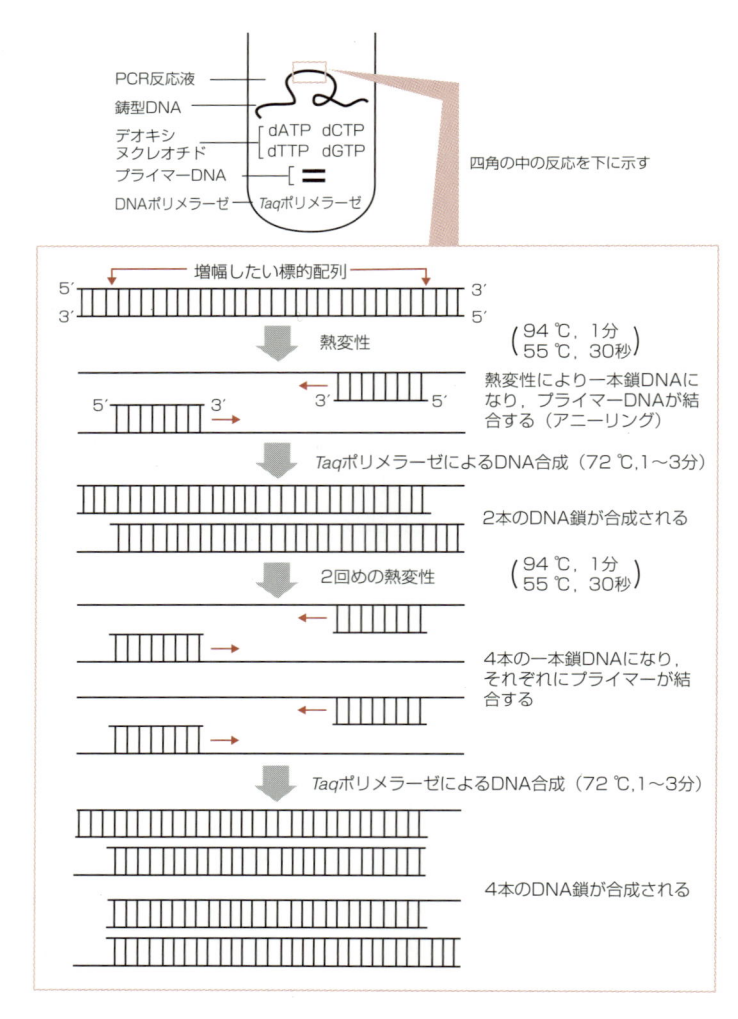

図6.30 PCR法の原理

ている．現在では，単に目的のDNA断片を増幅させるだけでなく，多型解析，変異検出，核酸定量など新たな分野にも応用されており，さらなる用途の広がりが期待されている．

6.7.4 遺伝子工学と分子育種による有用物質の生産

微生物による有用物質の生産は，アミノ酸発酵や核酸発酵，エタノール発酵などのように，細胞外最終産物や細胞内に大量に蓄積される二次代謝産物などを対象として，行われてきた．自然界に生息する微生物は多種多様であるため，自然環境から有用物質の生産に適した微生物を選択(**スクリーニング**)する方法はきわめて有効であり，現在も広く行われている(2.1.3項参照)．

また，自然界から選抜して得た菌株から，変異原を用いた人為的変異により，優れた形質をもつ株を得るなどの育種を行ってきた．

最近の遺伝子工学技術の発達により，これらの方法とは別の微生物育種法が行えるようになった．すなわち，遺伝子操作を利用して，微生物が本来もつ有用な機能を増強させたり，不要な機能を省いたり，外来の遺伝子を微生物細胞内で機能させたりすることによって，微生物を改良することができるようになった．このような遺伝子操作などを用いた育種法を，**分子育種**（molecular breeding）という．

遺伝子工学を用いた分子育種による有用物質の生産には，主として大腸菌，枯草菌，酵母，糸状菌が使用されている．1980年代からは，ヒト由来の微量タンパク質が組換え微生物によって大量に生産されている（表6.3）．とくに，大腸菌は，取り扱いやすい微生物であったことから，分子遺伝学の実験材料として精力的に研究されており，多くの大腸菌由来宿主ベクター系が開発された．大腸菌によって生産されたインスリン，成長ホルモンなどは，医薬品として実用化されている．しかし，大腸菌で高等真核生物由来の遺伝子を発現させた場合，糖鎖付加などの**翻訳後修飾**（posttranslational modification）が起こらないこと，発現したタンパク質を菌体外に分泌することが難しいこと，大量に異種タンパク質を発現させると菌体内でうまく折りたたまれずに不溶化し，**封入体**（inclusion body）[*10]をつくってしまうことなどが問題となっており，さまざまな解決策が試みられている．

[*10] 原核生物である大腸菌の発現系を用いて，外来の，とくに真核生物由来のタンパク質を発現させると，タンパク質が細胞内で不溶化して不活性化してしまうことがある．この不溶化した凝集体のことを封入体という．タンパク質が不溶化してしまうのは，タンパク質の折り畳みによる高次構造の形成（フォールディング）がうまくいかないことが原因である．また，封入体を正しい高次構造に巻き戻す（リフォールディング）試みも行われている．

表6.3 微生物による有用物質生産の例

タンパク質	起源	生産系の宿主	おもな用途
成長ホルモン	ヒト	大腸菌	小人症の治療
顆粒球コロニー形成刺激因子（G-CSF）	ヒト	大腸菌	顆粒球減少症の治療
インスリン	ヒト	大腸菌，酵母	糖尿病の治療
インターロイキンα	ヒト	大腸菌	肝炎の治療
インターロイキン2	ヒト	大腸菌	がんの治療
キモシン（凝乳酵素）	ウシ	大腸菌，糸状菌	チーズの製造
B型肝炎ワクチン	ウイルス	酵母	B型肝炎の予防
ラクトフェリン	ヒト	糸状菌	食品添加物
タウマチン	植物	糸状菌	甘味料

酵母は，大量に安価にタンパク質を分泌生産できる宿主として注目されている．とくに，メタノール資化性酵母である *Pichia pastoris* は，高いタンパク質分泌能をもつため，医薬品生産に用いられている．また，酵母を用いると，タンパク質の翻訳後修飾の一つである糖鎖付加が起こる．タンパク質に付加する糖鎖は，タンパク質の機能や安定性に影響を与えたり，医薬品と

して用いた場合に**抗原性**(antigenecity)をもつことが明らかとなっている．

　出芽酵母の N-結合型糖鎖は，高マンノース型と呼ばれる構造に外鎖と呼ばれるマンノースポリマーが結合している構造であるのに対し，ヒトの N-結合型糖鎖は，複合型と呼ばれる構造をしており，この点が両者で異なっている．したがって，糖タンパク質を酵母で発現させた場合，その抗原性が問題となる．そこで，遺伝子工学技術によって出芽酵母の N-結合型糖鎖をヒト型の N-結合型糖鎖に改変する**糖鎖リモデリング**という技術が注目され，研究が進んでいる．

　遺伝子工学を用いた分子育種は，従来の育種とは異なり，分子生物学的に明らかな証拠に基づいて行われるため，より安全であると考えられる．しかしながら，遺伝子工学の利用は，ヒトを含む生態系への影響，遺伝子の拡散問題など，長期的に解明していかなければならない問題を含んでいる．医薬品業界では，すでに遺伝子組換え技術を用いた製品が実用化されているが，食品業界では実用化された例は少ない．これは，技術的な問題というよりも，遺伝子組換え技術に対する社会的な抵抗感が依然として強いためである．

　近い将来，人口爆発や地球規模での気候の変化によって，世界的な食糧不足が起こることが危惧されている．それに対して，遺伝子工学を利用した食糧増産や遺伝子組換えによる生産物の食品利用を行っていくためには，安全性の問題を改善するとともに，社会の受け入れ(public acceptance)の問題を解決していく必要がある．

Column

大腸菌と出芽酵母の恩恵

　大腸菌と出芽酵母は，1970年代から急速に発展した分子生物学の主要な研究対象である．大腸菌は，いまや遺伝子の研究には必要不可欠である．分子生物学の研究者にとってはあまりに身近なために，大腸菌があたかも試薬の一つに思えてくるほどである．ところで大腸菌は，なぜ遺伝子工学の主役になれたのであろうか．その理由は数多いが，とくに重要な点は，増殖が早く培養が簡便であること，一倍体であるため変異株の取得が容易であること，プラスミドが発見され利用可能であることなどがあげられる．一方で，分子生物学においては出芽酵母の貢献も忘れてはならない．出芽酵母は，大腸菌と同様に遺伝子を操作するのに適した性質をもった真核生物である．出芽酵母研究の初期には，すりつぶした酵母細胞から酵素を抽出，精製して発酵や呼吸，生体物質の生合成などが地道に研究されてきた．しかし，1980年代初頭に，酵母プラスミドによる遺伝子組換えの技術の開発とともに，染色体上の特異的な部位を人工的に改変する技術が開発されると，出芽酵母を用いた研究は黄金時代を迎えることとなった．出芽酵母で使える巧みな遺伝子組換え技術を駆使することによって数多くの生命現象の本質が明らかにされてきた．その知識は，実際に産業や医療に応用されている．たかが単細胞生物というなかれ！君たちも，知らないうちに大腸菌や酵母の恩恵を受けているのだ．

練習問題

1. DNAが複製されるとき，リーディング鎖とラギング鎖が生じるが，そのメカニズムについて説明しなさい．

2. DNA塩基配列「5′-ATGTATTACGAGGCGTCAACGTAA-3′」の相補鎖を示しなさい．また，この塩基配列から合成されるアミノ酸配列を示しなさい．

3. 通常，大腸菌は抗生物質アンピシリンによって死滅するが，なかにはアンピシリンがあっても生育するものが存在する．このような大腸菌の多くは，何らかの方法でアンピシリン耐性遺伝子を獲得したと考えられる．どのようにしてアンピシリン耐性遺伝子を獲得したか，考えられる可能性について述べなさい．

4. イントロンとエキソンについて，それらの構造や機能を説明しなさい．また，真核生物において転写後にみられるmRNAの修飾とプロセシングについて説明しなさい．

5. PCR反応に必要な三つの反応段階とそれぞれの反応に必要なものをすべてあげて説明しなさい．

6. 大学4年生のマイケル君は，クローニングベクターpUC18を EcoR I で完全に切断し，同じく EcoR I で切断した100 bp～2.0 kbのさまざまな鎖長のDNA断片をDNAリガーゼを用いて連結し，大腸菌を形質転換した．X-galと誘導物質を含む培地で培養後，白いコロニーのプラスミドを確認したところ，DNA断片が挿入されていた．しかし，青いコロニーを示した大腸菌のなかにもDNA断片が挿入されているものがあった．その理由をいくつかあげて論じなさい．

7章 微生物の代謝

7.1 エネルギーの獲得

細胞内で行われる物質変換を**代謝**(metabolism)という．代謝には，生命活動に必要なエネルギーを獲得する**異化**(catabolism)と，獲得したエネルギーを使って簡単な物質からタンパク質などの高度な働きをもつ物質を生合成する**同化**(anabolism)がある．微生物がエネルギーを獲得する方法は，**発酵**，**呼吸**(respiration)，**光合成**(photosynthesis)に分けられる．

7.1.1 発酵，呼吸，光合成

発酵は，有機物を電子供与体と受容体の両方に用いるエネルギー獲得過程（ATP合成過程，7.1.2項参照）である．いいかえれば，発酵は，有機物を酸化するときに生成する電子をほかの有機物が受け入れるエネルギー獲得過程である．発酵では，基質レベルでのリン酸化〔7.1.2項(1)参照〕によってのみATPが合成される．

一方，呼吸とは，電子供与体から電子受容体に電子が流れる過程で，膜をへだてた電気化学ポテンシャル差[*1]が生成されるプロセス全体のことを指す．なお，この電気化学ポテンシャル差は，酸化的リン酸化過程〔7.1.2項(2)参照〕で消費される．すなわち，呼吸は，有機物または無機物を電子供与体，無機物を電子受容体とするエネルギーの獲得過程といえる．換言すれば，呼吸は，グルコースなどの有機物やアンモニアなど還元状態にある無機物を，酸素，硝酸塩，硫酸塩などの無機物が最終電子受容体となって酸化し，そのとき生成するエネルギーを用いてATPが合成される過程である．

ここで注意することは，発酵は嫌気的代謝といってよいが，呼吸は必ずしも好気的代謝とはいえない．たとえば，通性嫌気性菌である*Pseudomonas*属菌は，酸素が存在するときは，酸素を最終電子受容体として好気的代謝を行う．これを**好気呼吸**(aerobic respiration)という．酸素が存在しないときは，

[*1] 電子伝達系や呼吸系が機能しているときに生じる，生体膜内外の物理化学的変化のこと．この「差」を利用してATPが合成される．

硝酸塩を最終電子受容体として嫌気的代謝を行う．これを**嫌気呼吸**（anaerobic respiration）という．このように呼吸には好気呼吸と嫌気呼吸がある．

光合成独立栄養菌などにおける光合成では，クロロフィルが光エネルギーをとらえ，呼吸と同じ系により ATP が合成される．

7.1.2　ATP 合成の仕組み

前項で述べたように，エネルギー獲得過程は **ATP**（adenosine 5′-triphosphate，アデノシン 5′-三リン酸）の合成過程である．ATP は高エネルギー化合物と呼ばれ，図 7.1 に示す**高エネルギーリン酸結合**（high-energy phosphate bond）部位にエネルギーが蓄積されている．この結合部位が加水分解されるとき，エネルギーが放出される．細胞内には，ATP のほかにも，GTP, CTP, TTP[*2] など，さまざまな高エネルギーリン酸結合部位をもつ高エネルギー物質が存在しているが，代謝において最も重要な働きをしているのは ATP である．ATP は次の 2 種類の仕組みにより合成される．

[*2] それぞれ高エネルギー化合物であり，GTP はグアノシン三リン酸，CTP はシチジン三リン酸，TTP はチアミン三リン酸のことを指す．

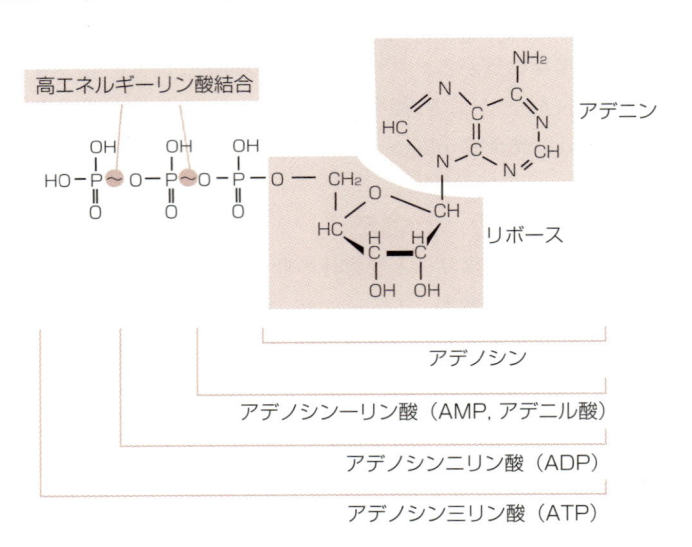

図 7.1　ATP の構造

（1）基質レベルのリン酸化

代謝される有機物の変換の際に，ADP がリン酸化されて ATP が合成されるものを，**基質レベルのリン酸化**（substrate-level phosphorylation）と呼ぶ．発酵では，基質レベルのリン酸化で ATP を合成している．グルコースの発酵では 1 分子のグルコースから 2 分子の ATP が合成される．

（2）酸化的リン酸化

有機物や無機物の酸化過程で生成した電子が，電子伝達系を通じて酸素や硝酸塩などの最終電子受容体に伝達されるときに ATP が合成されるものを，

酸化的リン酸化(oxidative phosphorylation)という．呼吸では，酸化的リン酸化でほとんどの ATP を合成している．酸化的リン酸化は，電子の移動の間に生成した**プロトン勾配**(proton gradient)のエネルギー（電気化学ポテンシャルの差）を利用した ATP の合成であり，生体の膜上で行われる．膜上に存在する ATP 合成酵素内を，プロトンが濃度勾配によって横切るとき，酵素の構成成分が回転する．この機械的エネルギーが ATP の化学結合エネルギーに変換される．酸化的リン酸化は，基質レベルのリン酸化とは根本的に異なる機構で効率的に ATP が合成されている．好気条件下では，グルコース 1 分子から，解糖系を含めると 38 分子の ATP が合成される．

7.1.3 化学合成独立栄養菌におけるエネルギーの獲得

化学合成独立栄養菌は，地球レベルにおけるさまざまな化合物の化学変化に直接関与している．図 3.11 で示したように，化学合成独立栄養菌は，無機化合物のもつ化学エネルギーを利用して，菌体を構成するためのすべての炭素源を，二酸化炭素から合成できる．表 7.1 に，おもな化学合成独立栄養菌がエネルギーを獲得するための反応様式を示す．化学合成独立栄養菌は，還元状態にある無機物を酸化する過程で電子を得る．得られた電子を，電子伝達系を通過させることによって生じた電気化学ポテンシャル差を利用して，ATP を合成している．化学合成独立栄養菌が生存のためにエネルギーを獲得することが，地球レベルにおける物質の化学変化に寄与しているといえる．

表 7.1 化学合成独立栄養菌のエネルギー獲得反応

微生物	一般的な名称	エネルギー獲得反応
Nitrosomonas europaea	アンモニア酸化細菌	$2NH_4^+ + 3O_2 \longrightarrow 2NO_2^- + 2H_2O + 4H^+$
Nitrobacter winogradskyi	亜硝酸酸化細菌	$2NO_2^- + O_2 \longrightarrow 2NO_3^-$
Ralstonia eutropha	水素細菌	$2H_2 + O_2 \longrightarrow 2H_2O$
Paracoccus denitrificans	水素細菌	$5H_2 + 2NO_3^- + 2H^+ \longrightarrow 6H_2O + N_2$
Desulfovibrio desulfuricans	硫酸還元菌	$4H_2 + SO_4^{2-} + 2H^+ \longrightarrow H_2S + 4H_2O$
Methanothermobacter thermautotrophicus	メタン細菌	$4H_2 + HCO_3^- + H^+ \longrightarrow CH_4 + 3H_2O$
Pseudomonas carboxydovorans	一酸化炭素酸化菌	$2CO + O_2 \longrightarrow 2CO_2$
Methylomonas sp.	メタン酸化菌	$CH_4 + 2O_2 \longrightarrow HCO_3^- + H^+ + H_2O$
Thiobacillus thioparus, *Beggiatoa* sp.	硫黄細菌	$HS^- + 2O_2 \longrightarrow SO_4^{2-} + 4H^+$
Acidothiobacillus thiooxidans	硫黄細菌	$2S^0 + 3O_2 + 2H_2O \longrightarrow 2SO_4^{2-} + 4H^+$
Thimicrospira denitrificans	硫黄細菌	$5S_2O_3^{2-} + 8NO_3^- + H_2O \longrightarrow 10SO_4^{2-} + 2H^+ + 4N_2$
Desulfovibrio sulfodismutans	硫黄細菌	$S_2O_3^{2-} + H_2O \longrightarrow HS^- + SO_4^{2-} + H^+$
Acidothiobacillus ferrooxidans	鉄酸化細菌	$4Fe^{2+} + O_2 + 4H^+ \longrightarrow 4Fe^{3+} + 2H_2O$
Leptothrix sp.	マンガン酸化菌	$2Mn^{2+} + O_2 + 2H_2O \longrightarrow 2MnO_2 + 4H^+$
Stibiobacter sp.	アンチモン酸化菌	$2Sb^{3+} + O_2 + 4H^+ \longrightarrow 2Sb^{5+} + 2H_2O$

注：sp. は species の略で，その属に属するある種の菌株（種名は未同定）を意味する．

7.2 物質の代謝

微生物細胞内で行われる異化と同化は，相反する目的をもつ細胞内のエネルギー・物質の流れといえる．しかし，両者は独立して機能するのではなく，細胞内で互いに連携しながら機能する．たとえば，微生物はグルコースを異化（分解）することによってエネルギーを獲得すると同時に，グルコースを2-オキソグルタル酸やオキサロ酢酸に分解する．これらの酸はL-グルタミン酸やL-アスパラギン酸の同化（生合成）の**前駆体**（precursor）[*3]となる．

本節では，炭水化物，脂肪酸，アミノ酸などの代謝について説明する．

[*3] 一連の代謝反応系において，ある物質より上流に位置する特徴的な物質のことを指す．

7.2.1 炭水化物の代謝

ここでは，代表的な炭水化物である**グルコース**（glucose）の異化について説明する．グルコースは，微生物の種類によって異なるいくつかの代謝経路により，**ピルビン酸**（pyruvic acid）に変換される．生成したピルビン酸は**TCAサイクル**（tricarboxylic acid cycle，トリカルボン酸サイクル，クエン酸サイクル）を経て酸化され，最終的には二酸化炭素と水になる．これらの

Column

水素細菌のエネルギー獲得機構

水素細菌では，膜結合型ヒドロゲナーゼがエネルギー獲得の初発段階にかかわる．ここでは，酸素を最終電子受容体としたときのエネルギー獲得機構を説明する．

図のように膜結合型ヒドロゲナーゼは，ペリプラズム空間にNiとFe原子などからなる活性中心を配向するように，細胞質膜に結合する．膜結合型ヒドロゲナーゼの活性中心で分子状水素はプロトンとエレクトロンに分解される．プロトンはそのままペリプラズム空間に残され，エレクトロンは電子伝達系へと渡される．途中の電子伝達体にポンプ活性が存在する場合には当該場所でさらにプロトンがペリプラズム空間に排出される．電子は最終的に末端オキシダーゼ反応の基質となり，プロトンと酸素とともに，水を生成する．こうした一連の反応により，電気化学的ポテンシャル差が形成され，この差を利用してプロトンATPアーゼによりATPが生成されている．

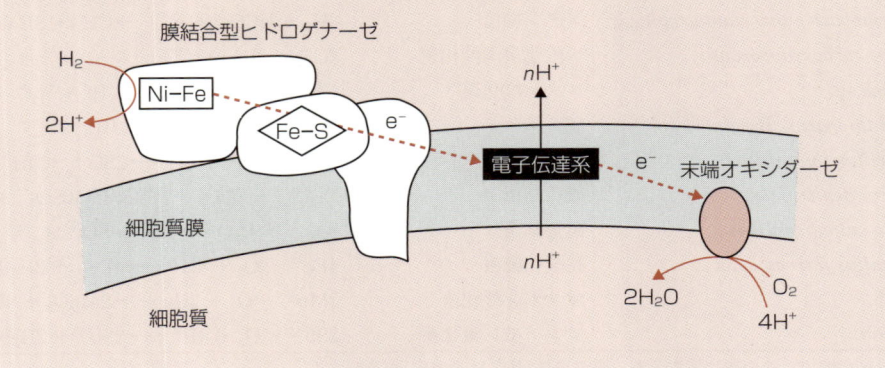

異化過程で，基質レベルのリン酸化によりATPが合成される．また，この過程で合成された補酵素NADH，NADPH，FADH$_2$（図7.2，図7.3，図7.4）のもつ電子が電子伝達系を経由することにより，大量のATPが合成される（酸化的リン酸化）．異化過程で合成されたATPは，同化における細胞成分合成のエネルギー源として利用される．

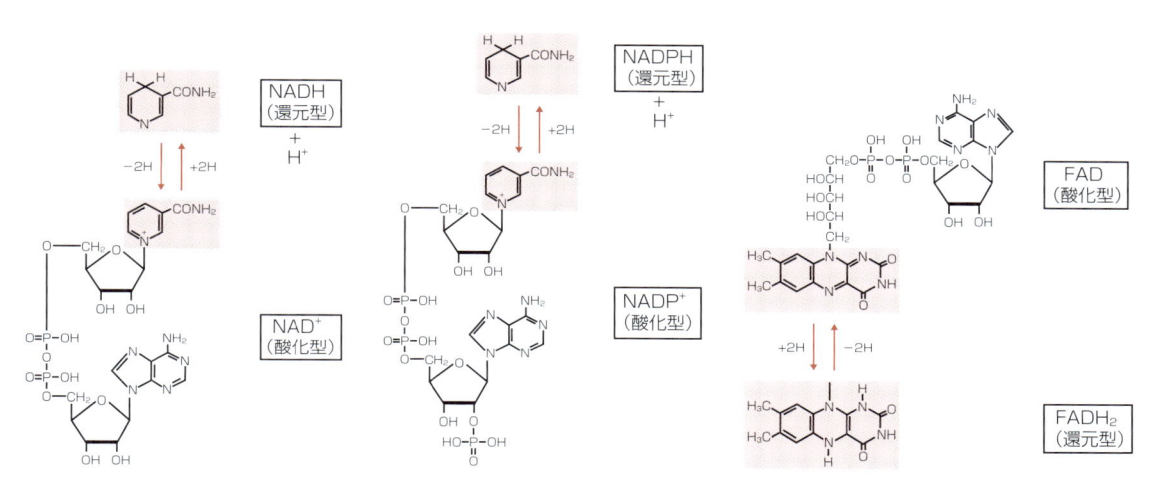

図7.2 NAD$^+$（ニコチンアミドアデニンジヌクレオチド，酸化型）とNADH（還元型）の構造

図7.3 NADP$^+$（ニコチンアミドアデニンジヌクレオチドリン酸，酸化型）とNADPH（還元型）の構造

図7.4 FAD（フラビンアデニンジヌクレオチド，酸化型）とFADH$_2$（還元型）の構造

（1）グルコースからピルビン酸を生成する経路

（a）解糖系（エムデン-マイヤーホフ-パルナス経路）

解糖系（glycolytic pathway）における代謝中間体と関与酵素を図7.5に示す．グルコースを出発物質とし，最終的には1分子のグルコースから2分子のピルビン酸が生成する．解糖系の特徴は，ATP合成のための経路でありながら，1分子のグルコース異化のために，当初2分子のATPが消費される点である．これは，2分子のATPが消費されることで生成したフルクトース1,6-ビスリン酸を，フルクトースビスリン酸アルドラーゼによって，容易にグリセルアルデヒド3-リン酸とジヒドロキシアセトンリン酸（これらをトリオースという）に変換させるためである．

こののち，トリオースが分解される過程で，2分子のATPが合成される．1分子のグルコースから2分子のトリオースができるから，全体としては，1分子のグルコースから4分子のATPが合成される．ただし，2分子のATPが異化の初期で消費されているから，結局，2分子のATPが合成されることになる．また，2分子のNADHも生成する．

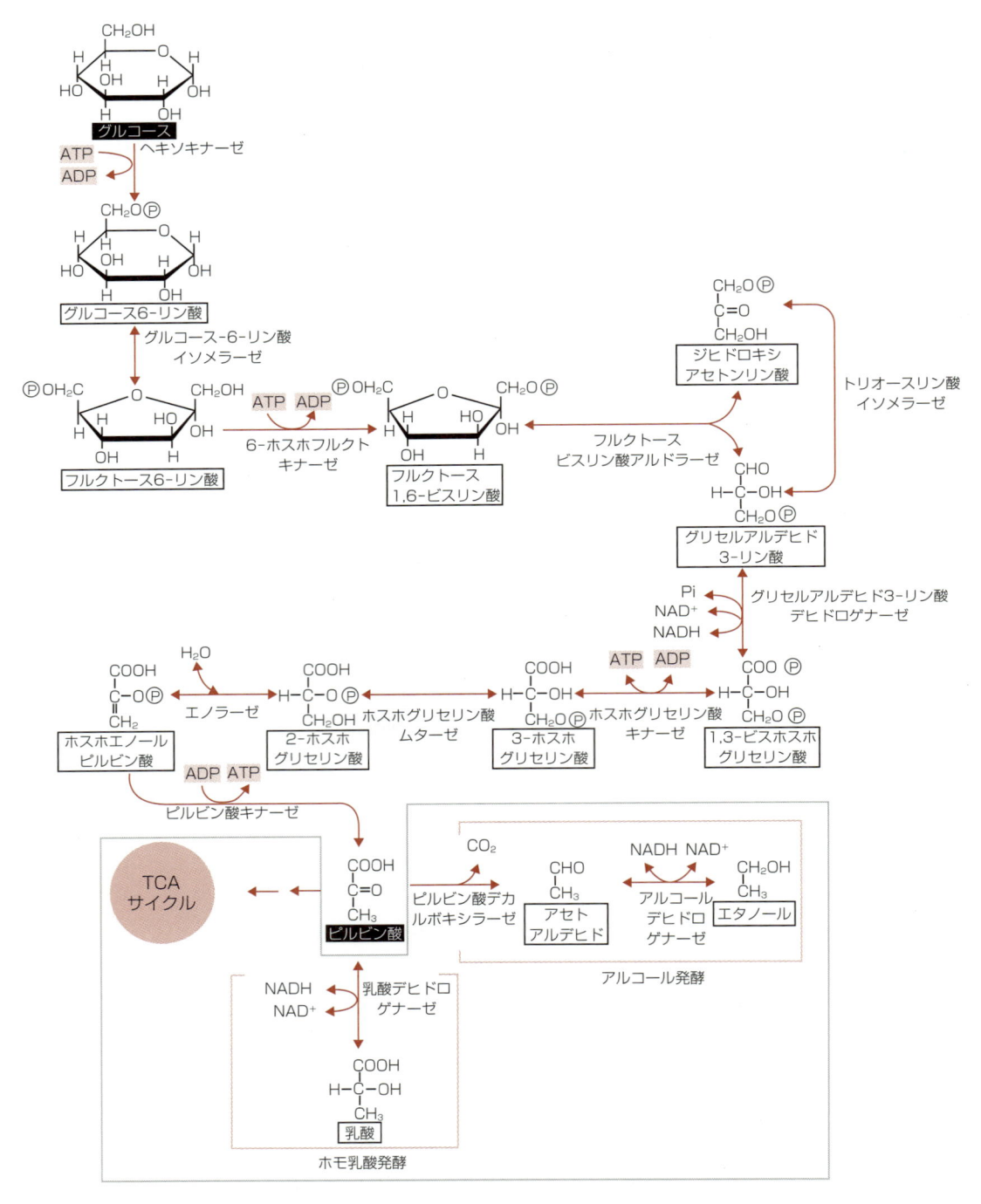

図7.5 解糖系（エムデン-マイヤーホフ-パルナス経路）
Ⓟ：−PO₃H₂，Pi：H₃PO₄

解糖系で生成したピルビン酸は，その後，TCAサイクルに入ってエネルギー源として利用されるが〔本項(2)参照〕，一方で，L-アラニンやL-バリンの生合成の前駆体にもなっている．また，代謝中間体である3-ホスホグリセリン酸はL-セリンやグリシンの生合成の前駆体である．

また，酵母は，嫌気条件下で，この系の最終生産物であるピルビン酸を還元してエタノールを生成する（アルコール発酵，図7.5）．この還元に必要なすべてのNADHは，ピルビン酸が生成する過程で生成したものが使われる．このように，酵母の発酵では，外部の電子受容体が関与することなくエネルギー（ATP）を得る．したがって，酵母細胞は，環境に負荷を与えることなく，有機物に対してバランスのとれた一連の酸化還元反応を行うといえる．ホモ乳酸発酵を行う乳酸菌にも酵母と同じことがいえる（図7.5）．

(b) エントナー-ドゥドロフ経路

エントナー-ドゥドロフ経路（図7.6）において，グルコースからグルコース6-リン酸ができる最初の反応は解糖系と同じである．グルコース1分子

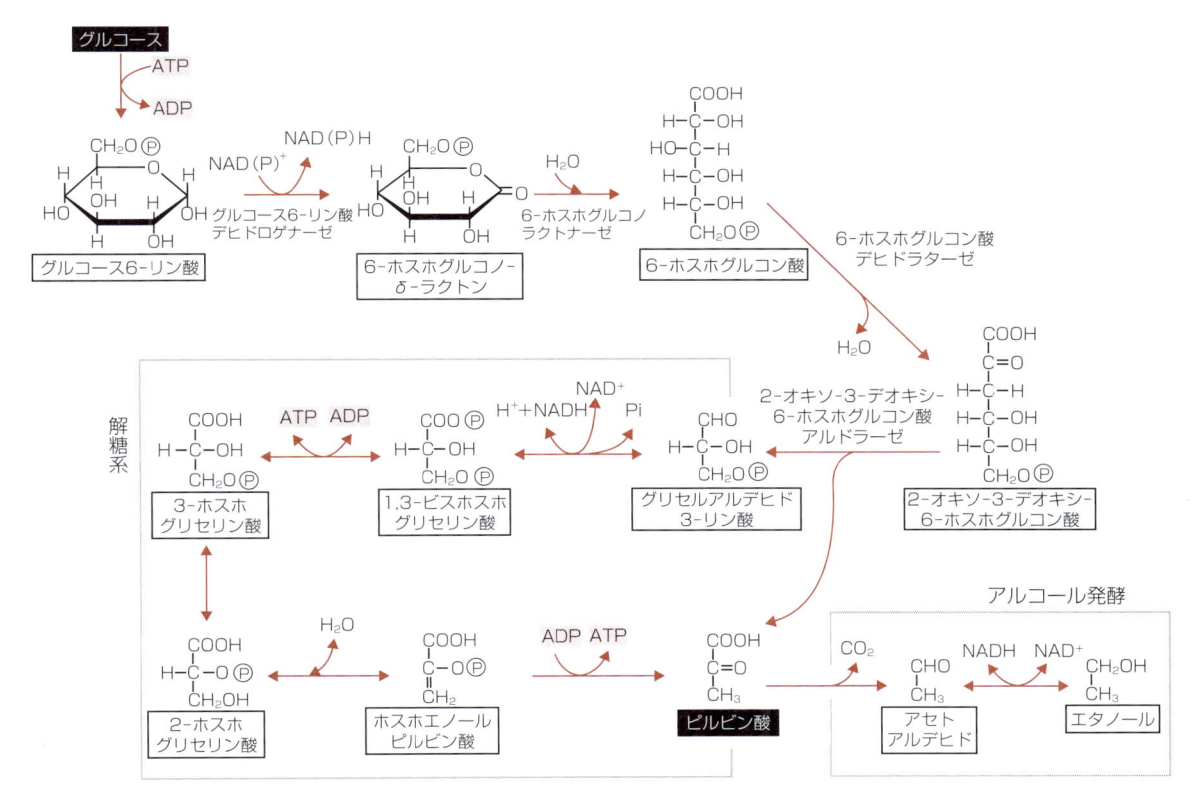

図7.6 エントナー-ドゥドロフ経路
Ⓟ：$-PO_3H_2$，Pi：H_3PO_4

7章 微生物の代謝

当たり1分子のATPが消費される．そののちの代謝中間体2-オキソ-3-デオキシ-6-ホスホグルコン酸は，アルドラーゼにより，ピルビン酸とグリセルアルデヒド3-リン酸に分解される．グリセルアルデヒド3-リン酸は，解糖系と同様にピルビン酸に変換される．この経路では，1分子のグルコースが2分子のピルビン酸に変換される過程で，1分子のATP，2分子のNADH（菌株により1分子はNADPHの場合もある）が生成する．

エントナー-ドゥドロフ経路は一部の原核生物に見られる．メキシコのアルコール飲料プルケの製造に用いる *Pseudomonas lindneri*（*Zymomonas lindneri*）は，この経路で生じたピルビン酸からエタノールを生成する．

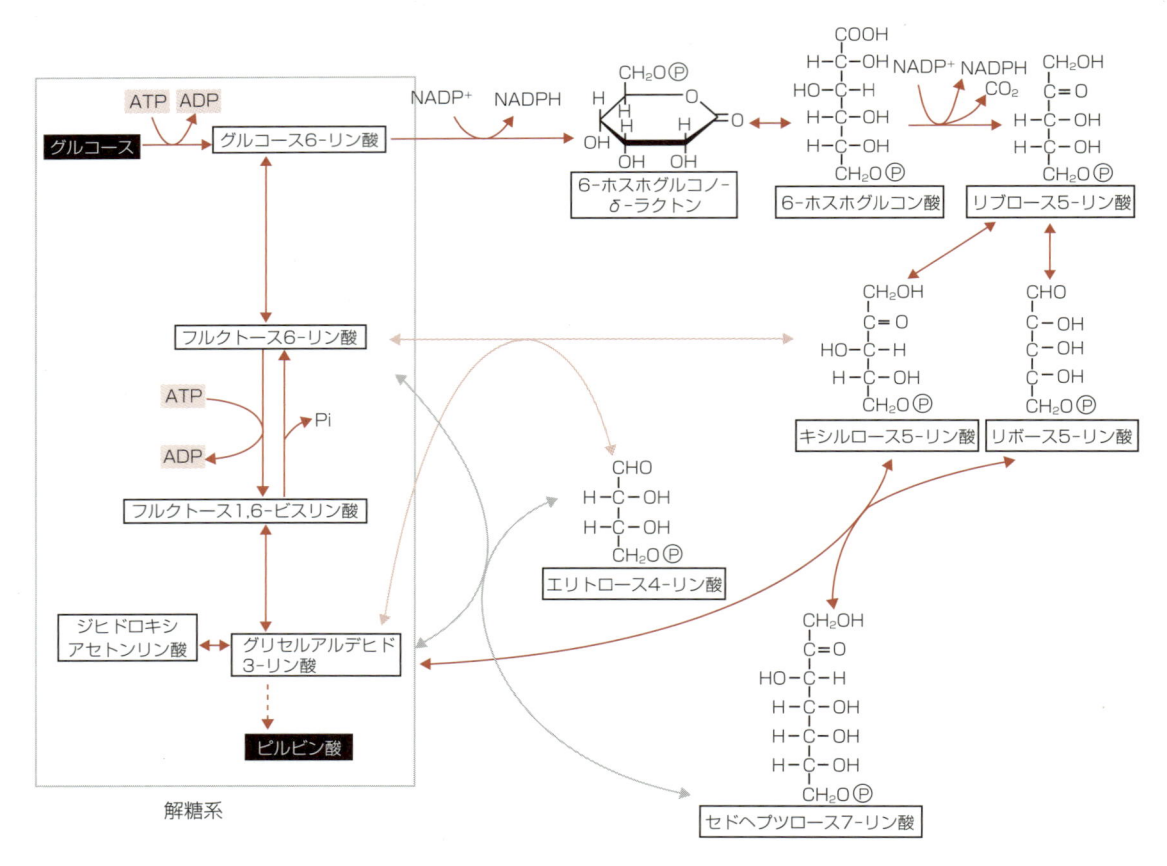

(c) ペントースリン酸経路

ペントースリン酸経路は，解糖系とは別のグルコース酸化経路であるが，解糖系と連結している（図7.7）．しかし，解糖系とは異なり，ATPを生成せずに，多量のNADPHと核酸の構成成分であるリボース5-リン酸を生成する．生成したNADPHのもつ電子はおもに同化のために用いられる．

図7.7 ペントースリン酸経路
Ⓟ：$-PO_3H_2$，Pi：H_3PO_4

ペントースリン酸経路では，代謝の出発物質が六炭糖のグルコースであるにもかかわらず，代謝中間体として七炭糖のセドヘプツロース 7-リン酸が生成されるなど，複雑な代謝経路を経る．したがって，6 分子のグルコース 6-リン酸を出発物質として考えると理解しやすい．

6 分子のグルコース 6-リン酸は 3 段階の反応を受けて，6 分子のリブロース 5-リン酸に変換される．この過程で，12 分子の NADPH と 6 分子の二酸化炭素が生成する．生成したリブロース 5-リン酸からリボース 5-リン酸が生成するとともに，三炭糖から七炭糖までの相互変換が行われ，6 分子のリブロース 5-リン酸は最終的に，4 分子のフルクトース 6-リン酸と 2 分子のグリセルアルデヒド 3-リン酸に変換される．次に，二つの代謝産物は解糖系を逆行して，合計 5 分子のグルコース 6-リン酸を生じる．グルコース 6-リン酸は次のサイクルに利用される．これらの結果は，1 分子のグルコース 6-リン酸が 6 分子の二酸化炭素に変換される過程で，12 分子の NADPH が生成することを示している．すなわち，ペントースリン酸経路では，酸素分子を使うことなくグルコースの炭素原子を完全に酸化でき，ほかの代謝経路と比べて多量の NADPH を生成できるといえる．

(2) TCA サイクル

解糖系で生成したピルビン酸は，好気呼吸を行う微生物によって**アセチル CoA**（アセチル補酵素 A，図 7.8）に変換される．アセチル CoA は，**TCA サイクル**に入り，9 段階の反応で順次酸化される（図 7.9）．このサイクルではまず，アセチル CoA 分子にあるピルビン酸由来のアセチル基が，オキサロ酢酸と結合して，クエン酸を生成する．クエン酸は，GTP，NADH，$FADH_2$，二酸化炭素の生成をともなう一連の酸化反応を受け，オキサロ酢酸に再生される．再生されたオキサロ酢酸は，別のアセチル CoA 分子にあるアセチル基と結合して，サイクルの回転は継続する．したがって，TCA サイクルはアセチ

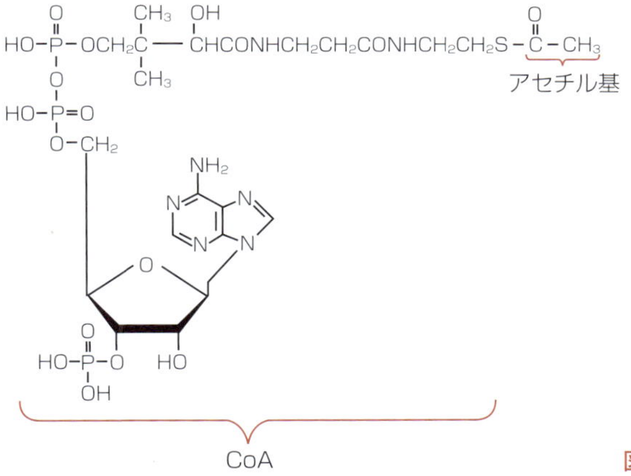

図 7.8 アセチル CoA の構造

図7.9 TCAサイクル

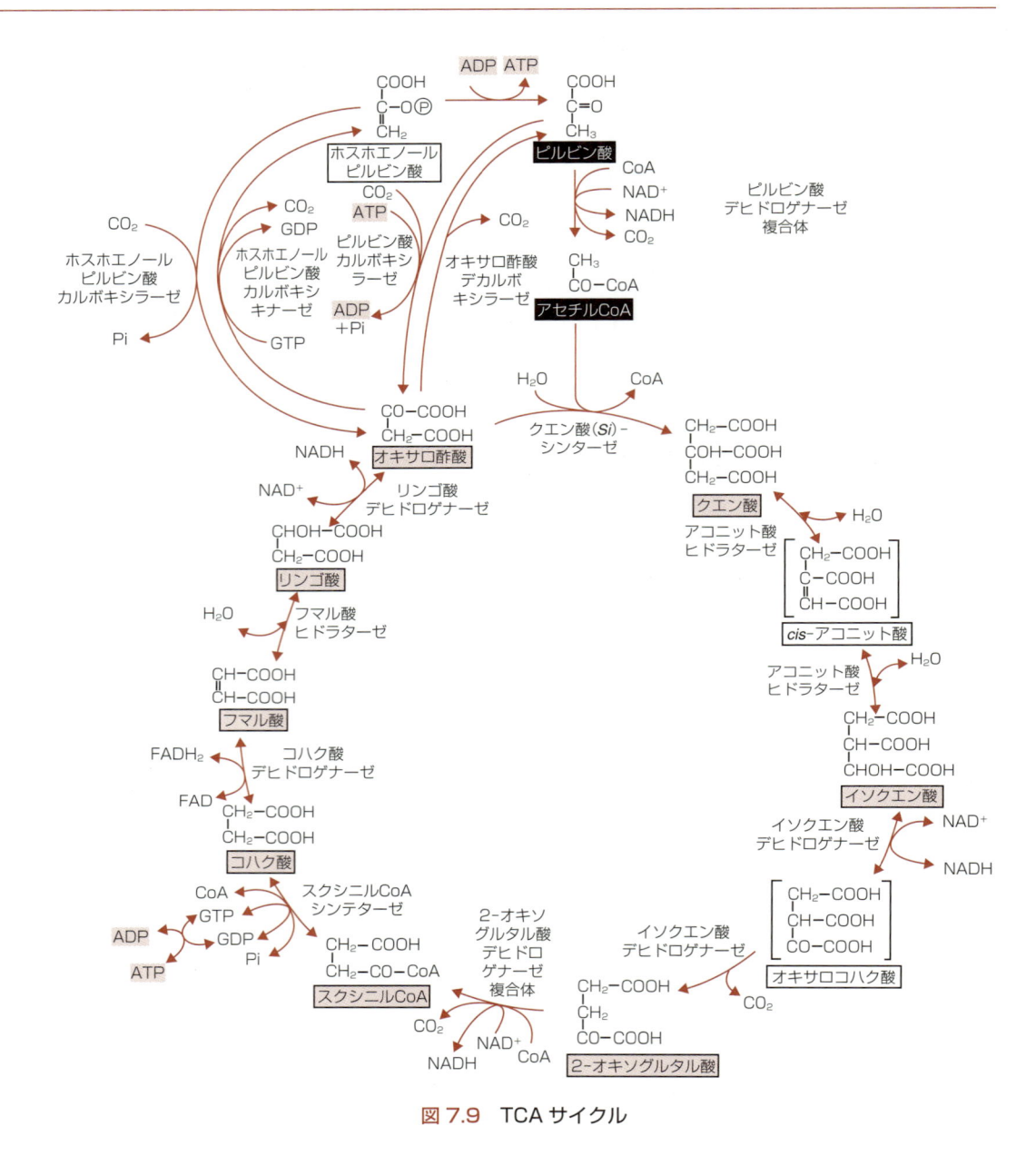

ルCoAが供給される限り回り続けることができる．なお，ホスホエノールピルビン酸カルボキシラーゼ反応とピルビン酸カルボキシラーゼ反応は，補充経路として知られている．

サイクル1回転ごとに，1分子のアセチル基（ピルビン酸由来）から，1分子のGTP，3分子のNADH，1分子の$FADH_2$，2分子の二酸化炭素が生成される．そして，NADHと$FADH_2$のもつ電子が電子伝達系を経由することにより，

ATPが合成される．TCAサイクルを経るグルコースの異化は，解糖系を経てエタノールや乳酸を生成する発酵に比べて，はるかに効率的にATPを生産することができる（7.1.2項参照）．

TCAサイクルはエネルギーを生産するだけではない．TCAサイクルの代謝中間体は細胞成分生合成の前駆体になっている．たとえば，2-オキソグルタル酸とオキサロ酢酸はそれぞれ，L-グルタミン酸，L-アスパラギン酸生合成の前駆体となる．TCAサイクルの中間代謝産物の蓄積を目的とした有機酸発酵も行われている（8.1.3項参照）．

(3) グリオキシル酸サイクル

グリオキシル酸サイクル（glyoxylate cycle）は，微生物の一部の種や植物に見られるサイクルである．このサイクルに必要なアセチルCoAには，主として脂肪酸の酸化過程で生成したものが供給されるため（7.2.2項参照），このサイクルは脂肪酸や酢酸の代謝経路と見なすこともできる．

(4) 還元的TCAサイクル

還元的TCAサイクル（reductive tricarboxylic acid cycle）は，緑色硫黄細菌などの光合成独立栄養菌で行われている二酸化炭素の固定経路で，TCAサイクルを逆回転したような経路となっている．還元的TCAサイクルは，水素細菌などの化学合成独立栄養菌においても見られる．

7.2.2 脂肪酸の代謝

脂肪は脂肪分解酵素である**リパーゼ**（lipase）によって加水分解され，生成した脂肪酸は**β酸化経路**により分解（異化）される（図7.10）．

炭素数が9〜18の長鎖脂肪酸は，微生物の細胞内に取り込まれたあとすぐにアシルCoAシンテターゼによってCoAと結合する．遊離の脂肪酸には界面活性効果があるため，逆反応が起きないように，アシルCoAシンテターゼの反応産物であるピロリン酸（PPi）も，ピロホスファターゼにより無機リン酸に分解される．生じたアシルCoAに酵素が順次作用することにより，アセチルCoAおよび炭素数が2個少ないアシルCoAが生成する．さらに同様の反応を受けることにより，脂肪酸は多数のアセチルCoAに変換される．

炭素数が偶数の脂肪酸の場合には，最後のサイクルで2分子のアセチルCoAが生成するが，奇数の脂肪酸の場合には最後にアセチルCoAとプロピオニルCoAが1分子ずつ生成する．プロピオニルCoAは通常，カルボキシル化されてメチルマロニルCoAに変換され，その後異性化されることによってスクシニルCoAが生成する．

炭素数16個のパルミチン酸1分子からは129分子のATPが合成される．

図7.10 β酸化経路

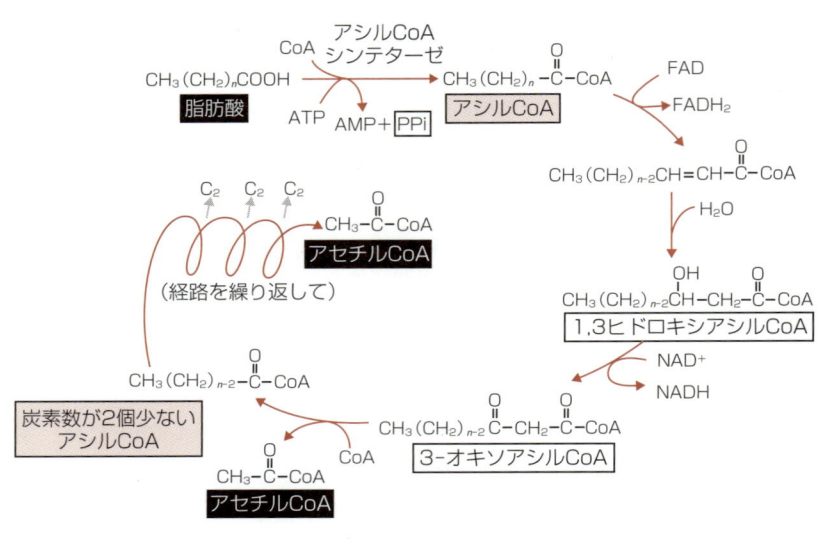

PPi：ピロリン酸，HO－P(=O)(OH)－O－P(=O)(OH)－OH

7.2.3 アミノ酸の代謝

　タンパク質は，タンパク質分解酵素が触媒する加水分解によって**アミノ酸**(amino acid)に分解される．本項ではアミノ酸の異化について説明する．

　アミノ酸は，炭水化物や脂肪酸と異なって，窒素（αアミノ基）を含むため，アミノ基の代謝が重要となる．以下に，好気性細菌において見られるアミノ基の異化について説明する．

（1）酸化的脱アミノ反応
（a）アミノ酸デヒドロゲナーゼによるもの
　図7.11に示す，L-グルタミン酸の**酸化的脱アミノ反応**（oxidative deamination）が典型である．NAD(P)$^+$を補酵素とする．

図7.11　アミノ酸デヒドロゲナーゼによる酸化的脱アミノ反応

(b) フラビン酵素によるもの

図 7.12 に示すアミノ酸オキシダーゼの関与する酸化的脱アミノ反応が知られている．この反応を触媒する酵素は，タンパク質 1 分子あたり 1 分子の FAD を含んでいる．

$$H_2N-\underset{R}{\underset{|}{CH}}-COOH + O_2 + H_2O \xrightarrow{\text{アミノ酸オキシダーゼ}} \left[\underset{R}{\underset{|}{C=NH}}-COOH\right] \xrightarrow{\text{非酵素的反応}} \underset{R}{\underset{|}{C=O}}-COOH + NH_3 + H_2O_2$$

図 7.12 フラビン酵素による酸化的脱アミノ反応

(2) 非酸化的脱アミノ反応

非酸化的脱アミノ反応(non-oxidative deamination)としては，L-アスパラギン酸の脱アミノ反応(図 8.13 の逆反応)が知られている(8.2.5 項参照)．

(3) アミノ基転移反応

図 7.13 に示すグルタミン酸-オキサロ酢酸トランスアミナーゼによる**アミノ基転移反応**(transamination)が典型である．アミノ基転移反応では，アミノ基の受容体として α-ケト酸が必要である．脱アミノ化されたアミノ酸は別のケト酸に変換される．

$$\underset{\text{L-グルタミン酸}}{\underset{|}{H_2N-CH}\atop\underset{|}{CH_2}\atop\underset{|}{CH_2}\atop COOH}^{COOH} + \underset{\text{オキサロ酢酸}}{\underset{|}{C=O}\atop\underset{|}{CH_2}\atop COOH}^{COOH} \xleftrightarrow{\text{グルタミン酸-オキサロ酢酸トランスアミナーゼ}} \underset{\text{2-オキソグルタル酸}}{\underset{|}{C=O}\atop\underset{|}{CH_2}\atop\underset{|}{CH_2}\atop COOH}^{COOH} + \underset{\text{L-アスパラギン酸}}{\underset{|}{H_2N-CH}\atop\underset{|}{CH_2}\atop COOH}^{COOH}$$

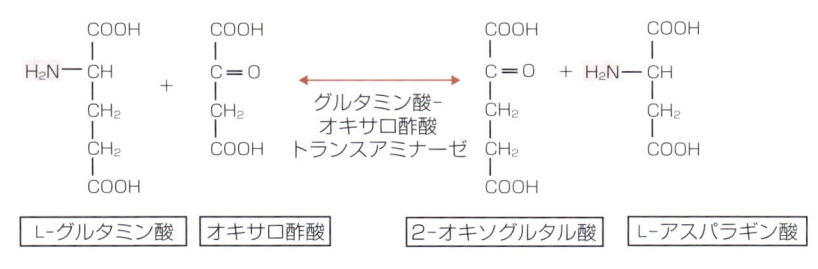

図 7.13 アミノ基転移反応

7.2.4 核酸，ヌクレオチドの代謝

微生物に含まれる核酸は，**ヌクレアーゼ**(nuclease，核酸分解酵素)によって**ヌクレオチド**に分解される(6.1.2 参照)．DNA はデオキシリボヌクレアーゼ，RNA はリボヌクレアーゼによって加水分解される．生成したヌクレオチドは，脱リン酸化され，**ヌクレオシド**(nucleoside)になる．ヌクレオシドはさらに分解され，糖(DNA からは 2-デオキシリボース，RNA からはリボース)と塩基が生成する．

7.2.5 無機窒素の代謝

無機窒素である**アンモニア**(ammonia)は，化学合成独立栄養菌によって

エネルギー源として利用される（7.1.3項参照）．また，硝酸塩は，通性嫌気性菌が嫌気条件下で増殖するとき，酸素の代わりに最終電子受容体となってエネルギーの獲得に寄与する（7.1.1項参照）．このように，アンモニアや硝酸塩は微生物代謝の異化過程に関与している．

一方，アンモニアと硝酸塩は，微生物が増殖するのに必要な窒素源として細胞に取り込まれ，核酸やタンパク質などの細胞成分の一部となる（5.2.2項参照）．このように，無機窒素が核酸やタンパク質のような有機態窒素になることを，**窒素同化**（nitrogen assimilation）という．グルコースが，微生物代謝においてエネルギー源となる（異化）とともに増殖に必要な炭素源となる（同化）のと同様，アンモニアや硝酸塩も異化と同化の両方に関与している．

本項では，アンモニアと硝酸塩の同化について説明する．

(1) アンモニアの同化

アンモニアは，細胞内に取り込まれたのち，グルタミンシンテターゼによりL-グルタミン酸に結合してL-グルタミンになる．L-グルタミンは，グルタミン酸シンターゼによって2-オキソグルタル酸と反応し，2分子の**L-グルタミン酸**（glutamic acid）が生成する．生成したL-グルタミン酸のアミノ基は，アミノ基転移反応（図7.13参照）によりほかの有機化合物に供給され，さまざまな有機態窒素化合物が生合成される（図7.14）．

また，多くの微生物は，アンモニアと2-オキソグルタル酸からL-グルタミン酸を生成するグルタミン酸デヒドロゲナーゼをもっている．この酵素反

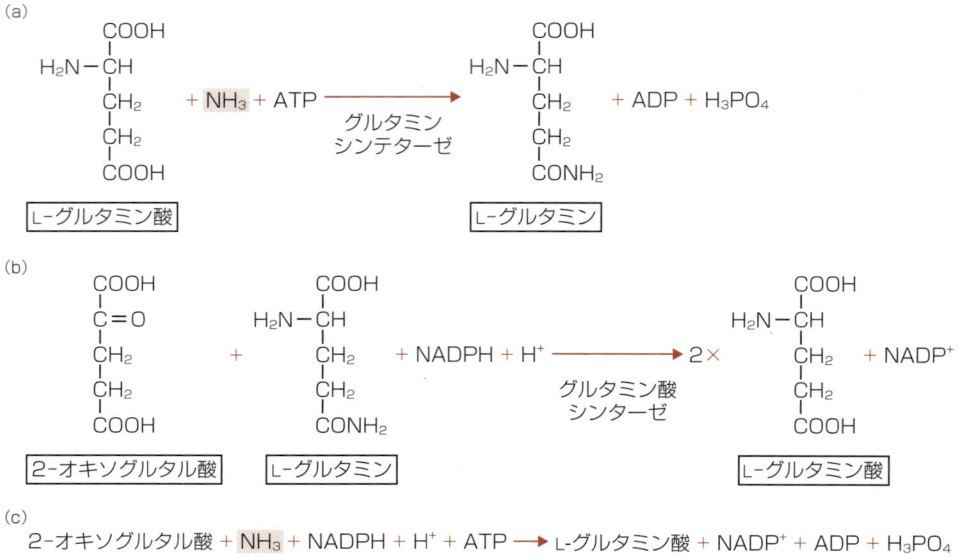

図7.14　アンモニアの同化機構
(a)と(b)を合わせると(c)が得られる．

応は可逆反応で，普通は L-グルタミン酸が分解される方向に傾いているが，高濃度のアンモニアが存在する条件下では，アンモニアが同化され，L-グルタミン酸が生成される．

したがって，微生物は一般に，2種類のアンモニア同化機構をもつ．

(2) 硝酸塩の同化

硝酸塩は，細胞内に取り込まれたのち，同化型硝酸還元酵素によって亜硝酸塩に還元される．亜硝酸塩は同化型亜硝酸還元酵素によってアンモニアに還元される．生成したアンモニアは，アンモニアの同化機構によって有機物に取り込まれ，有機態窒素になる．

7.3 代謝調節

微生物は，異化によってエネルギーを獲得し，これを同化に用いて細胞に必要な多くの成分を生合成している．これらの代謝は同時に進行しているにもかかわらず，異化と同化のバランスを崩すことはない．また，ある特別の細胞成分をつくりすぎたりすることもない．なぜなら，微生物自身が，細胞内における多数の酵素反応を調整し，生合成に必要な成分を過不足なく生産する調節機構をもっているからである．

微生物のもつ調節機構は，細胞の代謝に直接関与する酵素をどのようにしてコントロールするかに基づいてできている．その方法の一つは，酵素生産量の調節であり，もう一つは，酵素のもつ触媒活性の調節である．この項では，微生物のもつ各種の調節機構を，この二つの方法に分けて説明する．

7.3.1 酵素生産量の調節

(1) 酵素の誘導生成

6.2節で説明したように，酵素タンパク質は，遺伝情報が DNA を鋳型として mRNA に転写され，その後翻訳されることにより生合成される．転写および翻訳が常に一定の効率や速度で行われて生合成される酵素を**構成酵素**〔constitutive enzyme, 10.3.2項(2)参照〕という．生物の代謝に常に必要とされる酵素は，構成酵素であることが多い．ただし，転写および翻訳の効率・速度は生合成される酵素の種類によって異なり，遺伝子上のプロモーター部位と RNA ポリメラーゼとの親和性などによって決まることが多い．

一方，特定の物質を微生物の培地に加えることによって生合成の速度や生産量が増加する酵素を**誘導酵素**(inducible enzyme)という．そのとき加える特定の物質を**誘導物質**(inducer)という．誘導物質が存在しないときは，酵素の生合成は抑制されている．大腸菌の β-ガラクトシダーゼは，肉汁培地(表2.1参照)で培養してもほとんど生成しないが，誘導物質である**ラクトース**(lactose)(図7.15)を唯一の炭素源・エネルギー源として用いると多量に生

成する．しかし，これらの誘導物質を培地から除くと，β-ガラクトシダーゼの生合成は停止する．このような酵素の誘導生成の機構は，ジャコブとモノーにより初めて明らかにされた(1.8節参照)．

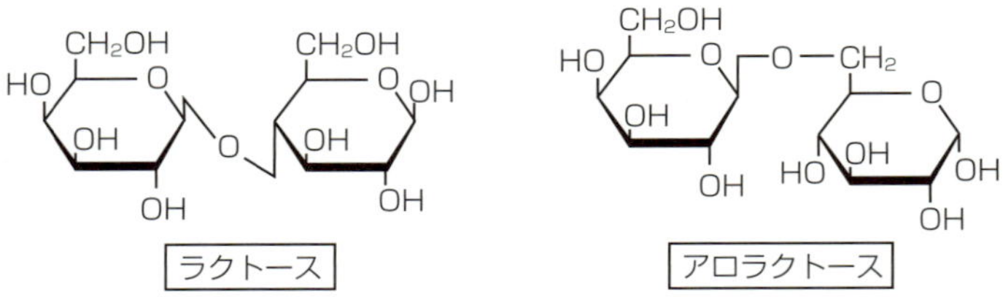

図7.15 ラクトースとアロラクトースの構造

図7.16に示すように，ラクトースは，**ラクトースオペロン**(lactose operon)と呼ばれる転写単位によってその分解が調節されている．このなかで，lacZ, lacY, lacAは**構造遺伝子**(structural gene)であり，ラクトースの分解・輸送に関係する酵素をコード(タンパク質のアミノ酸配列を指定)している．P(promoter, **プロモーター**)とO(operator, **オペレーター**)は構造遺伝子の転写をコントロールする遺伝子である．lacIは**調節遺伝子**(regulator gene)で，**リプレッサー**(repressor：抑制物質，6.5.2項参照)と呼ばれるタンパク質をコードしている．

肉汁培地などラクトースを含まない培地で大腸菌が増殖するときは，調節遺伝子から生合成されたリプレッサーがオペレーター部位に結合するため，RNAポリメラーゼがプロモーター部位に結合できなくなる(6.2.2項参照)．その結果，ラクトースオペロンのmRNAへの転写は起こらない．しかし，誘導物質であるラクトースを培養液に加えると，ラクトースに由来するアロラクトース(図7.15)がリプレッサーに結合し，その複合体が不活性化されてオペレーターから離脱する．このため，RNAポリメラーゼがオペレーター部位に結合できるようになり，ラクトースオペロンの転写が起こる．このような調節を**負の調節**という．なお，調節遺伝子が変異によってリプレッサーを生合成しなくなると，ラクトースオペロンは培地中の成分に関係なく転写・翻訳されるため，酵素は一定の効率・速度で(構成的に)生合成される．

その後，ラクトースオペロンの転写には**サイクリックAMP**(サイクリックアデノシン3′,5′-一リン酸，図7.17)という調節因子も関与することがわかった．サイクリックAMPはカタボライト遺伝子活性化タンパク質(catabolite gene activator protein: **CAP**)と複合体をつくり，活性化される(図7.16)．活性化された複合体がラクトースオペロンのCAP結合部位に結合すると，RNAポリメラーゼのプロモーターへの親和性が高まり，転写が活性化される．このような調節を**正の調節**という．

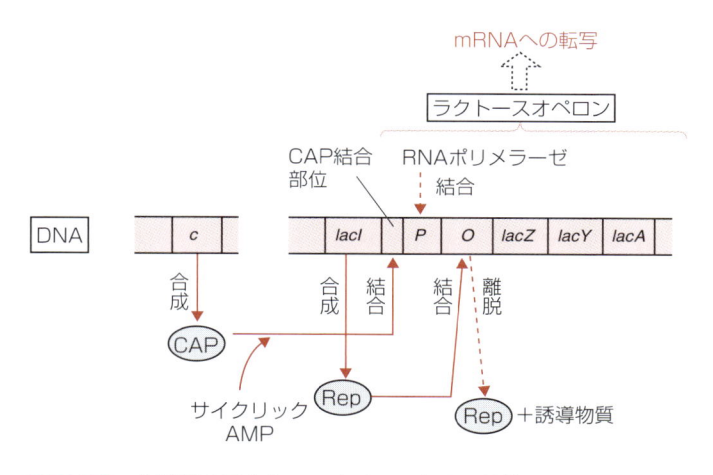

図7.16 大腸菌のラクトースオペロンとその調節
lacI：調節遺伝子，*P*：プロモーター，*O*：オペレーター，*lacZ*：β-ガラクトシダーゼ遺伝子，*lacY*：ガラクトシドパーミアーゼ遺伝子，*lacA*：β-ガラクトシドトランスアセチラーゼ遺伝子，*c*：カタボライト遺伝子活性化タンパク質合成遺伝子，CAP：カタボライト遺伝子活性化タンパク質，Rep：リプレッサー

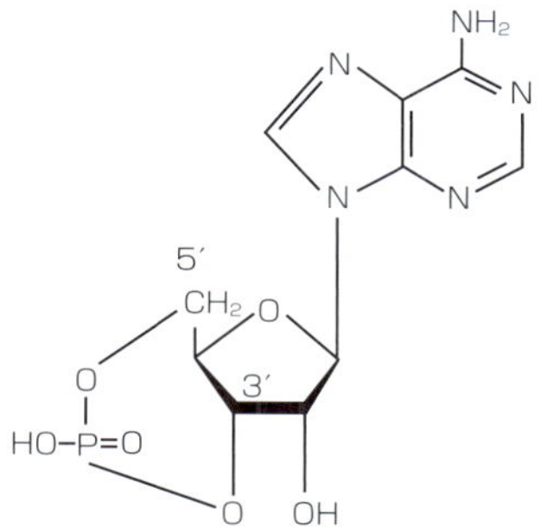

図7.17 サイクリックAMPの構造

このように，ラクトースオペロンが転写するためには，正，負の調節が正常に働くことが必要である．

酵素の誘導生成は転写レベルでの調節であり，誘導物質が存在しない場合はmRNAが合成されないため，最も効率的なエネルギー利用方法といえる．

(2) カタボライトリプレッション

大腸菌の培養液にグルコースを添加すると，ラクトースが存在する場合でも，β-ガラクトシダーゼの生合成は抑制されるとともに，グルコースを優先的に利用し，ラクトースを利用しなくなる．この現象はグルコースを基質とした場合にのみ生ずると考えられていたのでグルコース効果と呼ばれたが，ほかの物質でも見られる現象だとわかり，現在では**カタボライトリプレッション**（catabolite repression）と呼ばれている．

カタボライトリプレッションは次のように説明される．グルコースが培地中に存在すると，サイクリックAMPの生合成が抑制される．このため，CAPは活性化されず，ラクトースオペロンのCAP結合部位に結合できない．その結果，RNAポリメラーゼはプロモーターに結合せず，転写が起こらない．しかし，培地中のグルコースが消費されると，サイクリックAMPの生合成が始まり，CAPと結合して活性化される（図7.16参照）．

グルコースとラクトースが同時に存在する培地では，大腸菌は，初めにグルコースを利用して増殖する．グルコースを消費したあとはラクトースを利用して再び増殖する．したがって，このような培地では，二段階増殖（ジオーキシ増殖，図7.18）が起こる．

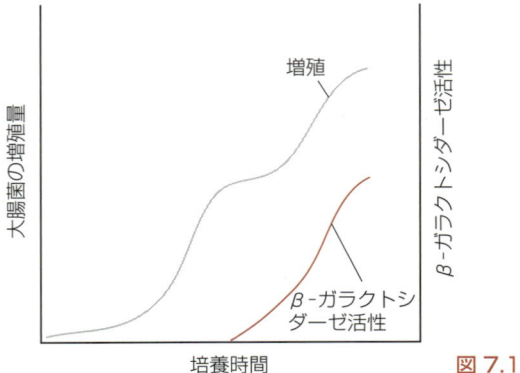

図7.18　大腸菌の二段階増殖

グルコースは多くの微生物にとって利用されやすい炭素源，エネルギー源であるため，微生物を用いて有用物質を生産する場合，カタボライトリプレッションによって目的とする物質の生産が抑制されることは大きな問題となる．

（3）酵素生成のフィードバック抑制

アミノ酸や核酸の生合成経路において，最終生産物が生合成に関与する酵素の生成を抑制する現象を，**フィードバック抑制**（feedback repression）という．また，抑制を受ける酵素を**抑制酵素**（repressible enzyme）という．

フィードバック抑制の機構は，大腸菌のL-トリプトファン（L-tryptophan）

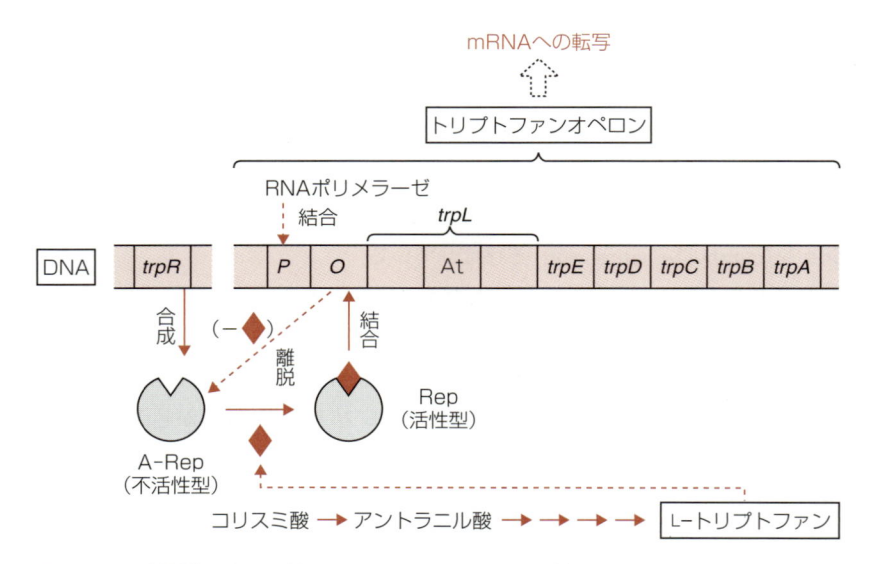

図7.19　大腸菌のトリプトファンオペロンとその調節
P：プロモーター，O：オペレーター，At：アテニュエーター，trpR：調節遺伝子，trpL：リーダー部位，trpE・trpD・trpC・trpB・trpA：コリスミ酸からアントラニル酸を経てL-トリプトファンにいく生合成系に関与する遺伝子

生合成経路において詳しく研究されている（図7.19）．L-トリプトファンの生合成に関与する遺伝子は**オペロン**（operon）を形成している．最終生産物であるL-トリプトファンは**コリプレッサー**（corepressor）と呼ばれる．生合成により細胞内のL-トリプトファンの濃度が高くなると，調節遺伝子にコードされた**アポリプレッサー**（aporepressor）と結合し，アポリプレッサーは活性型のリプレッサーに変化する．活性型リプレッサーはオペレーター部位に結合し，**トリプトファンオペロン**の転写を抑制する．このため，L-トリプトファンの生合成に関与する酵素群の生成は停止し，L-トリプトファンの生合成も止まる．一方，細胞内のL-トリプトファンの濃度が減少すると，活性型リプレッサーは不活性なアポリプレッサーに変換される．アポリプレッサーはオペレーター部位には結合できないため，トリプトファンオペロンの転写が始まる．

　トリプトファンオペロンの構造は，ラクトースオペロンと比べて複雑であり，プロモーター，オペレーター遺伝子のほかに，構造遺伝子の転写を調節するアテニュエーターと呼ばれる遺伝子が存在する．

7.3.2　酵素活性の調節
（1）酵素活性のフィードバック阻害
　酵素生成のフィードバック抑制は，酵素の生合成を抑制する調節機構であるので，すでに生合成され，細胞内に蓄積された酵素については調節できない．微生物には，このような事態にも対応できる巧みな調節機構すなわち酵素活性の**フィードバック阻害**（feedback inhibition）が備わっている．

　酵素活性のフィードバック阻害は，アミノ酸や核酸の生合成経路における最終生産物が，生合成系の分岐点直後の酵素活性を阻害する調節機構である．阻害される酵素は，通常の酵素と異なり，活性部位（触媒部位と基質の結合部位）のほかに，最終生産物が結合する調節部位をもつ．このような酵素を**アロステリック酵素**（allosteric enzyme）という．また，調節部位を**アロステリック部位**（allosteric site）という．図7.20に示すように，アロステリック酵素は多量体構造（サブユニット構造）をとっており，活性部位と調節部位は別々のサブユニットに存在する．

　アロステリック酵素のアロステリック部位に結合する物質を**アロステリックエフェクター**（allosteric effector）といい，酵素反応を促進するものを正の，抑制するものを負のエフェクターという．アロステリックエフェクターは，酵素反応における基質や拮抗的阻害剤とは構造的に異なっている．また，基質はタンパク質などの高分子の場合もあるが，エフェクターは一般に分子量数百以下の低分子化合物である．

　アロステリックエフェクターが活性部位を調節する機構は，次のように説

明されている．エフェクターが調節部位に結合すると酵素タンパク質の構造に変化が生じる（図 7.20）．その結果，酵素の活性部位における基質の結合や触媒活性が調節される．アミノ酸の生合成系に存在するアロステリック酵素は一般に，負の調節すなわち阻害を受ける．エフェクターの調節部位への結合は可逆的であり，エフェクターが調節部位から離れることにより，酵素タンパク質の構造は元に戻って，調節は終了する．

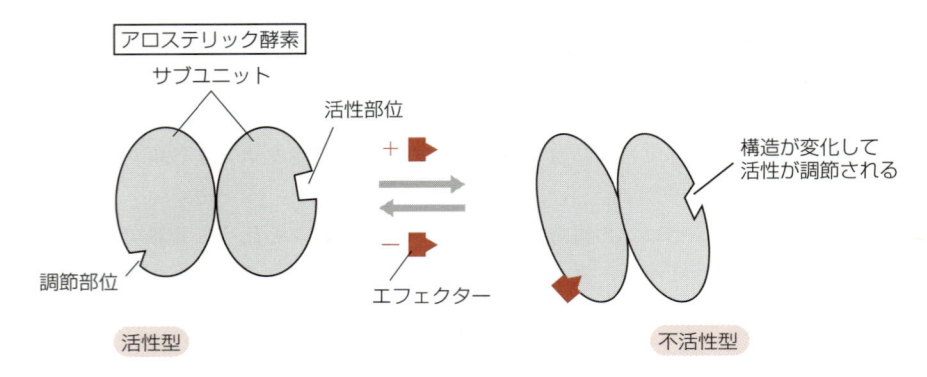

図 7.20 アロステリック酵素における活性の調節

アロステリック酵素が関与するフィードバック阻害には，さまざまな型式があり，一つの酵素を複数のエフェクターで阻害する型式，複数の酵素〔アイソザイム，本項(2)参照〕をそれぞれ別のエフェクターが独立して阻害する型式などがある．

この酵素活性のフィードバック阻害や，7.3.1 項(3)で説明した酵素生成のフィードバック抑制は，アミノ酸や核酸を大量に生産しようとする場合には大きな障害となる．そのため，これらの調節機構を解除するさまざまな工夫がなされている（8.2.1 項参照）．なお，フィードバック阻害とフィードバック抑制を合わせて，**フィードバック調節**という（図 8.9 参照）．

(2) アイソザイムによる調節

化学的な構造は異なるが，同じ化学反応を触媒する酵素群を**アイソザイム**（isozyme，イソ酵素）という．化学的に構造が異なるといってもその差はわずかであるため，アイソザイムを分離，精製することは一般に困難である．しかし，**電気泳動**（electrophoresis）を行うと比較的容易に分離されるため，電気泳動により，個々の酵素を区別することが多い．

アイソザイムはアミノ酸の生合成の調節において重要な働きをする．図 7.21 に示すように，大腸菌のホスホ-2-ケト-3-デオキシヘプトネートアルドラーゼ（アロステリック酵素）は三つのアイソザイム（Ⅰ，Ⅱ，Ⅲ）をもち，それぞれ独立して，L-チロシン，L-フェニルアラニン，L-トリプトファンに

によってフィードバック阻害を受ける．もし，本酵素が，アイソザイムをもたずに，アルドラーゼⅠのみをもっていた場合，L-チロシンによってのみ阻害を受けるため，L-フェニルアラニンやL-トリプトファンの生成量を調節することはできない．また，この酵素が1種類で，これら3種のアミノ酸によって阻害を受けるような構造をもっていた場合でも，正確なアミノ酸生成の調節は困難である．

図7.21に示すように，L-チロシンとL-フェニルアラニンの生成は，コリスミ酸ムターゼアイソザイムによっても調節を受けている．また，L-トリプトファンの生成は，1種類のアントラニル酸シンターゼにより調節されている．

この図には，酵素活性のフィードバック阻害のみを示しているが，多くの場合，酵素生成のフィードバック抑制の機構も同時に働いており，微生物の代謝調節は二重，三重の調節機構により行われている．

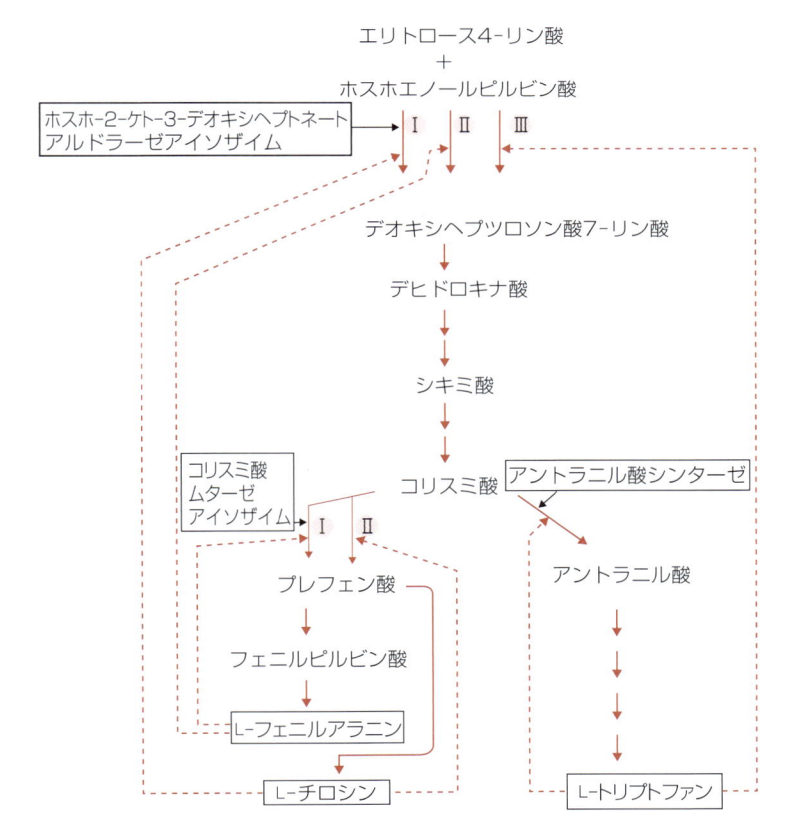

図7.21 アイソザイムによるアミノ酸生合成の調節
- ➡ はフィードバック阻害を表す．

（3）酵素の修飾による調節

アロステリック酵素とアロステリックエフェクターの結合はそれぞれの化

学構造に基づく特異的な親和性によるもので，共有結合は形成しない．しかし，共有結合によって修飾され，活性の調節を受ける酵素もある．共有結合による修飾として，**リン酸化**（phosphorylation），**アデニリル化**（adenylylation）などが知られている．

　リン酸化は，酵素に含まれる L-セリン，L-スレオニン，L-チロシン残基のヒドロキシル基が，ATP を基質としてリン酸化される反応である．リン酸化により酵素が活性化される．リン酸化はプロテインキナーゼと呼ばれる別の酵素が触媒する．共有結合したリン酸基はプロテインホスファターゼにより加水分解されてリン酸として離脱し，酵素は再び不活性化される．このように，リン酸化，脱リン酸化により調節を受ける酵素には，グリコーゲンシンターゼ，イソクエン酸デヒドロゲナーゼなどがある．

　アデニリル化は，ATP を基質とし，アデニルトランスフェラーゼによって，酵素中の L-チロシン残基の水酸基に AMP を結合させる反応である．このような調節を受ける酵素には，グルタミンシンテターゼなどがある．

練習問題

1. 微生物における発酵と呼吸の違いについて，電子供与体と受容体になる物質（有機物，無機物など）を示しながら説明しなさい．
2. 解糖系，エントナー–ドゥドルフ経路，ペントースリン酸経路，TCA サイクルにおいて，グルコース 1 分子から生成される ATP，NADH，NADPH の数を示しなさい．また，これらの化合物が生成される段階における，それぞれの反応式を書きなさい．
3. グルコースの異化においては多数の代謝中間体が生成し，次の中間体に順次代謝されていく．代謝中間体のいくつかは同化（生合成）のための前駆体になっている．それぞれの代謝経路において，前駆体になっている代謝中間体と，それらから生成される物質を列挙しなさい．
4. 酵素の誘導生成とカタボライトリプレッションの仕組みについて，図示して説明しなさい．
5. 酵素活性の調節を 3 種類あげ，それぞれ説明しなさい．また，酵素活性の調節におけるアロステリック酵素の機能を，図を使って説明しなさい．

8章 微生物の応用

8.1 アルコール発酵および有機酸発酵

　現在のビールの原型となる麦を原料としたアルコール飲料は，すでに紀元前に飲まれていた．このように，アルコール飲料の歴史は長いが，**アルコール発酵**に微生物が関与していることがわかったのは，微生物学が確立した近年になってからである（1.4節参照）．

　アルコール発酵と細菌による乳酸発酵は嫌気条件で行われる．一方，カビによる乳酸発酵とそのほかの有機酸発酵は好気条件で行われる．

8.1.1 アルコールおよびアルコール飲料

（1）アルコール

　アルコール（ここでは**エタノール**，ethanol を指す）は，微生物の嫌気的なATP獲得手段であるアルコール発酵によって糖から生産される．アルコールを生産できる微生物は，細菌やカビ，酵母などに広く存在するが，実際に利用されているのは Saccharomyces 属酵母である．Saccharomyces 属の酵母は，ほかの微生物と比較してアルコール生産性やアルコール耐性に優れている．

　アルコール発酵の原料には，糖質またはデンプン質原料が用いられる．廃糖蜜（モラセス）[*1]などの糖質原料を使用する場合は，直接アルコール発酵を行うことができるが，イモ類や穀物などのデンプン質原料を用いる場合は，酵母が利用できるようにデンプンを**マルトース**（maltose）や**グルコース**（glucose）に分解する工程（**糖化**，saccharification）が必要である．糖化は，原料を蒸煮後，市販のアミラーゼ粗酵素を添加して行う．しかし近年，バイオテクノロジー技術で開発された細胞表層ディスプレー系[*2]を利用してグルコアミラーゼを細胞表層に固定した酵母を作製し，デンプン質原料から直接アルコール発酵を行う方法が開発された．

[*1] 糖蜜から砂糖を製造するとき生成する廃棄物．砂糖の製造過程で回収されなかったスクロース以外にミネラルなどを多量含んでいるため，アルコール発酵やL-グルタミン酸発酵の原料として利用されるほか，健康食品の製造原料として用いられている．

[*2] 遺伝子組換え技術によって，酵母の細胞壁表層（4.3.1項参照）に存在する特殊なタンパク質（アグルニチン）に別の酵素を融合させ，この酵素を酵母細胞の表面で作用させることにより，有用物質を効率的に生産する方法．

発酵終了後に得られた**もろみ**には 6～10% のアルコールが含まれており，蒸留することによって高純度のアルコールを得ることができる．

(2) アルコール飲料

アルコール飲料(酒)は，酵母のアルコール発酵を利用して製造される．製造方法の違いから，**醸造酒**(発酵酒)，**蒸留酒**，**混成酒**に分けられる．

醸造酒は，穀物中のデンプンを分解して得た糖や果実の糖分を発酵させて製造したもので，清酒，ビール，ワインなどがある．蒸留酒は，一度アルコール発酵したあとに蒸留してアルコール濃度を高めたもので，焼酎，ウイスキー類，スピリッツ類(ジン，ウォッカなど)がある．混成酒は，高濃度のアルコールや蒸留酒に果実や砂糖を加えて熟成させたもので，熟成過程においてアルコール発酵は行われない．梅酒やみりんがこれに属する．

醸造酒の製造法には，果汁などに含まれる糖を直接発酵する**単発酵**(ワインなど)，デンプン質原料を糖化したあとにアルコール発酵を行う**単行複発酵**(ビールなど)，糖化とアルコール発酵を並行して進行させる**並行複発酵**(清酒など)がある．

(a) 清　酒

清酒は，**麹**(こうじ)を用いて原料米を糖化し，酵母によってアルコール発酵させて製造する．清酒醸造は，糖化とアルコール発酵が並行して進行するので典型的な並行複発酵である(図 8.1)．

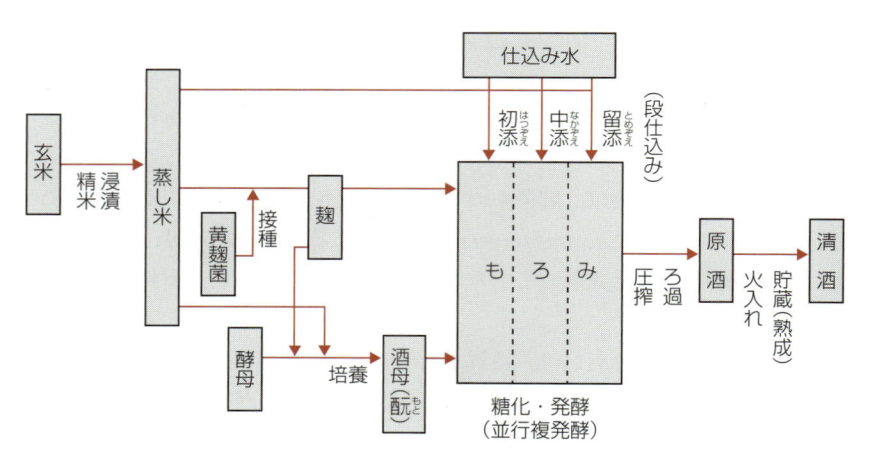

図 8.1　清酒の製造工程

麹は，精白した蒸し米に *Aspergillus oryzae* (黄麹菌)を接種し，十分に増殖させたもので，デンプンを分解する**アミラーゼ**(amylase)やタンパク質を分解する**プロテアーゼ**(protease)などが豊富に含まれている．

もろみの発酵に用いるため，別の場所で酵母を培養したものを**酒母**(もと，しゅぼ，

酛)といい，清酒醸造の種菌として使用される．伝統的な酒母を製造する工程では，初期に硝酸還元菌の増殖，ついで乳酸菌による乳酸発酵が起こり，野生酵母などの雑菌を死滅させる．最終的には硝酸還元菌や乳酸菌も死滅し，純粋に培養された清酒酵母を含む酒母が得られる．この方法で製造した酒母を生もと系酒母(生もと，山廃もと)という．一方，乳酸菌を使わずに市販の乳酸を添加することによって，酵母の最適増殖条件をつくり，酵母を培養して得た酒母を速醸系酒母(速醸もと)といい，現在では，この方法が普及している．

もろみ工程(本発酵)では，酒母と麹に，蒸し米と水を3回に分けて添加しながら増量していく．この方法を**三段仕込み**といい，10〜15℃，約20日で発酵は終了する．清酒の製造では，並行複発酵による段階的な糖化・アルコール発酵と三段仕込みによる高濃度仕込みができるため，もろみ中のアルコール濃度は，醸造酒としては最も高い20％以上に達する．発酵が終了したもろみは，連続式圧搾機でしぼり，清酒と酒粕に分離される．清酒はろ過したあと，60℃で加熱殺菌(**火入れ**)する．15〜20℃で熟成して味をまろやかにしたあと，製品として出荷する．

(b) ビール

ビール製造用の原料には二条大麦と六条大麦がある．前者はおもに日本やヨーロッパで，後者はアメリカで使用されている．大麦を水に浸漬し，発芽させて**麦芽**(malt)をつくる．この製麦過程で，麦芽中のα-アミラーゼとβ-アミラーゼが活性化される．そして，麦芽を粉砕して仕込み，40〜65℃に保って大麦中のデンプンを糖化する．ろ過後，ビールに香味と苦みを与えるホップを加えて煮沸し，酵素反応を止めるとともにホップから有効成分を抽出する(図8.2)．

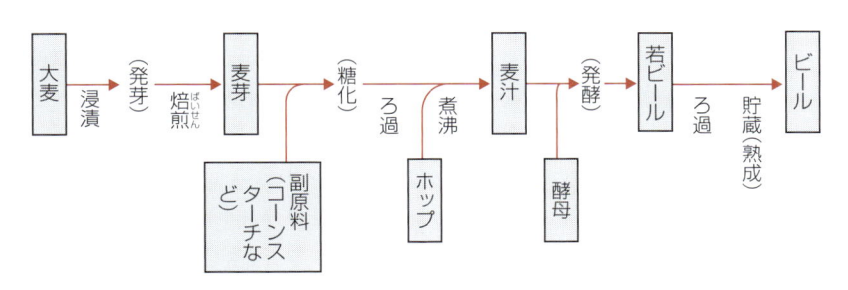

図 8.2 ビールの製造工程

ビールのアルコール発酵は，使用する酵母によって二つに分けられる．一つは，発酵中，発酵液の表面に上がってくる上面酵母を用いるもので，**上面発酵**という．もう一つは，酵母が発酵液の底に沈んでいく**下面発酵**で，日本を含む多くの国で行われている方法である．

発酵は主発酵と後発酵に分けられる．下面酵母を使用した場合，主発酵は5〜8℃で10〜12日間行われ，大部分の糖が消費されアルコールが生成する．後発酵では残りの糖が消費されてビールが清澄になり，味も未熟臭が消えてまろやかになる．一方，上面発酵の主発酵は15〜20℃で行われるため，3〜5日で終了する．

(c) ワイン

ワインは，ブドウを原料とし，ブドウ果汁中のグルコースとフルクトースをワイン酵母により発酵させて製造したものである．したがって，ワインの製造では，清酒やビールと異なり，糖化の工程がない．ワイン醸造の主発酵は，メタ重亜硫酸カリウムを加えて雑菌の増殖を抑えながら，20〜25℃で7〜10日行う．ろ過して果皮や酵母菌体などを除いたあと，たるの中で数年間熟成させて製品とする(図8.3)．

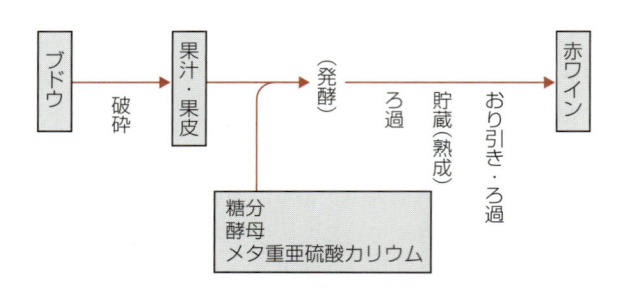

図8.3 赤ワインの製造工程

赤色または黒色ブドウを，果皮を残したまま発酵させ，果皮内のアントシアン色素をワインに溶出させたものが赤ワインである．赤色，黒色ブドウの果皮を除くか，緑色ブドウを原料として発酵させたものが白ワインである．赤ワインは果皮中に存在するタンニン酸のため渋味が強いが，白ワインは渋みが少ない．また，黒色ブドウをつぶしてしぼり，わずかに色のついた果汁を原料として発酵させたものがロゼ(バラ色ワイン)である．

(d) 蒸留酒

蒸留酒は，果実，イモ，穀類などを原料としアルコール発酵させたあと，もろみを蒸留して製造する．米，サツマイモ，雑穀などを原料としたものが焼酎，ブドウ果汁を原料としたものがブランデー，大麦やトウモロコシを原料としたものがウイスキーである．

8.1.2 乳酸および乳製品

(1) 乳酸

乳酸(lactic acid)は，乳酸菌(細菌)が嫌気条件でATPを獲得する手段である**乳酸発酵**(lactic acid fermentation)によって糖から製造される．一方，

カビである *Rhizopus* 属は好気条件で乳酸を生成するが，ここでは乳酸菌による乳酸の生産について説明する．

乳酸発酵には，糖から乳酸のみを生成する**ホモ乳酸発酵**（homolactic fermentation）と，乳酸以外にほかの物質も生成する**ヘテロ乳酸発酵**（heterolactic fermentation）がある（図 8.4）．原料には，デンプン質原料をおもに用いるが，アルコール発酵の場合と同様に，糖化が必要である．乳酸菌は栄養要求性が複雑なため，多くの成分が含まれている廃糖蜜はあまり原料として使用されない．

(a) ホモ乳酸発酵

ホモ乳酸発酵では，1 分子のグルコースから 2 分子の乳酸と 2 分子の ATP が生成される．工業的に乳酸を製造する場合，乳酸の対糖収率が優れているホモ乳酸発酵がおもに用いられる．

乳酸は，分子内に一つの不斉炭素が存在するため，D-乳酸と L-乳酸の異性体が存在するが（図 8.4），*Lactobacillus delbrueckii* や *Streptococcus* 属の菌株を用いてホモ乳酸発酵を行った場合，L-乳酸のみが生成する．近年生分解性プラスチック[*3]として注目されている**ポリ乳酸**の製造のために，光学純度[*4]の高い乳酸の需要が高まり，乳酸発酵による L-乳酸の大量生産が進められている．

(b) ヘテロ乳酸発酵

ヘテロ乳酸発酵では，グルコースから，乳酸以外にエタノール，酢酸，二酸化炭素などが生成される．ヘテロ乳酸発酵を行う代謝経路はいくつか知られている．

Bifidobacterium 属（ビフィズス菌）や *Leuconostoc* 属の菌株は常にヘテロ乳酸発酵を行う．しかし，通常はホモ乳酸発酵を行うが，培養条件によってはヘテロ乳酸発酵を行う乳酸菌も存在する．

[*3] 土壌中で，微生物によって容易に分解されるプラスチック．植物系原料と石油系原料から製造されるものがある．ポリ乳酸のように植物系原料から製造されたものは，光合成で固定された二酸化炭素がその炭素成分となるため，生分解して最終的に二酸化炭素が生成しても，二酸化炭素の排出の増加にはならない．

[*4] 有機化合物のなかには鏡像異性体（たとえば L-乳酸と D-乳酸）が存在するが，光学純度は，L 体と D 体の混合割合を表す尺度である．実際には偏光という特殊な光を当てることによって得られる実験値（比旋光度）から求めることができる．

(a)

```
   COOH          COOH
   |             |
H—C—OH       HO—C—H
   |             |
   CH₃           CH₃
  [D-乳酸]      [L-乳酸]
```

(b)

ホモ発酵　　$C_6H_{12}O_6 \longrightarrow 2CH_3CH(OH)COOH$

ヘテロ発酵　$C_6H_{12}O_6 \longrightarrow CH_3CH(OH)COOH + CH_3CH_2OH + CO_2$
　　　　　　　グルコース　　　　　乳酸　　　　　　　エタノール

図 8.4　乳酸の異性体(a)と乳酸発酵(b)

(2) 乳製品

(a) ヨーグルト

乳酸発酵を用いて製造されている食品は多いが，その代表がヨーグルトである．ヨーグルトの製造には，ラクトース発酵性でホモ乳酸発酵を行う *L.*

delbrueckii subsp. *bulgaricus* や *Streptococcus salivarius* subsp. *thermophilus* を用いる．また，ヘテロ乳酸発酵を行い，腸内で有用な働きを行うビフィズス菌や *Lactobacillus acidophilus* を組み合わせて製造する方法もある．

(b) 乳酸菌飲料

乳酸菌飲料は日本独自で開発されてきた．ヨーグルトと同様に，*Lactobacillus* 属の菌株やビフィズス菌を用いて製造している．脱脂乳を原料とし，乳酸発酵を行ったあと，撹拌して液状にする．これに砂糖や香料を加え，びん詰めにする．

(c) チーズ

チーズ（ナチュラルチーズ）は牛乳を凝固したあと，さまざまな方法で発酵（熟成）させて製造したもので，その種類は非常に多い（表8.1）．製造法はチーズの種類によって異なるが，一般的には原料である牛乳にスターターと呼ばれる乳酸菌を加えて乳酸発酵させたあと，**レンネット**（rennet）を加えて凝固し，それぞれのチーズに特徴的な微生物により熟成させる．

レンネットは子牛の第四胃の粘膜から得たもので，その主成分は凝乳酵素**キモシン**（chymosin）である．キモシンはプロテアーゼの一種で，乳タンパク質カゼインの特定部位を加水分解する．それによってカルシウムの存在下でカゼインが凝固する．近年，キモシンに代わる凝乳酵素**ムコールレンニン**（Mucor rennin）が *Mucor pusillus* から発見され，実用化されている．また，キモシンやムコールレンニンは，組換えDNA技術により大腸菌や酵母を用いて製造されている．

なお，わが国で消費されているチーズの多くはプロセスチーズである．これは2種類以上のナチュラルチーズを混合し，加熱溶解して香辛料などを加えたのち，練り固めたものである．

表8.1　チーズの種類と特徴

チーズのタイプ	水分含量(%)	おもな銘柄	原産地	おもな特徴
超硬質チーズ	13～34	パルメザン	イタリア	粉末にして用いる
硬質チーズ	34～45	チェダー	イギリス	穏やかな酸味
		ゴーダ	オランダ	風味にくせがない
半硬質チーズ	45～55	ロックフォール	フランス	熟成に青カビを使用，特有の風味
軟質チーズ	55～80	カマンベール	フランス	熟成に白カビを使用，特有の風味
		カッテージ	オランダ	乳酸発酵のみで熟成しない

(3) その他

乳酸発酵は，生成する乳酸による食品の保存性や風味の向上，物性の変化

など，食品の品質向上に寄与するため，上記以外にもさまざまな発酵食品の製造に使われている．たとえば，清酒の生もと系酒母，しょう油，みそ，つけ物などの製造である（8.1.1項・8.6.1項・8.6.5項参照）．

8.1.3 有機酸

微生物が有機物を酸化する場合，基質の不完全酸化により中間代謝産物が多量に蓄積するものを**酸化発酵**（oxidative fermentation）という．乳酸を除く有機酸の発酵生産は典型的な酸化発酵である．酸化発酵は primary oxidative fermentation と secondary oxidative fermentation に大別される．前者は，基質からの脱水素のみの酸化反応で，ブドウ糖からグルコン酸の発酵生産が典型である．後者は，基質の構造が著しく変化するような発酵で，TCAサイクル（図7.9参照）を構成する有機酸の発酵生産がこれに当てはまる．

以下に，おもな有機酸の生産を示す．

(1) グルコン酸

グルコン酸（gluconic acid）の発酵生産は primary oxidative fermentation の典型である．原料はグルコースであり，*Aspergillus niger*（黒麹菌）などのカビや *Pseudomonas ovalis*, *Gluconobacter roseus* などの細菌を用いて製造されるが，工業的には *A. niger* が使用される．図8.5における酸化反応はほぼ定量的に進行し，高収率でグルコン酸が蓄積する．

グルコン酸は食品添加物，グルコン酸カルシウムやグルコン酸鉄塩として医薬品に用いられるほか，金属表面処理や洗瓶などの工業用途もある．グルコン酸の分子内エステルであるグルコノ-δ-ラクトン（図8.5）は豆腐製造におけるタンパク質の凝固剤やベーキングパウダーとして用いられる．

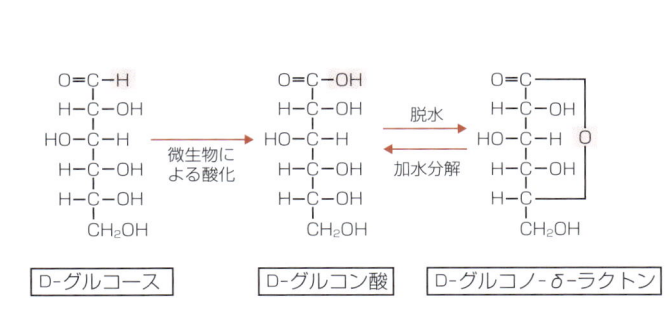

図8.5 グルコン酸およびグルコノ-δ-ラクトンの製造

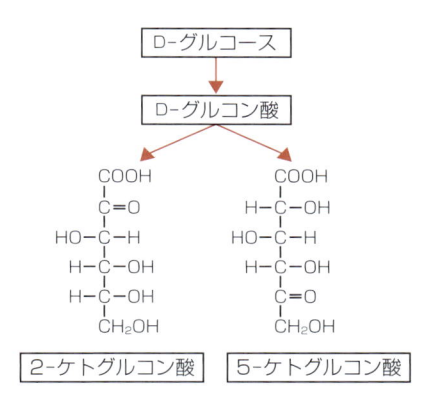

図8.6 2-ケトグルコン酸と5-ケトグルコン酸の製造

(2) 2-ケトグルコン酸, 5-ケトグルコン酸

2-ケトグルコン酸と 5-ケトグルコン酸はグルコースからグルコン酸を経て製造される（図 8.6）．2-ケトグルコン酸は *Pseudomonas fluorescens* や *Serratia marcescens* によって製造され，製造された 2-ケトグルコン酸はイソビタミン C（図 8.18 参照）の原料となる．また，5-ケトグルコン酸は *Gluconobacter suboxydans* や *Gluconobacter gluconicus* によって製造され，酒石酸製造の原料として使用される．

(3) クエン酸

クエン酸（citric acid）は TCA サイクルを構成する有機酸の一つであり，その発酵生産は secondary oxidative fermentation の典型である．1920 年代までは柑橘類から抽出していたが，現在は，*A. niger* や *Aspergillus awamori* などの黒麹菌によって製造される．原料は糖蜜やデンプン粕で，原料の種類によって表面培養法，液体培養法，固体培養法が使い分けられている．クエン酸は酸味料のなかでも最も多く使用される有機酸であり，清涼飲料水やジャムなどの添加物として用いられている．また，クエン酸ナトリウムはキレート作用[*5]をもつので，防さび剤などの用途がある．

近年，n-パラフィン[*6]を原料とし，酵母 *Yarrowia*（旧名 *Candida*）*lipolytica* を用いたクエン酸の発酵生産が試みられている．n-パラフィンは分子内に酸素原子を含まないため，n-パラフィンを原料とした場合，クエン酸の対原料収率は 140〜150% に達すると報告されている．

(4) リンゴ酸

L-リンゴ酸（L-malic acid）も TCA サイクルの代謝中間体である．L-リンゴ酸は *Asperigillus* 属や *Rhizopus* 属などのカビや *Candida* 属などの酵母によって製造される（発酵法）．工業的には微生物の**フマラーゼ**（fumarase）によって**フマル酸**（fumaric acid）から製造される（酵素法）．リンゴ酸は化学合成法によっても製造されているが，化学的に合成されたリンゴ酸はラセミ体（DL-リンゴ酸）である（図 8.7）．これが現在，清涼飲料水や冷菓の酸味料，マヨネーズの乳化安定剤，無塩しょう油の添加剤などの食品添加物として使用されている．

*5　金属イオンとある化合物内の二つ以上の原子（配位原子）が結合し，環状の構造をつくる性質．キレート作用をもつ代表的な化合物は EDTA（2.5.3 項参照）である．

*6　直鎖パラフィンともいう．飽和炭化水素のうち，炭素原子数 4（ブタン）以上で，炭素原子が枝分かれのない一直線状の構造をもつ化合物．一般式 $CH_3(CH_2)_nCH_3$（n は 2 以上）で示される．

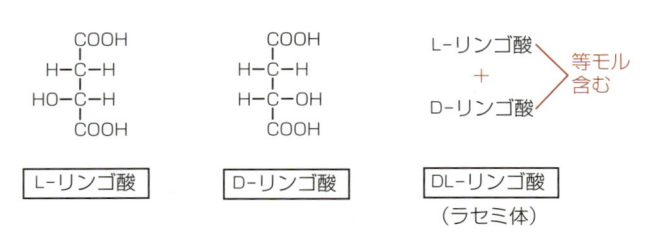

図 8.7　リンゴ酸の異性体の構造

(5) 酒石酸

L-酒石酸（L-tartaric acid）は食品に添加する酸味料として広く使用されており，ブドウに多量に含まれているため，ブドウからの抽出法が実用化されている．微生物による L-酒石酸の製造は，グルコースを原料とし，*Gluconobacter suboxydans* を用いて行われる（発酵法）．また，L-酒石酸は，無水マレイン酸から合成される *cis*-エポキシコハク酸を原料とし，細菌の L-酒石酸シスエポキシダーゼを作用させて製造される（酵素法）．これらの方法によって生産された酒石酸はすべて L 体であるが，5-ケトグルコン酸などから化学合成法によって製造される酒石酸は DL 体（ラセミ体）である（図8.8）．また，マレイン酸から合成される酒石酸は *meso* 体で光学活性を示さない．

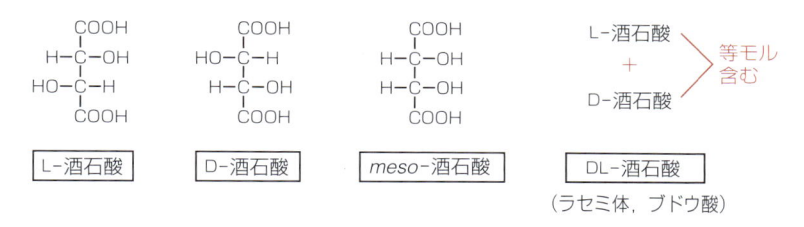

図 8.8　酒石酸の異性体の構造

8.2　アミノ酸発酵

1908 年，池田菊苗（1864～1936）は，それまで料理のだしとして利用されていた昆布中のうまみ成分を抽出し，その本体が **L-グルタミン酸ソーダ**（L-グルタミン酸一ナトリウム塩）であることを見いだした．池田は，それまで知られていた甘・酸・塩・苦の 4 味に加え，第 5 味として旨味という述語を提案した．L-グルタミン酸ソーダは，翌年製品化され，市販された．L-グルタミン酸は，当初，小麦のタンパク質であるグルテン[*7]を加水分解して得ていたが，1930 年代に脱脂大豆を原料とするようになった．1956 年になって，微生物によって L-グルタミン酸が蓄積されることが見いだされ，現在では，タンパク質を構成するすべてのアミノ酸が微生物によって製造されている．アミノ酸が微生物によって製造されることを**アミノ酸発酵**（amino acid fermentation）という．

[*7] グルテンは小麦などの穀物に含まれる粘着性のタンパク質で，貯蔵タンパク質であるグルテニンとグリアジンが結びついてできる．小麦グルテンは小麦粉を水でこねたあと，水洗してデンプンを除くと得られる．小麦グルテンはパンなどの食品の生地に粘りを与える．

8.2.1　アミノ酸発酵と代謝調節の解除

アミノ酸は生命活動に必須である一次代謝産物であるので，微生物を使って大量に蓄積させるためには，微生物のもつ代謝調節を解除する必要がある．したがって，微生物によるアミノ酸の製造過程は**代謝調節発酵**と呼ばれている．代謝調節を解除するには，微生物を変異させ，目的とする部位の調節を

解除した変異株を分離する必要がある．以下に，現在広く用いられている変異株の取得法を示す．

(1) 栄養要求性変異株の分離

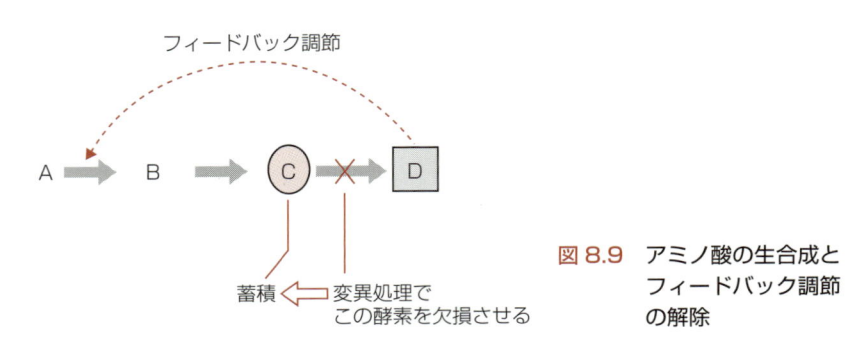

微生物のもつフィードバック調節(7.3節参照)を解除した変異株を得る場合に用いられる方法である．図 8.9 に示すように，アミノ酸の生合成は，生合成経路の最終生産物(D)によって生合成経路の最初の系 A → B が調節されることが多い．

図 8.9 アミノ酸の生合成とフィードバック調節の解除

野生株を薬剤や紫外線で変異処理(6.6.2項参照)したあと，D を含まない培地(**最小培地**, minimal medium)では増殖できないが，D を含む培地(**完全培地**, complete medium)では増殖する株を分離すれば，目的とする D 要求性変異株を得ることができる．このような変異株では C → D の酵素が欠損しているので，最終生産物である D の添加量を調節することにより，A → B における調節を解除し，C を蓄積させることができる．**栄養要求性変異株** (auxotroph)の分離法は，**ネガティブスクリーニング法**(増殖できない変異株を分離する方法)の一つであり，変異株の分離に際して最小培地と完全培地の2種類を必要とするなどの欠点がある．また，仕組み上，最終生産物 D を蓄積させるような変異株を取得することはできない．

(2) 薬剤耐性変異株の分離

抗生物質やアナログ物質(目的とする代謝産物に構造が類似している化合物)は微生物の増殖を阻害するが，これらの物質が存在しても増殖する変異株(**耐性変異株**)は，抗生物質を分解・修飾したり，アミノ酸などの代謝産物を多量蓄積したりするように変異したものである．**薬剤耐性**(drug resistant)**変異株**のなかでも，アナログ耐性変異株は，フィードバック調節が解除された結果，目的とするアミノ酸を過剰に蓄積するため，アミノ酸生産用変異株として多用されている．この方法は，栄養要求性変異株の分離法と異なって，**ポジティブスクリーニング法**(増殖する変異株を分離する方法)の一つであり，分離用の培地も一種類だけでよい．また，生合成系における最終産物を蓄積させるような変異株を得る場合にも利用できる．

L−トリプトファンのアナログ物質，5−メチル−L−トリプトファンに対する *Corynebacterium glutamicum* のアナログ耐性変異株はL−トリプトファンを蓄積する(図 8.10).

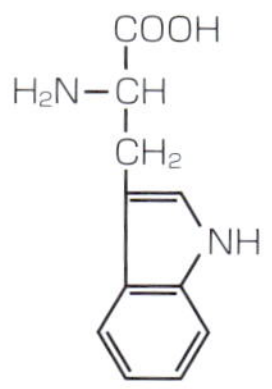

L−トリプトファン

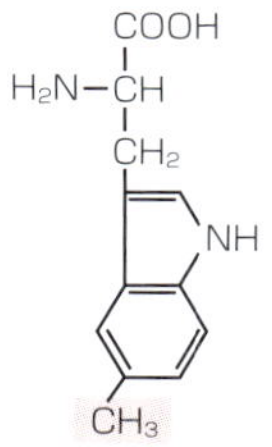

5−メチル−L−トリプトファン

図 8.10　L−トリプトファンの構造とそのアナログ物質

8.2.2　アミノ酸の製造法

アミノ酸の製造は，微生物による生産(発酵法)を含め，次の方法によって行われている.

(1) 加水分解抽出法

加水分解抽出法は，小麦グルテンや毛髪などのタンパク質を塩酸で加水分解し，生成した目的アミノ酸を，イオン交換樹脂[*8]などを用いて分離・精製する方法である．合成法や発酵法では生産しにくくコストのかかるL−チロシンやL−システインなどの製造に用いられる.

*8　水溶液中のイオンと交換できるスルホン酸基などの酸性またはトリメチルベンジルアンモニウム基などの塩基性の官能基をもつ高分子化合物で，陽イオン交換樹脂と陰イオン交換樹脂がある. 微生物学の分野では，アミノ酸，タンパク質など分子内に荷電した官能基(イオン)をもつ物質の分離や精製に用いる.

(2) 化学合成法

化学合成法は，アミノ酸製造の反応プロセスが短く，合成のための原料が安価で容易に得られる場合に用いられる．また，この方法ではラセミ体(DL体)ができるため，光学分割(DL体をD体とL体に分けること)が容易なもの，DL体で用途のあるもの，光学分割を必要としないアミノ酸の製造に用いられる．たとえば，DL−メチオニン，DL−トリプトファン，グリシンなどである.

(3) 発酵法

(a) 直接発酵法

直接発酵法は，糖類や廃糖蜜を原料として微生物の変異株を培養し，アミノ酸を製造する方法である．高濃度のアミノ酸を蓄積する株が得られれば，最も有利なアミノ酸製造法である．現在，タンパク質を構成するほとんどすべてのアミノ酸は，直接発酵法によって生産できる．アミノ酸を培地中に効率的に蓄積させるために，培地組成，培地のpH，培養温度，酸素供給量などの検討がなされる.

(b) 酵素法

酵素法は，酵素を用いて前駆物質から目的とするアミノ酸を製造する方法

である．使用する酵素はほとんど微生物酵素であるため，酵素法は，発酵法の一つに分類され，L-アスパラギン酸やL-リシンなどの製造に用いられている．なお，酵素を固定化(8.5.4項参照)することで，連続的な生産が可能になった．

8.2.3 直接発酵法によるL-グルタミン酸の製造

1956年，**L-グルタミン酸**(L-glutamic acid)は微生物によって糖から直接生成されて細胞外に蓄積することが初めて見いだされ，微生物による製造法が確立された．最初に見いだされたL-グルタミン酸生産菌は *Corynebacterium glutamicum* で，その後，*Brevibacterium flavum*, *Brevibacterium lactofermentum*, *Brevibacterium thiogenitalis*, *Microbacterium ammoniaphilum* などもL-グルタミン酸を蓄積することが報告された．これらの菌株に共通する性質は，グラム陽性桿菌で胞子を形成しない好気性菌であること，増殖に**ビオチン**(biotin)を必要とすること，増殖過程で細胞の形が変化する多形性であることなどである．これらの菌株はコリネ型細菌に属し，分類学上きわめて類縁性が高い．

微生物を用いてL-グルタミン酸を製造する場合，培地中のビオチンの量を制限することが必要であり，2.5 μg/l のビオチン濃度が最適とされている．しかし，培地に用いる廃糖蜜中には高濃度のビオチンが含まれているので，そのままではL-グルタミン酸は培地中に蓄積しない．ところが，培地に抗生物質であるペニシリン，Tween 40などの界面活性剤，C_{10}〜C_{18}の飽和脂肪酸を加えると，L-グルタミン酸が蓄積する．また，オレイン酸，グリセロールを制限した培地で，オレイン酸，グリセロール要求性変異株を使用すると，高濃度のビオチンが存在してもL-グルタミン酸が蓄積する．

このようなL-グルタミン酸生産上の特徴は，生産菌の細胞膜における生合成のメカニズムによって説明できる．すなわち，上で述べたL-グルタミン酸の生産条件では，いずれも細胞膜の生合成が阻害される状態にある．不完全な細胞膜が形成された結果，細胞内で生合成されたL-グルタミン酸が細胞外に漏出する．

また，L-グルタミン酸は，TCAサイクル(図7.9参照)を構成する代謝産物である2-オキソグルタル酸にグルタミン酸脱水素酵素が作用して生合成される．生産菌はいずれもこの酵素活性が高い．しかも，2-オキソグルタル酸はTCAサイクルにおける次の代謝産物，スクシニル-CoAに変換されにくいため，L-グルタミン酸が過剰に生産される．

L-グルタミン酸は調味料のほか，医薬品合成の中間体，ポリグルタミン酸(合成皮革の主成分)などの原料として用いられている．

8.2.4 直接発酵法による L–リシンの製造

L–リシン(L-lysine)は，グルタミン酸生産菌 *C. glutamicum* の L–ホモセリン要求性変異株または L–トレオニンおよび L–メチオニン要求性変異株によって生産される．図 8.11 に L–リシンの生合成経路と調節機構を示す．アスパルトキナーゼは，L–リシンと L–トレオニンが共存するときにのみフィードバック阻害を受ける(**協奏的フィードバック阻害**, concerted feedback inhibition)が，単独では阻害を受けない．上記の変異株を L–トレオニンの添加量を制限した培地で培養すると，アスパルトキナーゼに対するフィードバック阻害は解除されるから，L–リシンの生合成に向かって代謝は進行する．また，これらの変異株は，アスパラギン酸–β–セミアルデヒドから L–ホモセリンに変換するホモセリンデヒドロゲナーゼが欠損しているため，L–トレオニンや L–メチオニンが生合成されることなく L–リシンが生産され，蓄積する．

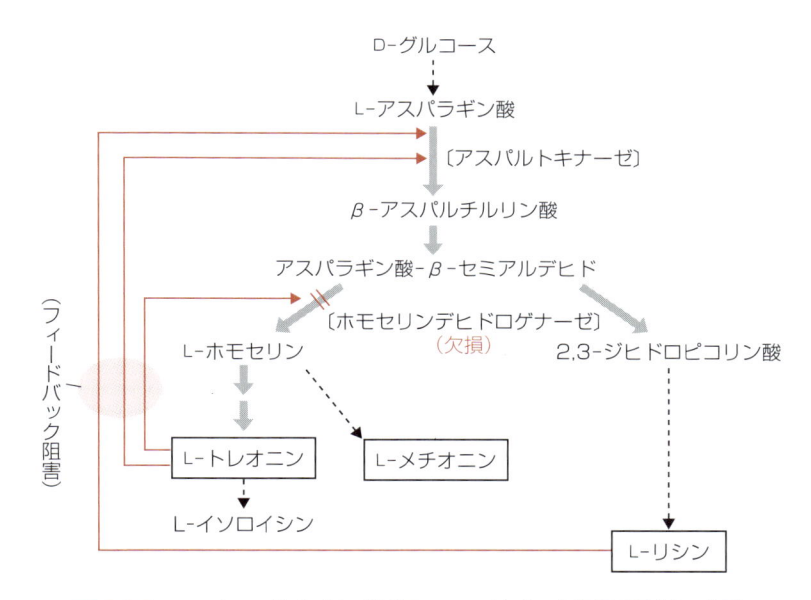

```
                D–グルコース
                    ↓
               L–アスパラギン酸
                    ↓
              〔アスパルトキナーゼ〕
                    ↓
                β–アスパルチルリン酸
                    ↓
            アスパラギン酸–β–セミアルデヒド
                    ↓
         〔ホモセリンデヒドロゲナーゼ〕
    L–ホモセリン    (欠損)      2,3–ジヒドロピコリン酸
         ↓
    L–トレオニン    L–メチオニン
         ↓
    L–イソロイシン                L–リシン
```
(フィードバック阻害)

図 8.11 L–リシン生合成におけるフィードバック調節(阻害)の解除

また，L–リシンは，L–グルタミン酸生産菌 *B. flavum* の S–(2–アミノエチル)–L–システイン(L–リシンのアナログ物質，図 8.12)耐性変異株を用いて生産される．この変異株では，アスパルトキナーゼが変異して，フィードバック阻害に対して非感受性になり，ホモセリンデヒドロゲナーゼも欠損した結果，L–リシンが蓄積される．

L–リシンは，必須アミノ酸の一つであるが，トウモロコシや麦などの穀物中にはあまり含まれていないので，これらの方法で生産されたものが動物の飼料添加物として使用されている．

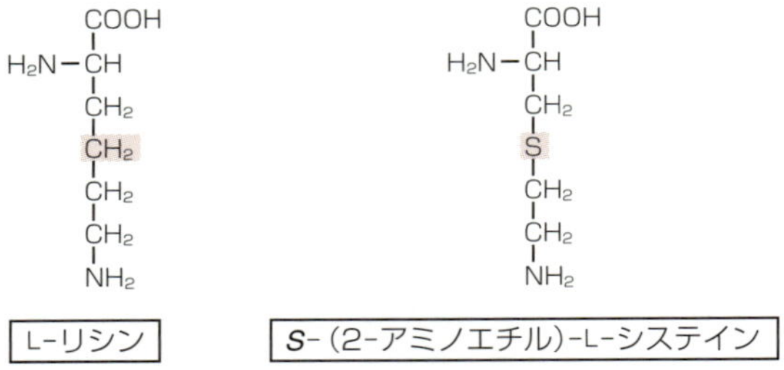

図8.12 L-リシンの構造とそのアナログ物質

8.2.5 酵素法による L-アスパラギン酸の製造

L-アスパラギン酸(L-aspartic acid)は，大腸菌のアスパルターゼ（アスパラギン酸アンモニアリアーゼ）を酵素として用い，フマル酸から合成される（図8.13）．アスパルターゼをイオン交換樹脂にイオン結合させたり，ポリアクリルアミドゲルやκ-カラギーナンで包括したりすることによって固定化酵素を調製し(8.5.4項参照)，L-アスパラギン酸を連続的に生産している．酵素を大腸菌の細胞内から抽出することなく，菌体細胞そのものを固定化して製造する方法も行われている．酵素や細胞を固定化すると酵素の安定性が増加するなどの利点がある．

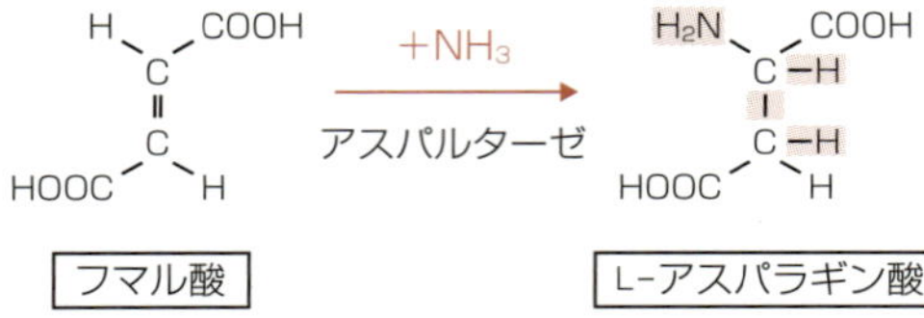

図8.13 L-アスパラギン酸の酵素による合成

8.3 核酸関連物質の製造

核酸関連物質は，DNA，RNA，ATPなどの高エネルギー化合物，NADHなどの補酵素の成分である．1913年，小玉新太郎は，かつお節のうま味成分が**イノシン酸**(inosinic acid)（その後の研究により5′-イノシン酸）のL-ヒスチジン塩であることを発見した．イノシン酸はRNAを構成するヌクレオチドの関連物質である．これは，L-グルタミン酸がタンパク質を構成するアミノ酸であり，そのナトリウム塩が**呈味性**を示すのと類似する．しかし，L-グルタミン酸が，その呈味性の発見後，直ちに調味料として商品化されたのに対して，イノシン酸が商品化されるのは1960年代以降であった．それは，DNAやRNAの構造研究がタンパク質に比べて遅れていたためである．

核酸関連物質は，調味料のほか，実験用試薬，医薬品の合成原料として用

いられている．

8.3.1 呈味性ヌクレオチドの化学構造

　ヌクレオシドは，塩基（プリン塩基またはピリミジン塩基）と糖（リボースまたは2′-デオキシリボース）から構成され，一方，ヌクレオチドは，塩基，糖，リン酸から構成されている（図6.1 参照）．

　呈味性を示すヌクレオチドは 5′-イノシン酸（塩基はヒポキサンチン）のほかに，5′-グアニル酸（塩基はグアノシン），5′-キサンチル酸（塩基はキサンチン）およびそれらの糖部分が 2′-デオキシリボースに置き替えられたヌクレオチドである（図8.14）．呈味性の強さは，5′-グアニル酸＞5′-イノシン酸＞5′-キサンチル酸 の順である．糖が 2′-デオキシリボースの場合は呈味性は低い．

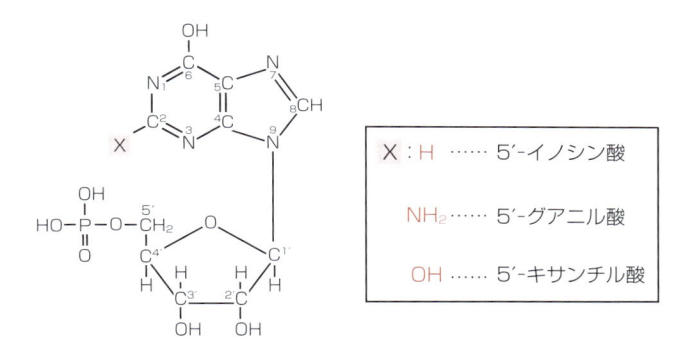

図 8.14　呈味性ヌクレオチドの構造

呈味性を示す物質の化学構造には次のような特徴がある．

① プリン塩基をもつモノヌクレオチドである．
② プリン塩基の 6 位の炭素原子に OH 基が結合している．
③ 糖はリボースでも 2′-デオキシリボースでもよい．
④ リボースまたは 2′-デオキシリボースの 5′ 位の炭素原子にリン酸基が結合している．

　呈味性ヌクレオチドは L-グルタミン酸ソーダと共存するとうま味の相乗効果を示すため，市販の L-グルタミン酸ソーダ系の調味料には呈味性ヌクレオチドが含まれている．

8.3.2　呈味性ヌクレオチドの製造

　呈味性ヌクレオチドの製造法には，(1) **RNA 分解法**，(2) **発酵法と合成法を組み合わせる方法**，(3) **発酵法**がある．アミノ酸の製造が発酵法主体であるのに対し，呈味性ヌクレオチドの場合には，これらの製造方法が並存する．

(1) RNA 分解法

呈味性ヌクレオチドの原料は酵母から抽出した RNA である．RNA を，*Penicillium citrinum* の生産するヌクレアーゼ P_1 を用いて，5′-アデニル酸，5′-グアニル酸，5′-シチジル酸，5′-ウリジル酸に分解する．これらを分離・精製し，5′-アデニル酸に *A. oryzae* 由来のデアミナーゼを作用させて 5′-イノシン酸に変換する．以上の方法により，2 種類の呈味性ヌクレオチド，5′-グアニル酸と 5′-イノシン酸が得られる．

Staphylococcus aureus の培養液中にはヌクレアーゼのほかにデアミナーゼが含まれているため，RNA に作用させると，5′-アデニル酸の代わりに 5′-イノシン酸が生成される．これらを分離・精製し，5′-グアニル酸と 5′-イノシン酸を得ることができる．

(2) 発酵法と合成法を組み合わせる方法

微生物を用いてイノシンやグアノシンを生産し，これらを化学的または酵素的にリン酸化して，5′-イノシン酸と 5′-グアニル酸を得る方法である．イノシンは *Bacillus subtilis* や *Corynebacterium ammoniagenes* の変異株により，また，グアノシンは *B. subtilis* の変異株により製造されている．

(3) 発酵法

微生物を用いて原料から直接ヌクレオチドを製造する方法である．原料である糖から最終生産物であるヌクレオチドを生産するため，本法を *de novo* 合成法という．*C. ammoniagenes* の変異株を用いた 5′-グアニル酸の製造は次のように行われている．

5′-キサンチル酸は，5′-イノシン酸などと異なり，細胞膜の透過が容易である．この性質を利用して，まず *C. ammoniagenes* の変異株により 5′-キサンチル酸を製造する．次に，大腸菌由来 5′-グアニル酸シンテターゼを用いて 5′-キサンチル酸の塩基部位をアミノ化する．こうして 5′-グアニル酸を効率的に製造する．

8.3.3　その他の核酸関連物質の製造

(1) ATP（アデノシン三リン酸）

C. ammoniagenes の培養液にアデニン，グルコースなどを添加して ATP を製造する．あるいは，酵母菌体を用い，グルコース，リン酸塩，Mg^{2+} の存在下で，AMP から ATP が製造される（図 7.1 参照）．

(2) FAD（フラビンアデニンジヌクレオチド）

FMN（フラビンモノヌクレオチド，図 8.15），ATP を基質とし，*C. ammoniagenes* を用いて製造される．また，酵母菌体から抽出して製造される（図 7.4 参照）．

(3) CoA（コエンチーム A）

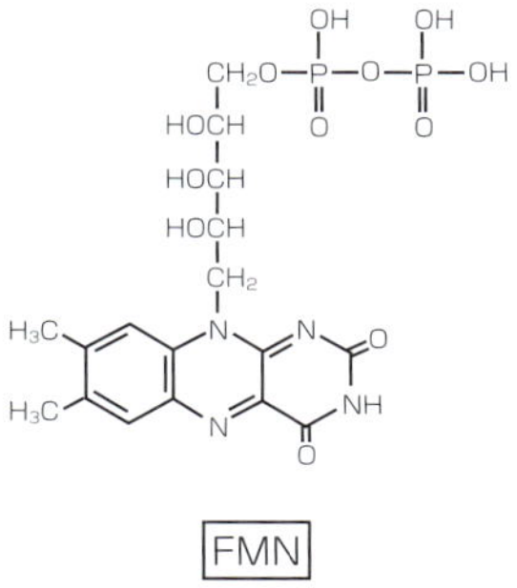

図 8.15　FMN の構造

C. ammoniagenes の菌体とパントテン酸，システイン，ATP を反応させて製造される．

8.4　生理活性物質の製造

生理活性物質は，微量で生物の増殖を促進または抑制し，さまざまな生理的活性に影響を与える天然物有機化合物である．このなかには，**ビタミン類**，**抗生物質**，**ホルモン**などが含まれる．

8.4.1　ビタミン類

微生物によって生産される**ビタミン**（vitamin）は，ビタミン B_2，ビタミン B_{12}，ビタミン C，イソビタミン C，ビタミン K などである．

(1) ビタミン B_2

ビタミン B_2（図 8.16）は，リボフラビンともいい，酸化還元酵素の補酵素として機能する FMN や FAD の前駆体である．*Ashbya gossypii* などのカビや *Candida flaeri* の変異株がビタミン B_2 の生産菌として用いられてきたが，最近，細菌の組換え体を用いた製造法も報告された．ビタミン B_2 の用途は，医薬，飼料添加物，食品添加物である．

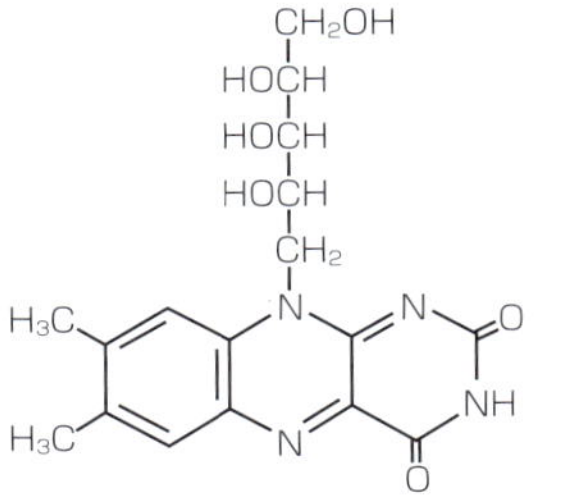

図 8.16　ビタミン B_2 の構造

(2) ビタミンB_{12}

ビタミンB_{12}(図8.17)は，シアノコバラミンともいい，転移反応などに関与する各種酵素の補酵素の前駆体である．ビタミンB_{12}は抗悪性貧血因子として作用する．複雑な構造をしているため，化学合成法での工業生産は難しく，細菌，古細菌によって生産されている．医薬，飼料添加物である．

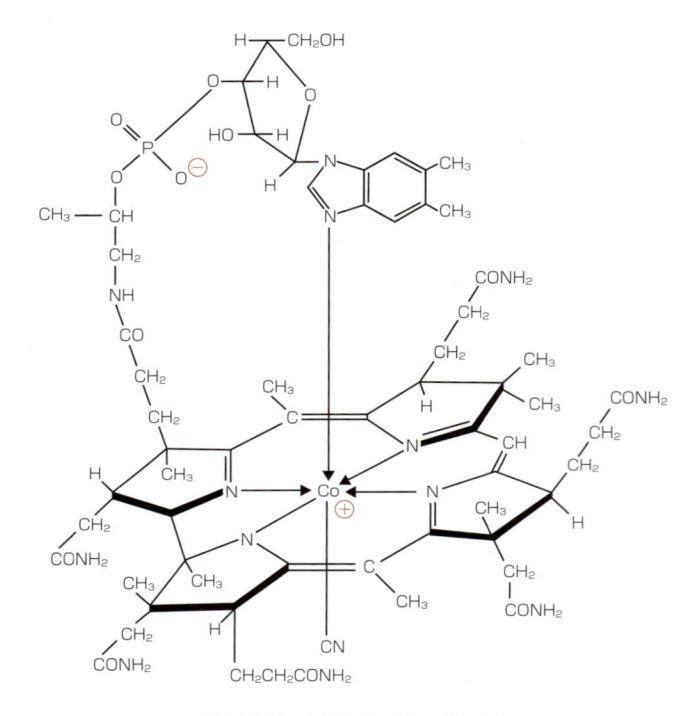

図8.17　ビタミンB_{12}の構造

(3) ビタミンC

ビタミンCは，L-アスコルビン酸ともいい，抗壊血病因子として作用する．ビタミンCは，グルコースを原料とし，発酵と化学合成の組合せにより製造される(図8.18)．発酵は，D-ソルビトールからL-ソルボースへの変換時に関与する．この発酵はL-ソルボース発酵と呼ばれ，化学合成法ではDL-ソルボースが生成するのに対して，L体のみが90％以上の収率で生成するため，工業的規模で行われている．使用される微生物は*Gluconobacter*属の酢酸菌である．ビタミンCの用途は，医薬品，食品の酸化防止剤である．

なお，イソビタミンCは2-ケトグルコン酸から化学合成法により製造されるが(8.1.3項参照)，抗壊血作用はビタミンCの1/20程度であるため，おもに酸化防止剤として使用される．

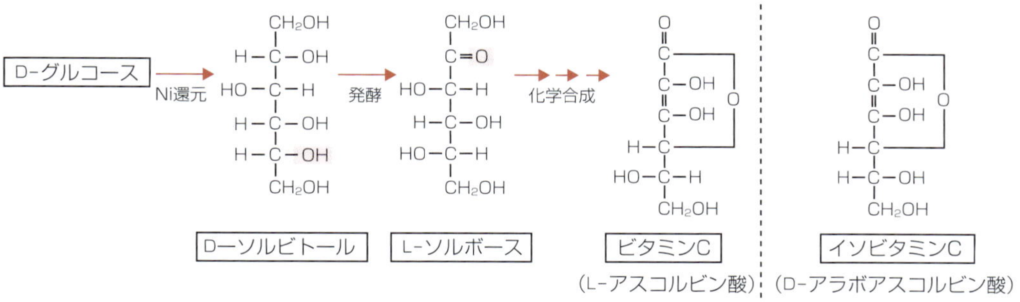

図8.18 ビタミンCの製造方法

8.4.2 抗生物質

抗生物質という呼び名は，ワックスマン(1.8節参照)によって，「ある微生物が生産する物質で，ほかの微生物の増殖を抑える物質」として提唱された．しかし，近年は，単にほかの菌の増殖を抑える物質を指すだけではなく，動植物の生理的機能を抑制する物質なども含めるようになった．

抗生物質は今までに数千種類発見されているが，実際に使用されているのは約150種である．

抗生物質はその作用によって次の3種に分類される．

(1) 細菌細胞壁の生合成を阻害する抗生物質

このグループに属する抗生物質は，細胞壁の生合成を阻害することにより細菌の増殖を抑えるが，細胞壁をもたない動物細胞には作用を示さない．したがって，細菌に対して最も高い選択性を示す抗生物質といえる．このグループの代表的な抗生物質は *Penicillium* 属の生産する**ペニシリン**である(図

Column

新種のビタミン PQQ

PQQ(ピロロキノリンキノン)は1979年に酸化還元酵素の補酵素として細菌から発見された物質であるが，2003年になって，ビタミンとしての働きをもっていることが新たに見いだされた．PQQはこれまでにも，哺乳類にとって重要な栄養素と考えられていたが，同年になって，必須アミノ酸であるL-リシンの代謝に関与する脱水素酵素の補酵素として作用することが示された．ビタミンは鈴木梅太郎によって初めて見いだされ(1.9節参照)，現在までに13種類のビタミンが見つかっている．1948年に発見されたビタミンB_{12}以来，新しいビタミンは見つかっていなかったので，この発見は半世紀ぶりということになる．PQQは，その構造と，酵素の酸化還元反応に関与する性質から，ビタミンB群に属すると考えられている．PQQは野菜や肉などに微量含まれているが，とくに，納豆やパセリに比較的多く含む．*Methylobacillus glycogenes* などの細菌によって多量生産することができるので，研究用試薬として購入できる．

8.19). この菌によって，側鎖（図 8.19 の R の部分）の異なるペニシリン誘導体が生産される現象を利用し，酵素を用いてさまざまな側鎖を人工的に R 部位に導入したペニシリン誘導体がつくられている．これらは耐性菌に有効で，酸に安定な，広い範囲の病原菌に効果のあるすぐれた抗生物質である．

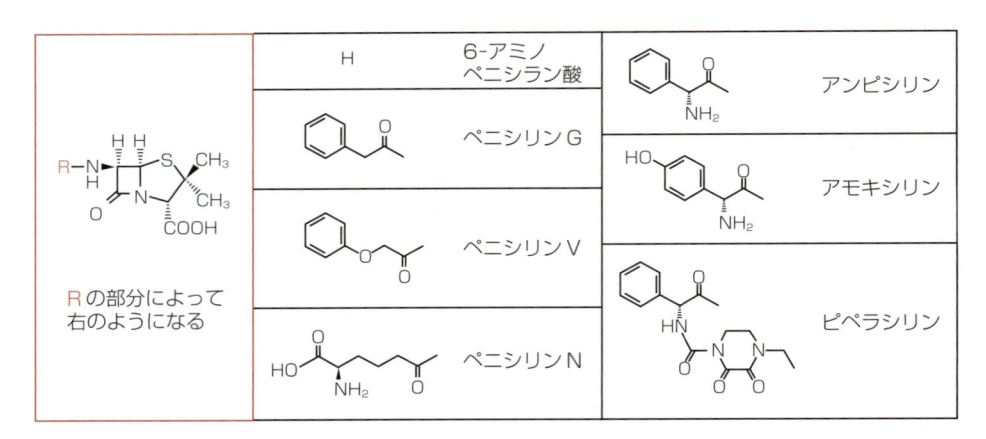

図 8.19 おもなペニシリン誘導体

（2）タンパク質の生合成を阻害する抗生物質

このグループの抗生物質は，原核生物のリボソームに結合することにより，タンパク質の生合成を阻害する．代表的な抗生物質は，結核菌に効果を示す**ストレプトマイシンやカナマイシン**（kanamycin）で，いずれも放線菌によって生産される．細菌に対する選択性は(1)に次いで高い．

（3）核酸の生合成を阻害する抗生物質

このグループの抗生物質は，DNA に結合して DNA に損傷を引き起こし，DNA の複製を阻害する．代表的な抗生物質は，放線菌の生産する**ブレオマイシン**（bleomycin）で，皮膚がんなどの扁平上皮がんに有効である．また，*Streptomyces caespitosus* の生産する**マイトマイシン C**（mitomycin C）は，胃がん，大腸がん，白血病など多種類のがんに対する治療薬として使用されている．このグループの抗生物質は，抗細菌剤としてより，ヒトに対する抗がん剤として開発されたものが多い．細菌に対する選択性は最も低い．

8.4.3　ホルモン

（1）ジベレリン

ジベレリン（gibberellin）はイネのばか苗病菌であるカビ *Gibberella fujikuroi* によって生産される．植物の生長や成熟を促進する物質として，1938 年，わが国で発見された．その後，ジベレリンは高等植物にも存在する**植物ホルモン**（phytohormone）であり，多種類の同族体が存在することが

明らかにされた．微生物由来のジベレリンは，ブドウの無種子化を始め，農業分野で広く使われている．

(2) ステロイドホルモン

ステロイドホルモン(steroid hormone)には多種類の同族体があり，副腎皮質ホルモン，男性ホルモン，黄体ホルモンなどが含まれる．ステロイドホルモンは，リウマチ性関節炎の特効薬，性ホルモン剤，妊娠調節薬などの医薬品として用いられている．微生物はステロイドホルモンの前駆体(プロゲステロン，コレステロールなど)に作用して，前駆体の特定部位を水酸化したり，特定の側鎖を切断したりすることによって，目的とするステロイドホルモンを生成する．これらの選択的な反応は，有機化学的には困難である．また，この反応は微生物による一段階の酵素反応であるので，ステロイドホルモンの製造には，固定化酵素や固定化菌体が使用されている(8.5.4項参照)．

8.4.4　その他の生理活性物質

酵素の活性を抑える**酵素阻害剤**(enzyme inhibitor)，ヒトの免疫反応を抑える**免疫抑制剤**(immunosuppressive agent)，**抗酸化剤**(antioxidant)なども，微生物によって生産される．

8.5　酵素の製造

酵素は，微生物などの生物によってつくられるタンパク質で，触媒作用を示すものの総称である．酵素は，常温・常圧下で高い触媒活性を示し，化学反応速度を速める．また，基質特異性が高いため，位置選択性や立体選択性の高い反応が得られる．したがって，化学製品や医薬品の製造，食品加工，洗剤などに広く利用されている．また，省エネルギー化の推進や環境と調和した物質生産プロセスの構築において，酵素の果たす役割は重要である．

8.5.1　微生物酵素の生産上の特徴

現在，実用化されている酵素のほとんどは微生物によって生産されている．動物・植物由来酵素と比べた微生物酵素の生産上の利点は，次の点である．

① 微生物は増殖が旺盛で大量に培養できるため，目的とする酵素を短時間で大量に得ることができる．
② 微生物を培養するときに必要な増殖基質を，多種類のなかから選択できる．炭素源として炭水化物のほかにセルロース，メタノール，二酸化炭素などを，窒素源として有機窒素化合物のほかにアンモニアや硝酸塩などを用いて培養できる．
③ 目的とする酵素の生産菌を，容易に選択したり改良したりすることが

できるので，生産性が向上する．
④ 動物・植物由来遺伝子と比較して微生物由来遺伝子の操作は容易であるので，遺伝子工学的手法による酵素生産菌の育種や改良がしやすい．

しかし，以下のような欠点や注意すべき点もある．

① 誘導酵素の生産量は，培地中に存在する基質の濃度に影響されやすい．培養を終了する時期に注意を要する．
② 細胞内の酵素は細胞壁を破砕して抽出する必要があるが，細胞壁の破砕には困難を伴うことがある．とくに，細胞内酵素が失活しないように注意する必要がある．

8.5.2　おもな酵素製剤

表 8.2 におもな工業用酵素製剤を示す．これら酵素製剤の用途は，デンプン加工，シロップの生産，醸造，菓子製造，酪農工業，合成洗剤，肉の軟化，飲料アルコールおよびジュースの清澄，甘味料の生産，フレーバーの改良など多岐にわたる．また，医療や研究分野では，酵素のもつ高い基質特異性を利用するために，酸化還元酵素，転移酵素，加水分解酵素などが酵素試薬として用いられている．

8.5.3　組換え微生物による酵素の製造

最近，遺伝子組換え技術を用いた工業用酵素の生産が行われるようになった．この技術を用いると，微生物酵素の高生産が達成できるのみならず，動植物由来酵素も大量に生産できる．また，高生産できるため，培養サイズの縮小や，コスト削減が可能になる．チーズ製造時に用いられる子牛の第四胃由来凝乳酵素**キモシン**は，組換え DNA 技術により大腸菌や酵母 *Kluyveromyces marxianus* var. *lactis* を用いて生産されている．また，血栓溶解酵素であるウロキナーゼは人尿より抽出・精製されていたが，同酵素遺伝子を組み込んだ大腸菌による大量生産に成功している．

8.5.4　固定化酵素

固定化酵素(immobilized enzyme)とは，本来は水に溶けやすい酵素を不溶性の担体に結合し，一度使用した酵素を回収できるようにしたものであり，**不溶化酵素**(insolubilized enzyme)ともいう．固定化酵素を使用すると連続的反応が行えるので，効率的に有用物質を生産できる．また，繰り返し使用できるので，コストの削減にもなる．さらに，反応装置の自動化も期待できる．酵素を固定化すると，一般に酵素が安定化されるが，基質との接触の頻

8.5 酵素の製造

表 8.2 おもな工業用酵素製剤

酵 素	生産微生物	作 用	応用例
α-アミラーゼ	B. subtilis Bacillus licheniformis A. oryzae A. niger など	デンプン中のα-1,4-グルコシド結合を加水分解する(エンド型).	デンプンの液化, 食品加工, 醸造用など
β-アミラーゼ	Bacillus cereus Bacillus circulans Bacillus megaterium Bacillus polymyxa	デンプン中のα-1,4-グルコシド結合を加水分解する(エキソ型).	マルトースの製造
グルコアミラーゼ	A. oryzae A. niger Rhizopus oryzae	デンプン中のα-1,4-およびα-1,6-グルコシド結合を加水分解し, D-グルコースを生成する.	D-グルコースの製造
グルコースイソメラーゼ	Bacillus coagulans Streptomyces albus	D-グルコースの半分をD-フルクトースに変換する.	異性化糖の製造
ニトリルヒドラターゼ	Pseudomonas chlororaphis Rhodococcus rhodochrous	ニトリルを水和してアミドに変換する.	アクリルアミドの製造
プルラナーゼ	Klebsiella aerogenes Bacillus sp.	プルランおよびアミロペクチンのα-1,6-グルコシド結合を加水分解する.	デンプンの液化と粘度の減少
プロテアーゼ	B. subtilis A. oryzae B. licheniformis	タンパク質のペプチド結合を加水分解する.	食肉およびチーズの香味を増進, 衣服のタンパク質汚れの除去
ペクチナーゼ	A. oryzae R. oryzae	ポリガラクツロン酸のα-1,4結合を加水分解する.	果汁やワインの清澄化
リパーゼ	A. oryzae A. niger R. oryzae	脂肪中のエステル結合を加水分解する.	衣服の脂質汚れの除去や食品のフレーバー改良
ムコールレンニン	Mucor miehei M. pusillus	牛乳タンパク質(κ-カゼイン)を特異的加水分解して凝固させる.	チーズの製造

度が減少するので反応速度は低下する.

固定化酵素は，バイオリアクター(8.5.5 項参照)やバイオセンサーの反応素子として，食品工業，医薬品工業，有機合成，産業廃棄物の処理，定量分析などの幅広い分野で実用化されている．最近では，精製した酵素を用いることなく，酵素生産微生物の細胞(休止菌体)をそのまま固定化して使用する方法が広く用いられている．

酵素を固定化するためには，酵素の高次構造を維持し，酵素の触媒部位や結合部位が変化しない方法を選択しなければならない．固定化の方法は，**担体結合法**，**架橋法**，**包括法**の三つに大別される．図 8.20 に模式図を示す．

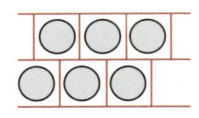

図 8.20　酵素および微生物細胞の固定化法

（1）担体結合法

セルロースやアガロースなどの多糖類，ポリアクリルアミドゲルやポリスチレン樹脂などの合成高分子，多孔性ガラスビーズやアルミナなどの無機質担体，イオン交換樹脂などに，共有結合，物理的吸着，イオン結合などの方法によって酵素を結合させ，固定化する方法である．

（2）架橋法

担体結合法とは異なり，グルタルアルデヒド，ヘキサメチレンジイソシアネート，N, N'-エチレンビスマレイミドなどの架橋試薬を用いて，酵素どうしを架橋して固定化する方法である．

（3）包括法

多糖や合成高分子などで酵素を包括する方法である．ゲルの微細格子のなかに酵素を取り込む格子型と，半透明の皮膜により酵素を被覆するマイクロカプセル型がある．包括法では，酵素は不溶性の高分子空間内に保持されており，化学的な修飾は受けていないため，生（native）の状態に近い安定な固定化酵素が得られる．包括に使用される物質は，κ-カラギーナン，アルギン酸，ポリアクリルアミド，ポリビニルアルコールなどである．

8.5.5　バイオリアクター

固定化酵素などの生物触媒を利用した工業プロセス用装置を**バイオリアクター**（bioreactor）という．バイオリアクターを用いると，酵素を繰り返し使用できるだけでなく，反応生産物の分離が容易になる．また，常温，常圧のような温和な条件下で反応を行うことができる．

バイオリアクターの型式には，次のようなものがある．

- 固定化酵素などを反応器に充填して反応を行う固定床型
- 撹拌機のついた反応器を用いて反応を行う撹拌槽型
- 反応器に送り込むガスや液体の流速を高めることによって充填物を流動

化させた流動型
- 酵素を通さない限外ろ過膜を使用して酵素反応生成物の分離を容易にした膜型リアクター

表 8.3 に，実用化されているバイオリアクターの例を示す．

表 8.3 バイオリアクターの工業化例

酵素	型式	触媒作用	応用例
アミノアシラーゼ	固定床	N-アセチル-L-アミノ酸の脱アセチル化	アミノ酸の製造
グルコースイソメラーゼ	固定床	D-グルコースの半分をD-フルクトースに変換	高果糖異性化糖の製造
シクロデキストリングルカノトランスフェラーゼ	膜	デンプンからシクロデキストリンを生成	シクロデキストリンの製造
ペニシリンアシラーゼ	撹拌槽	天然型ペニシリンから側鎖を除去し，6-アミノペニシラン酸を生成	半合成ペニシリンの製造
ラクターゼ	流動床	ラクトースを加水分解し，D-グルコースとD-ガラクトースを生成	ラクトース分解牛乳の製造

8.6 発酵食品の製造

微生物を用いて加工した食品を**発酵食品**という．発酵食品は，伝統的な製造方法を基本とし，これに近代的な微生物学を応用した手法により製造されている．発酵食品の製造方法は，細部にわたって工夫された点が多く，嗜好的，栄養学的にも優れた食品をつくりだす．

8.6.1 しょう油，みそ

東アジア，東南アジア圏で使われている**発酵調味料**を大別すると，大豆などの植物を原料とするもの（日本，韓国，中国などの地域）と，魚類を原料とするもの（東南アジア）の二つに分かれる．用いる微生物は，前者では主として $Aspergillus$ 属の菌株，後者では $Rhizopus$ 属や $Mucor$ 属の菌株である．

しょう油とみそはいずれも，大豆，米や麦などの穀類を原料とし，麹菌（$Aspergillus$ 属の菌株）を加えて仕込んだあと，熟成したものである．しょう油は液体であり，みそは半固体状である．

(1) しょう油

しょう油は，原料を蒸煮し，麹菌を加えて麹をつくったあと，食塩とともに仕込んで数ヶ月熟成させてつくられる（図 8.21）．その原料の違いなどにより，表 8.4 に示すように 5 種類に分類される．

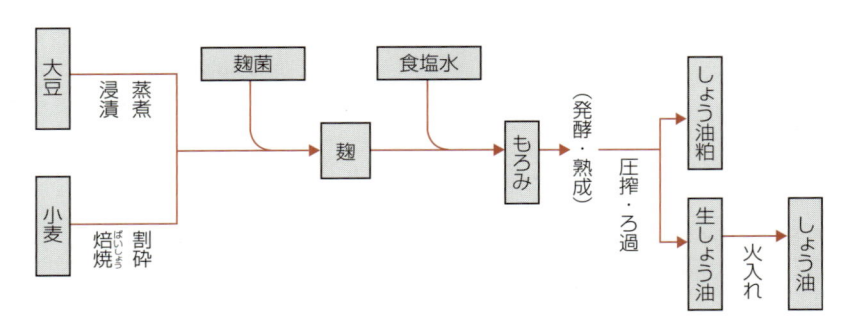

図 8.21　しょう油（こいくちしょう油）の製造工程

表 8.4　しょう油の種類

種　類	製造法および製品の特徴
こい口しょう油	大豆にほぼ等量の小麦を加えて麹製造の原料とし，発酵させて製造したしょう油．色は赤褐色で香気が強い．
うす口しょう油	大豆にほぼ等量の小麦を加えて麹を製造したあと，熟成したもろみに米を糖化して製造した甘酒を加え，色を薄くしたしょう油．塩濃度が高く窒素含量が低い．
たまりしょう油	大豆単独または少量の小麦を加えて麹製造の原料としたもの．味が濃厚．
再仕込みしょう油	大豆にほぼ等量の小麦を加えて麹製造の原料とし，仕込みに際して，食塩水の代わりに熟成もろみの圧搾液を加えて製造したしょう油．味と色が濃厚．
しろしょう油	小麦に少量の大豆を加えて麹製造の原料とし，発酵させたもの．色は薄く甘みが強い．

　麹菌は A. oryzae のほか，Aspergillus sojae が用いられる．しょう油用の麹製造用麹菌には，大豆タンパク質を分解する**プロテアーゼ**活性の高い菌株が用いられる．

　熟成の期間中，麹菌の生産するプロテアーゼにより原料中のタンパク質が分解され，ペプチドやアミノ酸になり，しょう油の風味が形成される．麹菌のプロテアーゼは，タンパク質分子内部のペプチド結合を加水分解するエンド型と，タンパク質の末端部から加水分解するエキソ型に分けられる．タンパク質が完全にアミノ酸に分解されるためには，エンド型とエキソ型プロテアーゼの加水分解作用のバランスがよいことが重要とされている．アミノ酸のなかで，L-グルタミン酸は，しょう油の風味に重要な役割を果たす．大豆タンパク質中には L-グルタミンが多いので，L-グルタミンから L-グルタミン酸を生成するグルタミナーゼが重要な働きをする．

　また，原料中のデンプンは，麹菌のアミラーゼにより糖化され，甘みが増加する．熟成期間中には Zygosaccharomyces rouxii, Candida versatilis など

の酵母，*Tetragenococcus halophilus* などの細菌（乳酸菌）が外部から入ってきて，エタノールや乳酸を生成し，しょう油の風味を増加させる役割を果たす．しかも，しょう油は，16〜18% の食塩水中で熟成を行うため，雑菌は増えにくい．上に示した微生物は，いずれもこのような食塩濃度で増殖できる耐塩性の微生物である．

　麹菌は，タンパク質やデンプンを分解する酵素を生産するだけでなく，熟成期間中に麹菌自身の菌体が自己消化を起こし，その菌体成分がしょう油の中に溶出する．その結果，しょう油に微妙な風味を加えることになる．

　しょう油は熟成後，一般に圧搾・ろ過して液体状の製品にするため，原料中に含まれる総窒素の利用率（可溶化）が課題となっている．このため，大豆タンパク質が十分分解されるように，原料大豆の蒸煮温度や時間，蒸煮後の冷却方法などにおいてさまざまな工夫がなされている．

(2) み　そ

　みそは，しょう油と異なり，米や麦から麹をつくったあと，その他の原料と混合し，食塩を加えて熟成してつくられる（図8.22）．

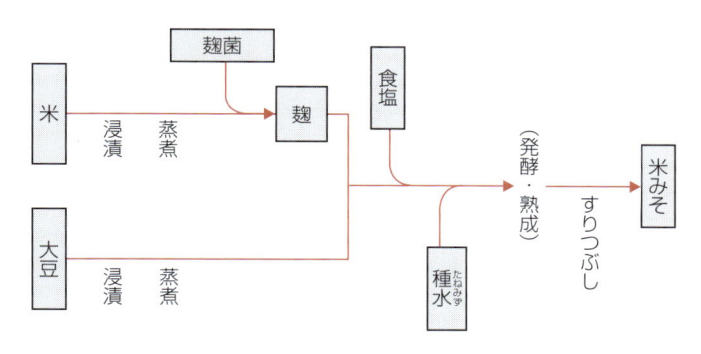

図 8.22　米みその製造工程

　しょう油の製造で行われる圧搾の過程はなく，仕込んだすべての原料が製品となる．みそは次の三つに分類される．

① 米麹，蒸煮した大豆，食塩で製造する米みそ
② 麦（ハダカムギ，オオムギ）麹，蒸煮した大豆，食塩で製造する麦みそ
③ 大豆麹と食塩で製造する豆みそ

　麹の製造には *A. oryzae* が用いられる．熟成の期間中，麹菌の生産するプロテアーゼにより原料中のタンパク質が分解され，ペプチドやアミノ酸になり，みその風味が形成される．また，原料中のデンプンは麹菌のアミラーゼにより糖化され，甘みが増加する．熟成には数ヶ月かかるが，この期間に，しょう油の場合と同様，耐塩性の酵母や乳酸菌が外部から入ってきてエタノール

や乳酸を生成し，みその風味を増加させる．

8.6.2 食　酢

　食酢は，酢酸を主成分とし，糖，アミノ酸，有機酸，香気成分を含む調味料である．酢酸は，*Acetobacter aceti* などの酢酸菌により，アルコール発酵で生成したエタノールからつくられる．エタノールから酢酸を生成することを**酢酸発酵**(acetic acid fermentation)という．食酢は，原料の種類により，米酢，酒粕酢，リンゴ酢，ブドウ酢，麦芽酢などに分類される．

　米を原料にした場合の製造工程を図 8.23 に示す．米酢の製造過程には，デンプンの糖化，アルコール発酵，酢酸発酵が含まれており，かなり複雑な化学変化を経る．

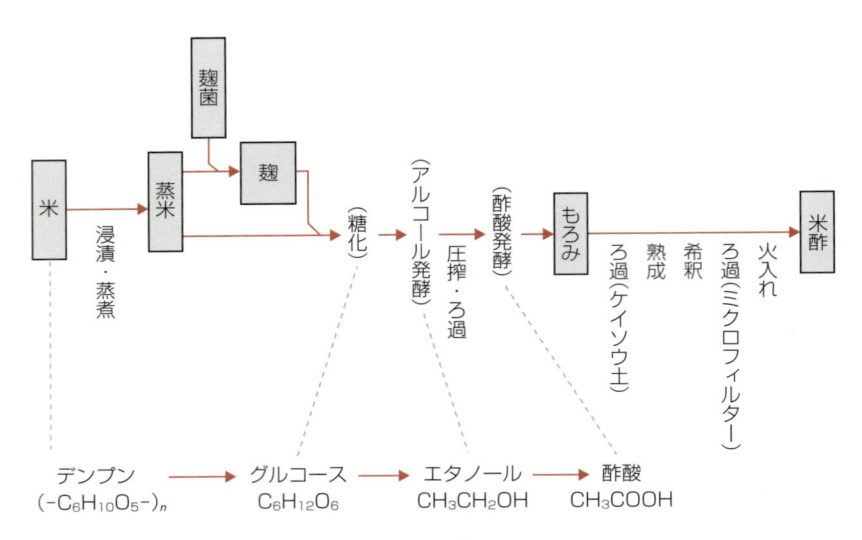

図 8.23　米酢の製造工程と化学変化

　食酢の製造法には，食酢の発酵液を撹拌しない表面培養法と，通気撹拌する深部培養法がある．前者の方法では発酵に 1～2ヶ月かかるが，後者の方法だと増殖速度が速いので数日で高濃度の酢酸を蓄積できる．酢酸発酵は低い pH で行われるため，雑菌に汚染されることが少ない．したがって，一般に原料などを殺菌しない．また，酢酸発酵の種菌は前回培養して得たもろみを使用するため，その発酵現場に適した酢酸菌が淘汰される．発酵の過程では，酢酸菌のほかに酵母なども関与しており，これらの存在が食酢に風味を与えている．

　酢酸菌は，好気性菌なので，表面培養法では培養液の表面にしわをもった菌膜をつくる．この菌膜が絹織物のちりめんに似ているので，酢酸菌をちりめん菌ともいう（図 8.24）．正常な発酵が行われているときには，菌膜はちり

めん状になるが，*Gluconacetobacter xylinus* などの有害酢酸菌に汚染されると，こんにゃく（ゲル）状になる．これは，有害酢酸菌によって生成されたセルロースによる．これらの微生物の生産するセルロースは，植物性のものと異なり，リグニンなどを含まない純粋なセルロースのみから構成される．また，それぞれのセルロース繊維も細く，網目構造をもっているので多量の水分を保持することができる．これらの微生物セルロースのシートは，引っ張りに対して強いので，ほかの繊維をシート化するときのバインダー（つなぎ用物質）として利用される．また，音響伝播速度が速いため，高級ヘッドホンの振動板の材料としても使用されている．

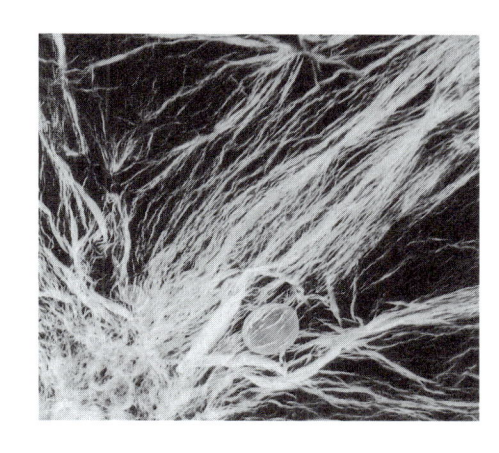

図 8.24
ちりめん状になった
酢酸菌の菌膜

8.6.3 パ ン

パンは，小麦粉と水をこね混ぜてつくった生地に酵母を加えて二酸化炭素を発生させ，その気泡によりふっくらとした状態に焼き上げたものである．用いる酵母はパン酵母 *Saccharomyces cerevisiae* である．小麦粉には少量の糖が含まれている．また，小麦粉のデンプンは，小麦粉に含まれているアミラーゼにより糖化される．さらに，パン生地には砂糖を加える．これらの糖は，嫌気条件下でパン酵母によって代謝され，エタノールと二酸化炭素を発生する．この二酸化炭素が気泡となってパンのふくらみに利用される．また，大部分のエタノールはパンを焼くときに蒸散するが，一部は残留してパンに香気を与える．

パン酵母は圧搾酵母，乾燥酵母として市販されている．最近，冷凍耐性パン酵母が開発され，パン酵母を含む生地をつくって冷凍保存しておき，必要に応じて解凍，発酵させて気泡を発生させることができるようになった．

8.6.4 納 豆

納豆は，蒸煮した大豆に納豆菌 *Bacillus natto*〔Bergey のマニュアル（3.2.3

項参照）では B. subtilis に分類されている〕を接種し，比較的高温（42～45℃）で20時間前後培養したものである．納豆菌の生産するプロテアーゼにより，大豆中のタンパク質はペプチドやアミノ酸に分解されて風味が増し，消化のよい発酵食品となる．

納豆の粘着物質は，ポリグルタミン酸（D および L-グルタミン酸のポリマー）とフラクタン（フルクトースのポリマー）からなる．

8.6.5 つけ物

つけ物の種類は非常に多く，世界各地において，その土地で生産される野菜を原料とするつけ物が製造されている．多くのつけ物の製造には微生物が関与している．乳酸菌は，糖から乳酸を生成するので，ぬかづけ，塩づけ，ピクルスなどに香ばしい酸味を与える．また，乳酸の蓄積によって，つけ物のpHが低下するので，雑菌を抑えることになる．乳酸菌は，乳酸のほかにアルコール，有機酸などを生成してつけ物に香味を与える．

酵母は，アルコールやエステルを生産し，つけ物に香味を与える．しかし，産膜性の酵母[*9]は，つけ物の表面に増殖し，外観を悪くしたり悪臭を発生したりして，つけ物の品質を低下させる．

嫌気性菌である酪酸菌は，**酪酸**（butyric acid, 1.4節参照）を生成して悪臭を発生させるので，つけ物の品質を低下させる．

8.6.6 かつお節

かつお節は，原料であるカツオの肉を煮熟したあと，焙乾（燻製）してつくられる．かつお節の香りはこの操作により付加される．焙乾したカツオ肉に *Aspergillus glaucus* などでカビ付けをし，熟成する．カビ付けに使用するカビは一般に，乾燥に強く，タンパク質の分解力は弱いが脂肪の分解力は強いという特徴をもつ．このようなカビの働きによって製品の光沢が増し，風味もよくなる．また，筋肉中の核酸関連物質の分解によって，5′-イノシン酸が生成し，うま味が増加する．

8.7　その他の微生物生産物

微生物は，以上のほかに，多方面で有用物質の製造に利用されている．

8.7.1 糖アルコール

グルコースなどの単糖類のアルデヒド基を水酸基に還元した物質を，**糖アルコール**（sugar alcohol）という．糖アルコールは甘味をもち，代謝されにくいので，低カロリー甘味料として用いられる．六炭糖の糖アルコールであるマンニトールはガムやアメ類の甘味料として使用され，ヘテロ発酵乳酸菌で

[*9] ある種の酵母は空気と接触する液体の表面で増殖し，膜状となって表面を覆う．このような酵母を産膜酵母と呼ぶ．産膜酵母は，食品の製造において香味を損なうなどの害を与える．

ある *Leuconostoc mesenteroides* などによって製造される(図 8.25).

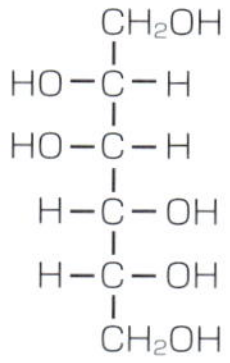

$$
\begin{array}{c}
CH_2OH \\
| \\
HO-C-H \\
| \\
HO-C-H \\
| \\
H-C-OH \\
| \\
H-C-OH \\
| \\
CH_2OH
\end{array}
$$

図 8.25　D-マンニトールの構造

8.7.2　デキストラン

デキストラン(dextran)は，グルコースを単位とする α-1,6-結合を主体とした粘質性の多糖類で，おもに血漿(けっしょう)増量剤として使用されている．デキストランは，10～20%の高濃度のスクロースを原料とし，*Leuconostoc* 属や *Streptococcus* 属の乳酸菌を用いて製造される．

8.7.3　微生物農薬

昆虫に対して病原性を示す微生物を利用した殺虫剤を，**微生物農薬**という．微生物農薬は，もともと自然界に存在している生物間の相互作用を利用するものであり，化学物質の農薬よりも環境に与える負荷は少ないとされる．代表的な微生物農薬は *Bacillus thuringiensis* を用いて製造した BT 剤である．*B. thuringiensis* は，菌体内に，昆虫に対して毒性を示す結晶性のタンパク質(BT タンパク質)を蓄積する．これまでに 30 種類以上の BT タンパク質が見いだされている．BT タンパク質の遺伝子を作物に導入し，作物の組織内で BT タンパク質を生合成できるようにした遺伝子組換え作物もつくられている．

練習問題

1. 清酒，ビール，ワインの製造法において，糖化，アルコール発酵の方法を比較しなさい．また，清酒の製造法において，ほかの二つのアルコール飲料とは異なる特徴を述べなさい．
2. 有機酸の発酵生産において，それぞれの有機酸の生産菌と生産上の特徴を一覧表にまとめなさい．
3. 栄養要求性変異株と薬剤耐性変異株の分離法において，それぞれの利点，欠点をあげなさい．また，これらの分離法で得た変異株によるアミノ酸製造の例を一つずつあげなさい．
4. 酵素法による L-アスパラギン酸の製造は，アミノ基の代謝に関与する酵素を利用して行われる．7.2.3 項を参照しながら L-アスパラギン酸の生成反応を分類したのち，どのような酵素を利用して L-アスパラギン酸を製造するかを説明しなさい．

5 ヌクレオチドが呈味性を示すためには，少なくとも，リボースまたは2-デオキシリボースの5′位の炭素原子にリン酸基が結合していることが必要であり，3′位の炭素原子にリン酸基が結合していても呈味性は示さない．RNAから5′-ヌクレオチドが生成するためにはどのような部分を加水分解する(基質特異性という)酵素が必要であるかを，RNAの構造式を使って説明しなさい．

6 酵素を固定化する方法を説明しなさい．また，酵素を固定化するとどのような利点があるかを述べなさい．酵素を固定化することによる不利な点も述べなさい．

7 乳酸菌の関与する発酵食品をあげなさい．また，それぞれの乳酸菌は発酵食品の製造において，どのような働きをしているか説明しなさい．

9章 微生物の生態と地球化学的物質循環への寄与

9.1 微生物のすみか

　微生物はいたるところに生息しており，微生物が生息できない環境はきわめて限られる．たとえば，南極の氷上や，深海の高圧で高温水蒸気が噴き出すところでも，微生物の生息が確認されている．しかし，この事実は，ある一つの微生物種があらゆる環境で増殖できることを意味するものではない．

　多くの微生物は，胞子など，ほかの場所へ分散するのに必要な器官を形成する．また，微生物は，劣悪な環境下で長期間生き抜くための機能を，その細胞や胞子の中に備えている．これらの細胞や胞子が，気流や水流，あるいはほかの生物によって運ばれ，地球上のさまざまな場所に移動し，分散する．しかし，微生物の生息が確認できるのは，それぞれの微生物種の増殖に必要な条件を満たす場所だけである．微生物の増殖を制限する要素としては，温度，水分，pH，必要とする栄養素，エネルギー源，酸素濃度，圧力などがある．また，微生物によっては，ほかの生物の存在を必要とするものもある．

　ここでは，微生物のすみかとしての環境について説明する．

9.1.1 土　壌

　私たちの身近で，微生物の増殖が最も豊富に認められる環境は**土壌**（soil）である．土壌は，**固相**，**液相**，**気相**の3相すべてを含み，それらがモザイク状に存在する複雑な環境である．また，土壌の固相は，**団粒**（aggregate）と呼ばれる構造を形成している（図9.1）．微生物のすみかとして土壌を考えるうえで，この団粒構造はきわめて重要である．

　微生物は，一般に，土壌の鉱物粒子表面や団粒の空隙部分に生息する．液相と気相はこの空隙部分に存在している．液相，すなわち団粒を覆って空隙に広がる水の層は，水溶性の無機養分や有機物を微生物に供給するうえで重要である．しかし，酸素は水に溶けにくいため，水は酸素量の制限要因にも

なる．団粒間に占める水の量が多くなれば，気相，すなわち空気の量が減り，嫌気的な環境となる．とくに，土壌中の空気は，微生物の活動により，二酸化炭素分圧が高く，酸素分圧が低くなっている．さらに，団粒構造とその間に広がる水の影響で，気体の移動が制限されている．したがって，微小な土壌空間でも，好気的空間や嫌気的空間が入りまじり，それらの環境は，降水，潅水(かんすい)，微生物自身の活動などによって目まぐるしく変化する．

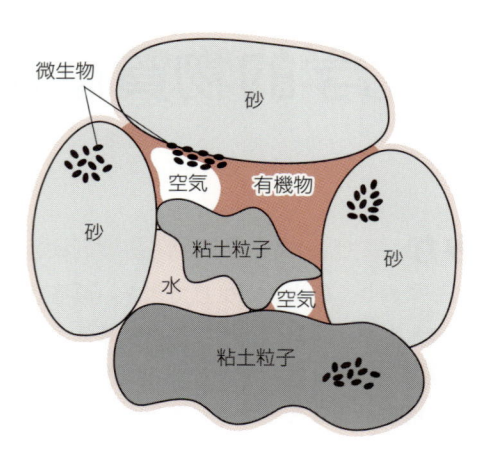

図9.1 土壌の団粒構造

　一般に，団粒構造のよく発達した土壌の表層では，十分な栄養と酸素の供給があるため，多くの微生物，とくに好気的な細菌や真菌が活動している．さらに，これらの微生物を捕食する原生動物などもしばしば見いだすことができる．しかし，このような場所でも，嫌気的な微生物の活動が見られる．すべての微生物の生息環境に当てはまることであるが，微生物のすみかとして土壌を考える場合，とくに微小環境に注目する必要がある．

9.1.2 空　中

　微生物は空中では増殖できない．その理由は，空中では増殖に必要な栄養素が確保できないからである．しかし，微生物の細胞や胞子は空気中から普通に見いだされる．これらの浮遊する微生物は，生息場所から風などで舞い上がり，気流に乗って漂い続けるが，重力や降雨によって再び地上などに降りる．つまり，空中は，微生物の増殖場所としてでなく，分散・伝搬するための媒体として重要なのである．

9.1.3 淡水，海水

　水中にもさまざまな環境が存在し，それぞれに特徴ある微生物群集が生息している．水中に浮遊して生活する微生物，たとえばプランクトンと呼ばれる藻類や原生動物は，水中を浮遊するための構造や細胞機能をもっている．

水中の沈殿物，動植物，それらの遺物などの表面で生息する微生物も数多く見いだされる．これらの微生物は，物質の表面に付着し，分泌粘液で自身が生息する細胞群集を覆って増殖する（この構造物を**バイオフィルム**という）．

微生物の水環境における増殖制限要因としては，栄養分の濃度，光，酸素濃度がとくに重要である．たとえば，水に溶解している栄養分の種類，濃度は環境によりかなり異なる．一般に，外洋では，無機栄養分，有機物とも濃度は低く，生息している微生物の密度は低い．一方，農業用水や生活排水の流れ込む淡水域や近海などでは，リン酸塩や硝酸塩が豊富に供給される．このような水域の，光が十分到達する深度の水中では，藻類やシアノバクテリアなどの光合成微生物の旺盛な増殖が見られる．これらの微生物が爆発的に増殖すると，アオコや赤潮と呼ばれる現象が起こる．光合成微生物の増殖は，水域の有機物濃度を増加させ，その結果，従属栄養微生物が増殖する．従属栄養微生物が水の流れや移動の少ない水域で大規模に増殖すると，酸素を消費し，魚介類や水中の動植物の大量死を引き起こす．

9.1.4 地 下

今までは，地下の深い場所は無菌の世界と考えられていた．しかし，最近の研究によると，地下数百メートルから数キロメートルにある岩石のサンプルから，多数の微生物が見いだされている．その多くは独立栄養細菌や古細菌である．このような地下は，暗黒，無酸素，高圧，低栄養，ときには高温など極限的な環境であるため，そこに生息する微生物群は，深海底に生息する微生物群と同じように特異的であることがわかってきた．さらに，地下環境は地表から隔離されているので，そこに生息する微生物群は，地球上のほかのすみかに由来した微生物とは異なる生態や特性をもっている可能性があり，これらに関する研究が進行中である．

9.2 微生物とほかの生物との相互作用と共生

微生物は，それぞれの微生物に適合した環境に生息しているが，多くの場合，同一環境下に多種の微生物が増殖している．その結果，それぞれの微生物の増殖にともない，栄養資源をめぐる競合が生じる．この競合を勝ち抜くために，微生物はさまざまな特性や能力を備えている．たとえば，ほかの生物より速やかに栄養源や空間を占有する能力や，ほかの生物に対して有害な物質（抗生物質など）を生産し，競争相手を排除する能力などである．また，ほかの生物が利用できない栄養源を利用して増殖できる能力を得て，ほかの生物との競争を避けるようになった微生物も多い．

一方，微生物の増殖には，ほかの生物との相互依存的な関係も見られる．これを**共生**(symbiosis)いう．相互依存の程度は，絶対的なものからきわめ

て緩やかなものまでさまざまである．共生は，生物間の相互作用から表9.1のように分類されている．しかし，ある相互作用がどの分類に属するかを厳密に決定することは難しく，利害の評価は，見方や環境条件によって変わる場合もある．たとえば，私たちの皮膚表面には多くの微生物が存在し，皮膚からの分泌物を利用して生息している．私たちは，これらの微生物に対して利益を与えているが，これらの微生物は，私たちに何も与えてはくれない．しかし，これらの細菌は皮膚上の空間や栄養源を占有しているため，ある病原菌が皮膚に付着してもそこに定着することは難しい．このような場合には，私たちも皮膚表面に生息する微生物から利益を得ていることになる．また，皮膚上の微生物が，感染症や食中毒の原因になることもあり，このような場合には，微生物は私たちに害を及ぼすことになる．

表9.1 生物間の利害関係から見た共生および生物間相互作用

相互作用		相互作用にかかわる生物種	
		A	B
共生	相利共生	＋	＋
	片利共生（偏利共生）	＋	±
	片害共生	±	－
	寄生／捕食	＋	－
ほかの相互作用	中立	±	±
	競合	－	－

＋はその生物にとって何らかの利益があることを示す．
同様に，－は害があり，±は利害がないことを示す．

共生は生物間の相互関係のなかで決して特殊なものではない．生物の世界ではきわめて普遍的なことである．生物の共生は，共生するそれぞれの生物が異なる生理的機能，生態的特性をもつような場合に発達・進化すると考えられている．その理由は，共生によりそれぞれの機能や特性が補完される結果，単独で生活するより高い能力が発揮できるようになるからである[*1]．

9.2.1 微生物-微生物間の相利共生

藻類やシアノバクテリアは光合成微生物であるので，増殖するためには光，無機栄養分，水が必要であり，無機栄養分や水の乏しい岩の上などでは増殖できない．一方，真菌は，水の乏しい環境においても菌糸を張り巡らして水分や無機栄養分を集め，菌糸ネットワークを通じて離れた器官組織に送る能力をもっているが，増殖するためには有機物が必須である．したがって，両者は増殖に必要な栄養分を補完できる関係にあり，その共生体は**地衣類**（lichens）と呼ばれている．

この共生関係では，藻類やシアノバクテリアは，無機栄養分や水を共生す

[*1] 自然環境下では異なる微生物どうしが協同体（微生物コンソーシアム）をつくって生きている．たとえば，基質の利用性が異なる微生物群が共存することにより，協同体が生育する基質の分解利用に必要なあらゆる種類の酵素が産生され，単独の微生物種では利用できない基質を相互に利用できるようになる．また，協同体は基質の共有だけではなく，互いの生活に適した環境も生み出している．たとえば，土壌団粒上や水中の協同体では，表層で好気的な微生物が活動することにより，内部が嫌気状態になり，好気性微生物と嫌気性微生物が共存できる環境をつくり出している．

る真菌から得て増殖するとともに，真菌の菌糸上で生活の場を確保している．一方，真菌は，藻類やシアノバクテリアが生合成した有機物を利用して増殖する．地衣類は，森の樹木上や岩石上だけでなく，極地，高山，砂漠，潮風にさらされる海岸の岩石上など，藻類，シアノバクテリア，真菌が単独では増殖できない厳しい環境下でも見いだすことができる．

9.2.2 植物–微生物間の相利共生

植物–微生物間の相利共生は，植物と真菌が関与する**菌根共生**において見られる．**菌根**（mycorrhiza）は，シダ植物や種子植物などの維管束植物の細根[*2]に真菌が侵入して形成される構造物である（図9.2）．高等植物の約90％の種が菌根をもつといわれている．菌根共生において，植物は光合成によって得た有機物を共生する真菌に供給している．一方，真菌は，植物の根をはるかに越える広い範囲に菌糸を伸ばし，水分や無機栄養分を吸収して植物に供給している．すなわち，植物は共生する真菌を通じて，養分を吸収できる土壌の容積を増加させているのである．

[*2] 養水分吸収にかかわる根で，一般に直径2mm以下のものをさすことが多い．

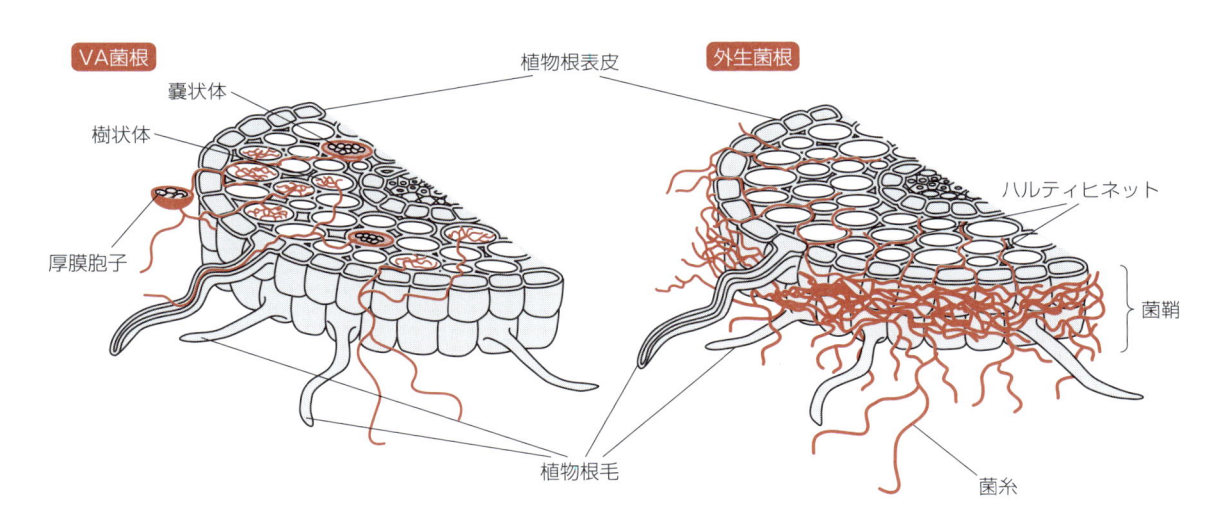

図9.2　代表的な菌根共生であるVA菌根と外生菌根
VA菌根ではVA菌根菌が細根組織の細胞内に侵入し，嚢状体（vesicle）や樹状体（arbuscule）を形成する．細根から伸びた菌糸には単純な形をした厚膜胞子が頻繁に認められる．VA菌根菌と共生する植物種はきわめて多い．外生菌根では，菌根菌菌糸が細根表面を覆い，菌鞘と呼ばれる組織をつくる．菌糸は細根組織に侵入するが細胞内には侵入せず，細胞間隙に網目のように拡がる．この構造をハルティヒネットと呼んでいる．外生菌根を形成する植物はVA菌根を形成する種に比べれば少ないが，マツ科やブナ科など北半球の主要森林構成樹種が多く含まれている．また，外生菌根菌の多くは担子菌で，いわゆるきのこを子実体としてつくる．〔図はJ.J.Perryほか，"Microbial Life"，Sinauer Associates（2002）より〕

植物–微生物間の相利共生は**根粒共生**においても見られる．**根粒**（root nodule）は，マメ科植物根と*Rhizobium*属および*Bradyrhizobium*属細菌，また，ハンノキ科などの樹木根と*Frankia*属細菌が共生するときに形成され

る構造物である(図9.3). 根粒共生において植物は, 光合成によって得た有機物を共生する細菌に供給する. 一方, 細菌は, 大気中の分子状窒素(N_2)をアンモニアに変換(窒素固定)し, 共生する植物に供給する. したがって, これらの植物は, 窒素の少ない荒地などでも旺盛に増殖できる.

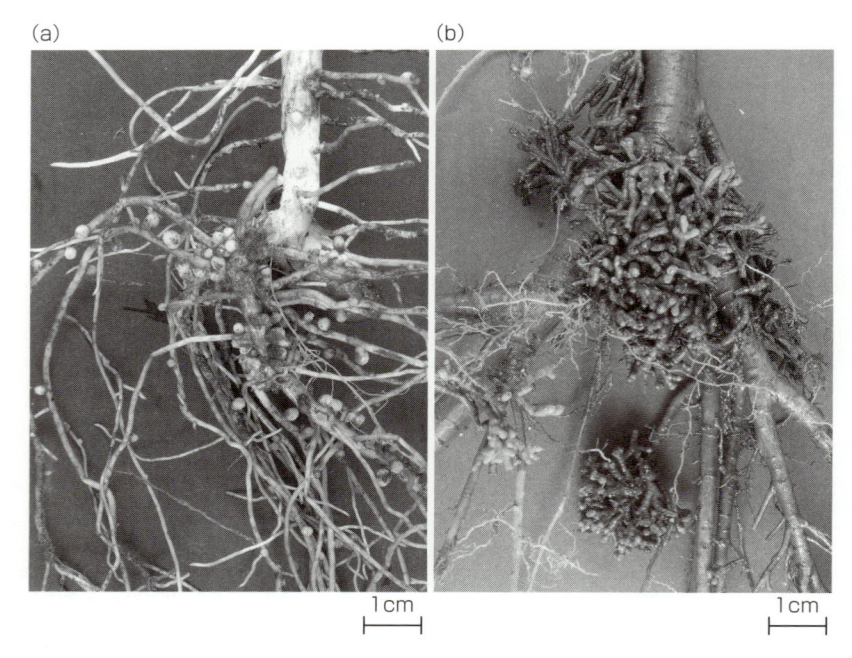

図9.3 代表的な根粒共生であるマメ科植物根粒(a, ソラマメ)と *Frankia* 根粒(b, ヤシャブシ)

9.2.3 動物-微生物間の相利共生

　動物-微生物間の相利共生は, シロアリと微生物の関係において見いだすことができる.

　樹木は, 光合成によって得た有機物を, セルロースやリグニンなどの形で蓄積している. これらの有機物は, 樹木の主成分であり, 樹木の資源利用価値を高めているが, 難分解性で窒素含量が少ないため, ほかの生物にとっては良質の栄養源ではない. しかし, シロアリは, さまざまな微生物と共生することにより, 樹木を有効に利用している. 日本各地に生息するヤマトシロアリは, 腸内に嫌気性原生動物や嫌気性細菌などを共生させている. これらの微生物は, ヤマトシロアリの摂取したセルロースやリグニンを分解し, 栄養源として利用しやすくなった分解物を炭素源として宿主であるヤマトシロアリに供給するとともに, 窒素固定を行い, 窒素源も宿主に供給している(図9.4). したがって, ヤマトシロアリの栄養摂取は共生する微生物群に完全に

依存しているといえる．一方，共生する微生物の多くは，ヤマトシロアリの腸内でのみ増殖できる．これらの微生物が増殖するためには，ヤマトシロアリの腸内に生息するほかの微生物との共生が必要であり，また，腸内の安定した温度や嫌気条件などの環境が必要であると考えられている．このように，宿主による増殖に適した環境の提供も，共生のための要素となる．

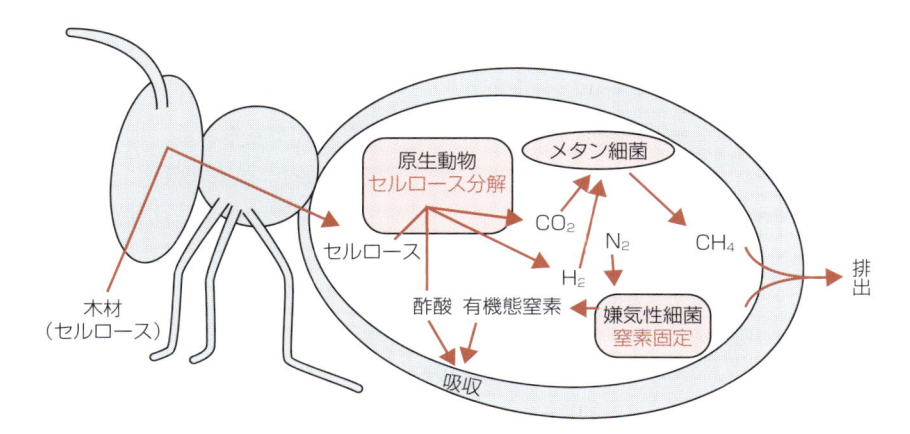

図 9.4　ヤマトシロアリと腸内共生微生物の関係
餌として摂取された木材中のセルロースは，腸内にいる共生原生動物により，酢酸にまで分解される．原生動物はその分解過程で自身の栄養を摂取し，シロアリは原生動物が分解した酢酸を主要な炭素源として吸収する．また，腸内では共生微生物による窒素固定も行われ，餌中に不足している利用可能な窒素を補う．これらの微生物体を含むシロアリの糞の一部は，幼虫の餌としても利用される．

Column

プロバイオティクス

われわれの腸内には100種以上の細菌が生息し，宿主をも含めて一種の生態系を成して共生している．これらの細菌（常在性腸内細菌群）は，宿主が摂食した食物の分解に関与するなどして宿主の栄養摂取に貢献しているだけでなく，外来病原菌と競合し，排除する役割も担っている．さらに，腸管のぜん動運動の促進や，腸管粘膜免疫の活性化に関与し，宿主の消化器系を正常な状態を保つために大きな役割を果たしている．一方，宿主の体調変化がこれらの細菌相に影響を及ぼすことも知られている．このような関係から，腸内の細菌相を適切な状態に整えることが宿主の健康維持や健康改善につながるという考えが生まれた．腸内の細菌相バランスの改善を目的として摂取される生きた微生物やそれを含んだ食品はプロバイオティクスと呼ばれている．プロバイオティクスの使用によって腸内の細菌相は当然変化するが，目的とする有用微生物が腸内に定着するとは限らない．また，変動のメカニズムも十分に解明されているわけではない．動物の腸内はきわめて特殊な環境であり，系も複雑で，研究手法も限られている．われわれの腸の中の世界は，宇宙と同じぐらい深淵である．

また，ヤマトシロアリは，共生する微生物の種類に基づく「においの違い」を利用して，同じ巣の中で生息する個体集団を区別している．そのほかに，宿主が集団の維持や個体間のコミュニケーションに共生する微生物を利用する例として，深海魚と発光細菌の共生などが知られている．

9.3 地球化学的物質循環における微生物の役割

微生物の起源は生物のなかで最も古い．微生物は，地球環境の変化に対応して，さまざまな機能を獲得してきた．たとえば，生物が生きていくために必要なエネルギーを獲得するには，さまざまな様式が見られる．ヒトを含めた動物は，有機物を摂取したのち，酸素を用いて酸化（酸素呼吸）し，エネルギーを得ている（化学合成従属栄養）．しかし，微生物のなかには有機物を摂取したのち，酸素の代わりに硝酸塩や硫酸塩を用いて呼吸を行うものもある．また，植物は光と無機物から有機物とエネルギーを得ている（光合成独立栄養）が，この仕組みの原形は微生物の藻類やシアノバクテリアに見いだすことができる．さらに，細菌や古細菌のなかには，化学エネルギーを用いて炭酸固定を行うもの（化学合成独立栄養菌）も数多くいる．これらの微生物は無機化合物を酸化して化学エネルギーを得ており，酸化される化合物は，アンモニア，亜硝酸塩，硫黄化合物，二価鉄，水素ガスなど多岐にわたる（7.1.3項参照）．

このような微生物の多様な機能は，地球上の化学物質の循環に深くかかわっている．地球上の物質循環は，生物体を構成する元素の，生物集団内における移動または生物集団と非生物的環境との間の移動として理解できる．代表的な元素の物質循環と微生物のかかわりについて以下で説明する．

9.3.1 炭素サイクル

炭素の循環とは，大気，海洋中に存在する二酸化炭素が独立栄養生物により有機物に変換（**一次生産**, primary production）されたのち，有機物が従属栄養生物によって酸化され，再び二酸化炭素として大気，海洋中に戻ることをいう（図9.5）．

陸上における一次生産のほとんどは，樹木などの植物の光合成により担われている．しかし，海洋では藻類やシアノバクテリアなどの光合成微生物が一次生産者として重要な地位を占める．また，水素ガスを二酸化炭素で酸化することによりメタンを生産するメタン生成菌も一次生産に関与する．

細菌や真菌などの従属栄養微生物は，炭素サイクルにおける有機物の分解者として重要な役割を担っている．これらの微生物は，動植物，微生物を含むすべての生物の遺体や有機老廃物を二酸化炭素に酸化して環境中に戻す．地球上で生合成されたほとんどの有機化合物は，微生物により二酸化炭素と

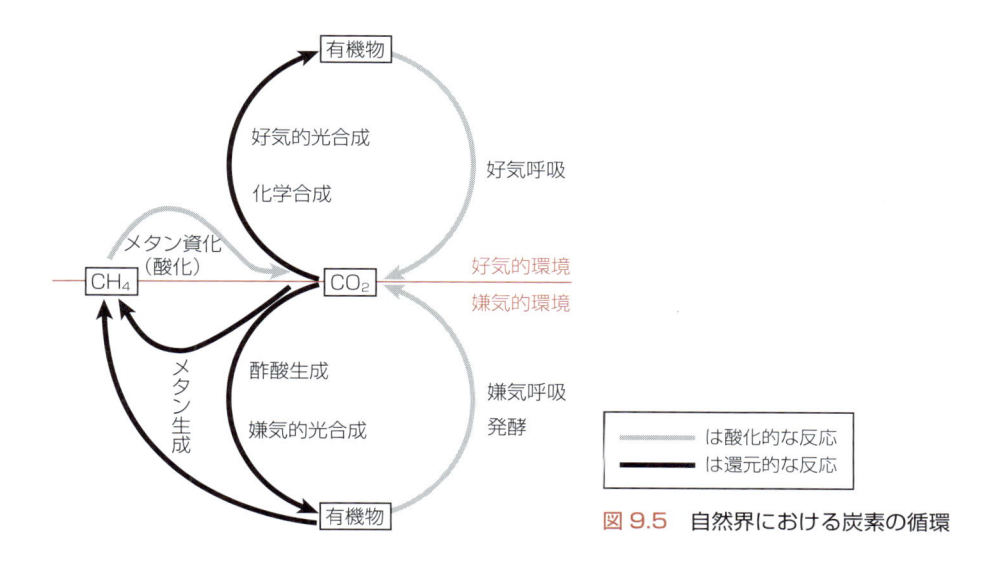

図 9.5　自然界における炭素の循環

して大気，海洋中に還元されると考えられている．しかし，寒冷地の湿原や深海のように微生物の活動が制限されている場所では，有機物が分解されずに蓄積する．石油や石炭などは，太古に蓄積された未分解の有機物がさまざまな化学変化を受けて生成したものと考えられている．

9.3.2　窒素サイクル

窒素は，炭素同様，タンパク質や核酸の構成成分として，地球上のあらゆる生物に必須の元素である．図9.6に自然界における窒素循環の模式を示す．

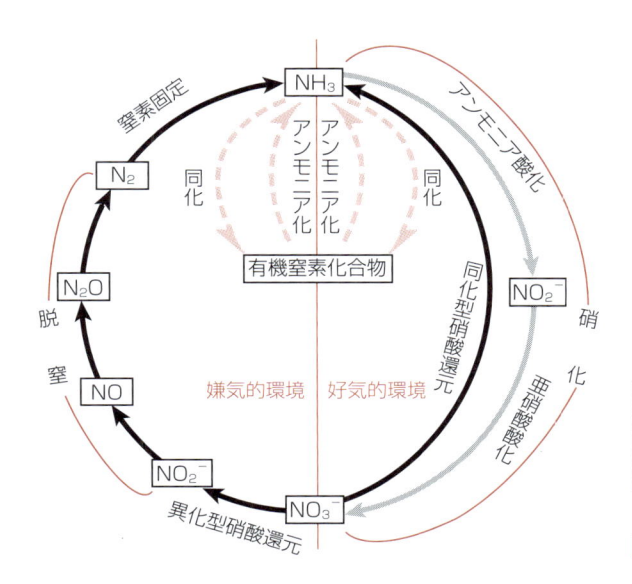

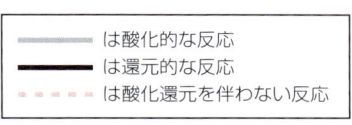

図 9.6　自然界における窒素の循環

以下に，窒素循環の各プロセスとそれに関与する微生物群について説明する．

(1) アンモニア化

微生物や植物は，硝酸塩，アンモニアなどの無機態の窒素を取り込み，有機窒素化合物に同化する．動物は，無機態の窒素を利用することができないので，ほかの生物の有機窒素化合物を摂食し，窒素源として利用している．動物に摂食された窒素化合物のうち，不用になったものは代謝され，尿素，尿酸，アンモニアとして排出される．有機態窒素である尿素や尿酸は微生物によって急速に無機化され，二酸化炭素とアンモニアが生成される．

一方，微生物，植物，動物に蓄積された有機窒素化合物の大部分は，これらが死滅したのち，微生物によってアンモニアに変換され，環境中に放出されることとなる．この過程で生じたアンモニアの一部は，微生物により窒素源として利用され，細胞成分として蓄積されるが，これらも，微生物の死後，ほかの微生物によりアンモニアとして環境中に再放出される．

(2) 窒素固定

分子状窒素は大気の78%を占めるが，化学的に不活性であるため，ほとんどの生物は窒素源として利用できない．しかし，共生根粒菌である*Rhizobium*属や*Frankia*属細菌などは，分子状窒素をアンモニアに変換（**窒素固定**, nitrogen fixation）することができる（9.2.2項参照）．また，光合成細菌や*Clostridium*属などの嫌気性細菌，*Azotobacter*属などの一部の好気性細菌も窒素固定を行う．シアノバクテリアに分類される*Anabaena*属や*Nostoc*属細菌も窒素を固定し，ときには植物や真菌と共生する．さらに，古細菌であるメタン生成菌も窒素固定を行う．このように，窒素固定能をもつ生物はすべて原核生物であり，真核生物における窒素固定は現在知られていない．

窒素固定菌は一般に，アンモニアやアミノ酸などの利用しやすい窒素化合物が供給されると，フィードバック調節〔7.3.2項(1)参照〕により窒素固定を行わなくなる．

(3) 硝 化

硝化（nitrification）は，アンモニアを酸化して亜硝酸塩および硝酸塩に変換するプロセスである．硝化は，化学合成独立栄養細菌，従属栄養細菌，糸状菌によってなされる．化学合成独立栄養細菌による硝化は，アンモニアから亜硝酸塩，亜硝酸塩から硝酸塩への2段階の酸化反応で進行する（図9.7）．アンモニアの酸化には*Nitrosomonas*属や*Nitrosospira*属などのアンモニア酸化細菌が関与し，亜硝酸塩が生成する．亜硝酸塩は毒性が強いため動植物に有害であるが，硝化が起こるような環境では*Nitrobacter*属や*Nitrospira*属などの亜硝酸酸化細菌により，速やかに硝酸塩に酸化される．生じた硝酸塩は，植物やほかの微生物に吸収・利用される．

9.3 地球化学的物質循環における微生物の役割

アンモニア酸化

$$NH_3 + O_2 + XH_2 \xrightarrow{AMO} NH_2OH + H_2O + X$$

$$NH_2OH \xrightarrow{HAO} HNO + H_2O \xrightarrow{HAO} HNO_2 + 2H^+ + 2e^-$$

亜硝酸酸化

$$NO_2^- + H_2O \xrightarrow{NOR} NO_3^- + 2H^+ + 2e^-$$

XH_2	NADHなどの水素供与体
AMO	アンモニアモノオキシナーゼ
NH_2OH	ヒドロキシルアミン
HAO	ヒドロキシルアミン酸化還元酵素
NOR	亜硝酸酸化還元酵素

図 9.7 硝化に関わる二つの化学反応
反応で生じたプロトン(H^+)や電子はATPの生産に用いられる.

これらの細菌は，アンモニアや亜硝酸塩を酸化する過程でエネルギーを得て(ATPの生産)，大気中の二酸化炭素の同化を行う．また，これらの反応には大量の酸素を必要とする．したがって，酸素が不足する条件では反応が停滞し，とくに，アンモニア酸化細菌は低酸素条件では亜酸化窒素(N_2O)を生成する．一方，酸性土壌では，亜硝酸酸化細菌の活動が抑制されるため，亜硝酸塩が蓄積し，作物に害を与えることもある．

硝化には従属栄養細菌や真菌なども関与することが報告されている．これらの微生物は，酸性条件下でもアンモニアを硝酸塩まで酸化できるため，森林土など，腐植に富んだ酸性土壌での硝化をおもに担うと考えられている．

(4) 脱窒

通性嫌気細菌やある種の真菌は，嫌気的条件下で酸素の代わりに硝酸塩を用いて呼吸を行う(**硝酸呼吸**, nitrate respiration, 7.1.1項参照)．硝酸呼吸を行う微生物のなかで，*Pseudomonas*属菌などは，硝酸塩を順次還元し，最終的にN_2に変換して大気中に放出する能力をもつ．このプロセスを**脱窒**(denitrification)という(図9.8)．脱窒のプロセスでは，窒素化合物は土壌や水中から大気中へと移動する．硝酸態窒素は農業生産に必須の窒素源であるが，過剰の硝酸塩は地下水や河川を汚染し，ときにはヒトや家畜に害を与える[*3]．したがって，微生物による脱窒は，過剰の硝酸塩を除去するための有効な方法だといえる．

脱窒は一般に，嫌気条件下で進行する反応である．しかし，一部細菌は好気条件下でも脱窒を行う．このとき，硝酸態窒素の一部はN_2まで還元されず，亜酸化窒素(N_2O)が生成する．また*Fusarium*属菌などの真菌も亜酸化窒素の形で脱窒することが知られている．

[*3] 摂取した硝酸塩は消化管内の微生物によって亜硝酸塩へと還元されることがある．体内に吸収された亜硝酸塩はヘモグロビンをメトヘモグロビン(MHb)に変換する．MHbは酸素との結合能がなく，血中のMHb濃度が高くなると組織や個体の酸欠を引き起こす(メトヘモグロビン血症)．ウシやヒツジなどでは反すう胃内の微生物作用で起こりやすい．ヒトでは硝酸塩あるいは亜硝酸塩摂取が原因と考えられる乳児メトヘモグロビン血症の発生が報告されている．日本の水道水質基準などでは，硝酸態窒素および亜硝酸態窒素は合計量で10mg/l以下という値が設定されている．

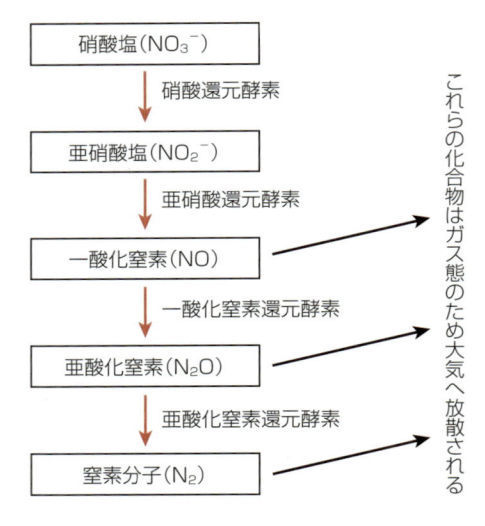

```
硝酸塩(NO₃⁻)
   ↓ 硝酸還元酵素
亜硝酸塩(NO₂⁻)
   ↓ 亜硝酸還元酵素
一酸化窒素(NO)
   ↓ 一酸化窒素還元酵素
亜酸化窒素(N₂O)
   ↓ 亜酸化窒素還元酵素
窒素分子(N₂)
```

これらの化合物はガス態のため大気へ放散される

図9.8 硝酸還元と脱窒
一般的に脱窒にかかわる酵素は酸素感受性で,好気的な条件下では機能しない.*Pseudomonas*属菌などは硝酸塩を窒素分子にまで還元するが,大腸菌などは硝酸塩を亜硝酸塩に還元する能力しかもっていない.

9.3.3 その他の元素の循環

(1) 硫 黄

硫黄(sulfur)は,自然界で単体(S^0)として存在するほか,酸化状態(SO_2,SO_4^{2-})や還元状態(H_2S,$-SH$,$-S-S-$)で存在する.多くの微生物が,これらの化合物の相互変換(図9.9)に深く関与していることが知られている(表9.2).

硫酸塩(SO_4^{2-})は,植物と微生物に取り込まれ,含硫アミノ酸などに同化・還元される(同化型硫酸還元).同化された硫黄は,微生物による分解によって硫化水素(H_2S)として放出される.硫化水素は,反応性に富み,生物に対して強い毒性を示すほか,金属と反応して不溶性の硫化物を形成する.たとえば,有機物に富んだ川の泥が黒色であるのは,硫化水素と鉄イオンが反応してできる硫化鉄を多く含むためである.硫化水素や硫化鉄は,空気中の酸素や微生物によって徐々に酸化され,最終的に硫酸塩となる.

(2) リ ン

リン(phosphorus)は,核酸,ATP,リン脂質などを構成する生命にとって必須の元素である.リンは,自然界ではおもに,リン酸カルシウムやリン酸鉄などの難溶性の塩,また,生体構成成分として存在している.微生物は,生態系におけるリンの循環において,難溶性リン酸塩の可溶化と生体成分からのリン酸塩放出に関与している.難溶性リン酸塩の可溶化は,微生物の代謝過程で生成する二酸化炭素や有機酸の作用によると考えられている.リン酸塩の放出は,有機物の微生物分解にともなうものである.

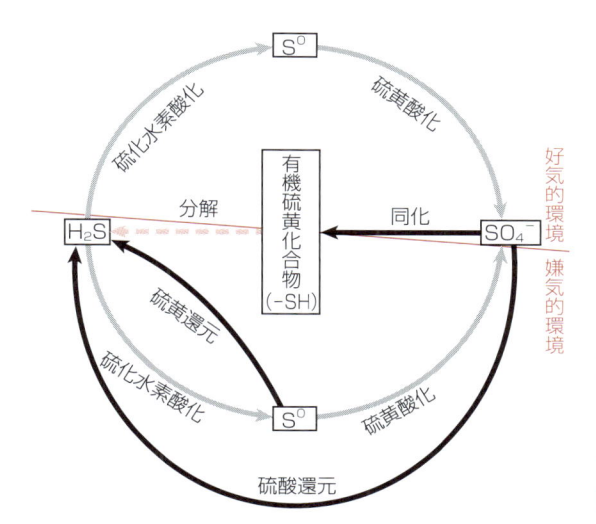

9.3 地球化学的物質循環における微生物の役割

図 9.9 自然界における硫黄の循環

表 9.2 硫黄代謝に関与する微生物群

プロセス		微生物種
$H_2S \to S^0 \to SO_4^{2-}$	（好気的）	*Thiobacillus* 属などの硫黄細菌（化学合成独立栄養菌，条件的化学合成独立栄養菌） *Sulfolobus* 属の古細菌（化学合成独立栄養菌，高温・強酸性環境に生息）
	（嫌気的）	光合成紅色硫黄細菌や光合成緑色硫黄細菌（光合成独立栄養菌）
$SO_4^{2-} \to H_2S$	（嫌気的）	*Desulfomonas* 属や *Desulfovibrio* 属などの硫酸還元細菌（化学合成従属栄養菌，酸素の代わりに硫黄を利用して呼吸）
$S^0 \to H_2S$	（嫌気的）	多くの超好熱性古細菌（多くが化学合成独立栄養菌，海底の熱水噴出口付近に生息）

練習問題

1. 微生物の増殖を制限する環境要因を列挙しなさい．
2. 共生とは何か説明しなさい．そして，共生の種類をあげ，それぞれ説明しなさい．
3. 生態系における微生物の位置づけを，炭素，窒素，硫黄，リンの循環（サイクル）を中心に説明しなさい．
4. 窒素固定に関与する代表的な微生物の属名を列挙しなさい．

10章 微生物の環境保全への利用

10.1 環境保全・浄化と微生物

　環境汚染の問題においては，人びとの日々の生活活動そのものが，環境を悪化させる側でもあり，その影響を受ける側でもあるという因果関係にある．すなわち，われわれが生活の向上をめざして生産活動を行い，その結果得られた豊かな生活を楽しむこと自体が，環境に負担をかけ，環境を悪化させる大きな原因となっているのである．だから，環境の問題を解決することは容易ではなく，非常に多くのことを検討しなければならない．

　長い間，地球の生態系は平衡状態にあった．生物によって生産された食物などの産物と，これらが利用されたあとに生じた排泄物や老廃物とが循環していたからである．その循環において，排泄物や老廃物を分解し再び利用できる状態にする，すなわち**環境浄化**に主として関与してきたのが微生物である（9.3 節参照）．

　しかし，近年の人口増加，エネルギーの大量消費，分解しにくい人工合成化学物質の生産などにより，このような循環の構図が崩れてきた．廃物の分解に関与してきた微生物にかかる負担がとくに多くなり，対処できない事態になってきた．その結果，特定の物質が環境に蓄積するようになった．通常の濃度であればとくに問題にならない物質でも，高濃度になると環境汚染をもたらす．これが環境問題の基本である．こうした事実をふまえると，地球レベルの物質循環において微生物を有効利用することで，現在の環境問題の多くは解決されることが期待できる．

　本章では，物質循環の観点から，微生物の**環境保全・浄化**への利用について説明する．9 章までに述べてきた微生物の性質に基づいて，環境の保全・浄化における微生物の役割を述べ，微生物の保持する本来の機能をさらに有効利用する方法などについて記述する．

10.1.1　環境汚染の特徴

　環境汚染の特徴は，汚染物質そのものは低濃度でも，汚染が広範囲にわたることである．新聞などで，何百，何千という数値の汚染物質が検出されたと報道されると，非常に高濃度の汚染物質が蓄積しているのだと思いがちであるが，実は，それらの数値の単位は，ppm（100万分の1）や ppb（10億分の1）であることが多い．このような低レベルの濃度は，日常生活における濃度の感覚とは根本的に異なる．たとえば，うす口しょう油には通常 18% の食塩（塩化ナトリウム）が含まれていて，その濃度は 180,000 ppm である．また，海水中にはいろいろな塩が含まれていて塩辛い味を示すが，それらの塩を合計した濃度は 35,000 ppm（3.5%）である．

　現実には，汚染濃度よりも汚染範囲の広さのほうが，環境問題の解決を困難にする要因となっている．汚染された広い範囲の土壌や湖沼の水を全面的に入れ替えることは事実上不可能だからである．

10.1.2　微生物による環境保全の意味

　微生物は，さまざまな物質を炭素源，窒素源，エネルギー源として利用し，増殖する．その過程でそれらを分解し，一部が微生物自身の細胞成分となる．微生物が環境浄化を行うということは，この分解作用を利用することである．環境を汚染する有機物を好気条件下で分解する場合は，二酸化炭素，アンモニア，水，塩化物イオンなどの無機質（無毒）にする．また，嫌気条件下では，メタンなどの低分子有機物も生成する．環境汚染物質は有機物に限らないが，多くの汚染物質は塩素原子などのハロゲンを含む有機物である．

　図 10.1 に示す除草剤 **PCP**（ペンタクロロフェノール）は，嫌気性微生物により，最終的にメタン（CH_4）と二酸化炭素（CO_2）および塩化物イオン（Cl^-）に分解され，無毒化される．

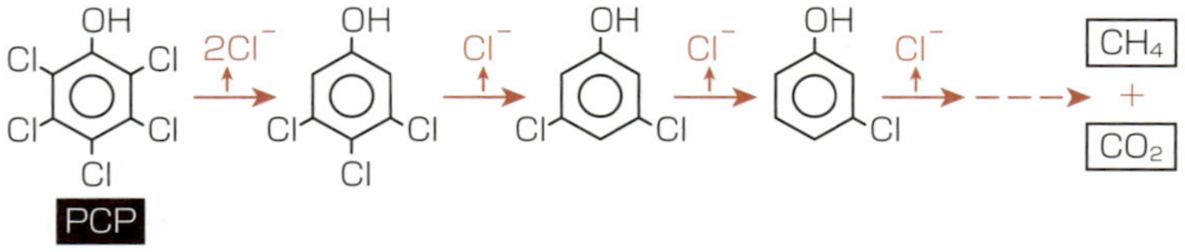

図 10.1　PCP の分解経路

　染料などの原料である**クロロアニリン類**は，土壌中に放出されると土壌中の微生物の作用により，有害なアゾ化合物に変換されることがある．しかし，クロロアニリン類を分解する好気性微生物を用いると，クロロアニリン類は最終的に，水，二酸化炭素，アンモニア，塩化物イオンに分解される（図10.2）．

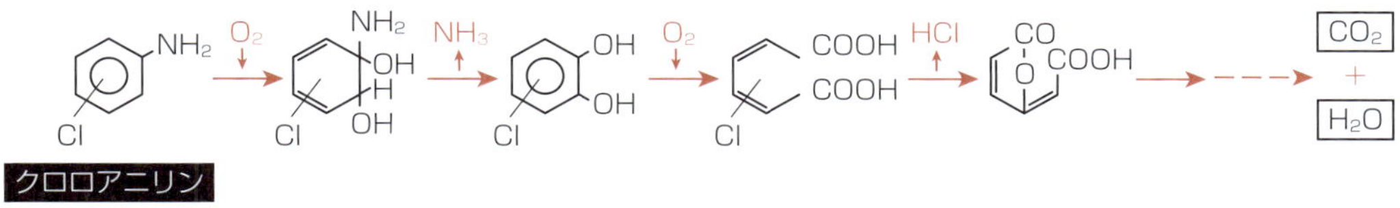

図10.2 クロロアニリンの分解経路

10.1.3 環境保全に微生物を用いることの有効性

微生物は土壌や湖沼などの環境をすみかとしている（9.1節参照）．土壌中にすむ微生物の数はとくに多く，土壌1g中には100万から1億の微生物が生息し，地球レベルの物質循環でおもに有機物の分解に関与している．したがって，環境中に生息する微生物を用いて汚染物質を除去することは，合理的な方法であるといえる．ここでは，環境保全に利用するために微生物が有利である点を列挙する．

（1）環境中において多種多様に生息すること

3章で示したように，微生物は多種多様である．これは単に，微生物の種類や数が多いというだけではなく，増殖に必要な炭素源やエネルギー源を得る手段においても多様な作用をもつことを意味する．生物界を，増殖に必要な炭素源やエネルギー源を基準にして分類すると（図3.11参照），生物界は，光や還元型無機物をエネルギー源とし，炭素源を大気中の二酸化炭素から得て増殖する独立栄養生物と，ほかの生物が生合成した有機物を炭素源・エネルギー源として利用する従属栄養生物とに大別される．植物は独立栄養生物に属し，動物は従属栄養生物に属する．しかし，微生物は，独立・従属栄養生物の両者に分散して属し，さらに細分化された各分類枠にも入っている．酸素のない嫌気条件でも増殖できる微生物も多数存在する．これらの点からも，微生物は多種であり，多様な性質をもっていることがわかる．この多種多様性によって，多種類存在する環境汚染物質の分解に対応できるのである．

（2）増殖速度が非常に速いこと

多くの細菌は一つの細胞が二つに分裂することによって増殖する．代表的な細菌である大腸菌は，最適条件下では20分に1回分裂して増殖する．これに基づいて大腸菌の増殖速度を計算すると，1個の大腸菌細胞は1時間後には$2^3 = 8$，8時間後には$2^{24} = 1.7 \times 10^7$に増加する．したがって，1gの大腸菌に換算すると，8時間後の菌体重量は，1.7×10^7 g（17トン）に達する．この速度で増殖すれば，計算上は数日で地球の重さに達することになるが，実際には，大腸菌自身の代謝産物が蓄積したり，死滅する株があったりするので，際限なく増殖することはない．しかし，微生物の増殖速度が動物や植物と比べて並外れて速いことは，この例から容易に理解できる．

このように，微生物の増殖速度は非常に速いので，短時間で大量の菌体を得ることができ，環境汚染物質を迅速に分解できる．

(3) いろいろな化合物を炭素・エネルギー・窒素源として利用すること

微生物は，動物が利用することのできないセルロースや木材の成分であるリグニンなどの有機物はもちろん，微生物は，アンモニア，硝酸塩，窒素ガスなども窒素源として利用できる．これらの性質は，微生物が多種類の汚染物質に対して対応できる能力をもつことを意味する．

(4) 100 ℃ を越える高温や氷点下のような低温でも増殖すること

微生物は動植物の生存できない 100 ℃ を超える高温でも増殖する．また，氷点下でも増殖できる．地下数キロメートルの，酸素もなく日光も届かない環境でも増殖できる微生物も存在する．このような性質は，微生物がさまざまな環境下で汚染物質を分解できることを示す．

(5) 変異しやすいこと

微生物は，動植物に比べて，遺伝子の変異速度が格段に速い．また，染色体遺伝子のほかに，プラスミド（6.3.2 項参照）をもつ微生物が多数存在する．プラスミドは容易に変異するのみならず，接合伝達により別の菌株に移動し，遺伝的な性質をほかの菌株に伝達できる．現在の環境汚染は，人為的に合成した化合物を環境へ放出することが一因となっている．これらの化合物は本来自然界には存在しないので，それらを分解する遺伝子を微生物はもたない．しかし，微生物は変異しやすいので，新しく合成された化合物を分解する遺伝子を比較的容易に獲得できる．

10.2　微生物を用いる環境保全の仕組み

ここでは，現在，浄水施設などで行われている微生物を用いた環境保全の方法を説明する．

10.2.1　活性汚泥法

生活排水や産業排水中の有機物を分解するために，**好気的処理法**と**嫌気的処理法**（メタン発酵，次項で説明）が利用される．好気的処理法には**活性汚泥法**（activated sludge process）と**生物膜法**（biofilm process）がある．後者は担体上に形成させた微生物集団を利用したものである．ここでは，前者の活性汚泥法を説明する．この方法は現在最も広く実用化されている．

図 10.3 に示すように，まず，前処理槽で排水中の浮遊物や比較的大きな懸濁物を除き，排水の pH を調整する．次に，ばっ気槽で，前回の処理工程で得られた活性汚泥と混合し，通気しながら撹拌する．この段階で排水中の有機物は分解され，炭素は最終的に二酸化炭素として空中に放出される．水素は水に酸化される．その後，沈殿槽に移し，活性汚泥と処理水とを分離す

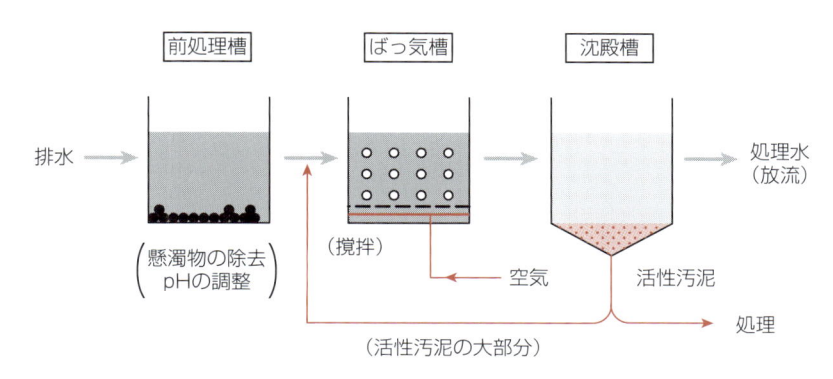

図 10.3　活性汚泥法による排水処理の工程

る．処理水は塩素で滅菌したあと放流する．活性汚泥の大部分はばっ気槽に戻し，次の処理に使用する．余剰の活性汚泥は，さらに処理が加えられ，肥料などに利用される．

活性汚泥は，細菌，酵母，糸状菌，原生動物などがすみついた粘着性の物質でフロック（綿状の固まり）を形成する．数百 μm のフロックが凝集性がよく，沈殿しやすい．排水中の有機物は，活性汚泥に吸着され，そこにすみついている微生物によって酸化分解される．酸化分解には主として従属栄養微生物が関与する．

排水に含まれる有機物の除去の指標となるのは，**BOD**（**生化学的酸素要求量**）と **COD**（**化学的酸素要求量**）である．BOD は，微生物が排水中の有機物を好気条件で分解するときに消費する溶存酸素量を ppm 単位で表したものである．排水中に高濃度の有機物が存在すると，有機物を分解するために必要な溶存酸素量は多くなるので，BOD の値は高くなる．BOD を測定するには，通常 5 日を要する[*1]．一方，COD は，過マンガン酸カリウムを用いて排水中のおもに有機物を酸化し，消費された過マンガン酸カリウムの量に相当する酸素量を ppm 単位で表したものである．過マンガン酸カリウムを使用した場合は，有機物のほかに無機物も酸化するので，それらを含めた値が COD として示される．COD を自動的に測定する装置が開発されている．

10.2.2　嫌気的処理法

嫌気的処理法は，ばっ気操作を行わないので，省エネルギー型排水処理法といえる．嫌気的処理法は，食品工場の排水をはじめ，産業排水の処理法として広く採用されている．図 10.4 に示すように，前処理槽で処理したのち，発酵槽では，まず，主として通性嫌気性菌により，デンプン，タンパク質，脂質が分解され，低級脂肪酸，有機酸，アミン，アンモニアなどが生成する．続いて，偏性嫌気性菌であるメタン細菌により，低級脂肪酸や有機酸はメタンや二酸化炭素に変換される．

[*1] BOD を測定するには，河川水や下水などの測定試料を希釈したのち培養びんに入れ，20℃で 5 日間培養する．この間に試料中に含まれている好気性微生物が増殖し，試料に溶存している酸素を消費して有機物を酸化分解する．消費された酸素量を測定し，測定値を mg/l 単位で表す．

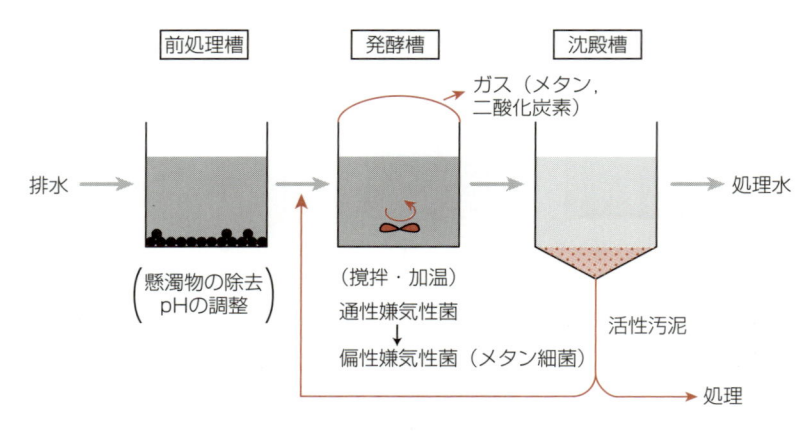

図 10.4　嫌気的排水処理の工程

　嫌気的分解は好気的分解と比較して，エネルギー効率が低いため，分解過程で生成する菌体量(活性汚泥量)は少ないという利点がある．この方法でつくった活性汚泥は肥料としても優れている．また，生成したメタンガスは燃料として利用できるので，嫌気的処理法は，排水の処理としてだけではなく，石油に替わるエネルギー源の獲得手段として注目されるようになった．しかし，排水中のタンパク質に由来する硫黄化合物から硫酸還元菌がつくりだす硫化水素が発生するため，臭気対策の設備が必要である．

10.2.3　窒素の除去法

　窒素は，リンとともに，湖沼，内海，内湾などの閉鎖水域で発生する**富栄養化**(eutrophication)に深くかかわっている．富栄養化は，湖沼などの水質が汚濁され，有毒物質を生成するアオコや赤潮などが異常発生する現象をいう．そこでは，大量発生した藻類の光合成によって有機物がさらに蓄積され，蓄積された有機物を分解する微生物の活動も活発になるため，溶存酸素が減少し，魚介類の増殖に被害を与える．したがって，排水中の窒素を効率的に除去する技術の開発は重要な課題となっている．

　窒素の除去法としては，イオン交換法，逆浸透膜を用いたろ過法，アンモニアストリッピング法などの物理化学的処理法と，微生物を利用した硝化・脱窒プロセスである生物学的処理法があるが，生物学的処理法が広く利用されている．

　微生物を用いた硝化・脱窒法は硝化菌(アンモニア酸化細菌，亜硝酸酸化細菌)と脱窒菌の作用により，排水中のアンモニアや亜硝酸塩，硝酸塩を，窒素ガス(N_2)として除去する方法である〔9.3.2項(3)(4)参照〕．硝化過程には，一般に，好気条件で増殖する化学合成独立栄養菌が関与し，脱窒過程は，嫌気条件下で通性嫌気性菌(従属栄養菌)によって行われる．したがって，現在

行われている硝化・脱窒法では，少なくとも2システムの処理槽が必要である（図10.5）．硝化・脱窒過程を簡略化するため，好気的脱窒菌やアナモックス菌，アンモニアや硝酸塩を同時に除去できる細菌などの研究が行われている．

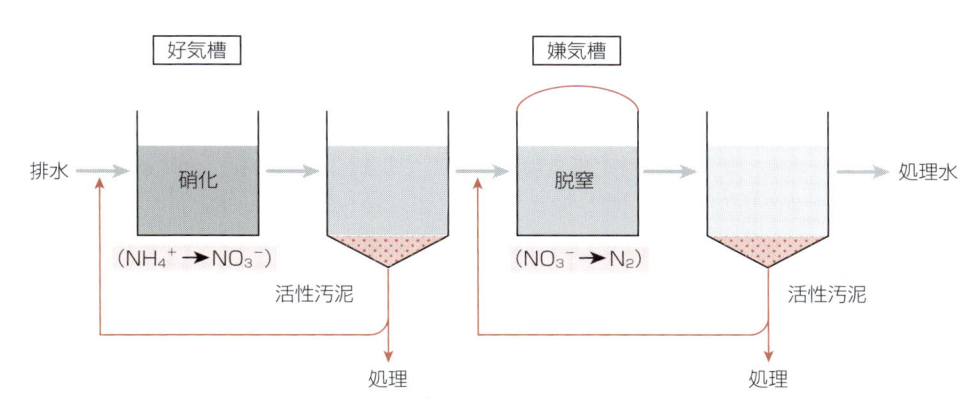

図 10.5　窒素を含む排水処理の工程

好気槽：硝化 ($NH_4^+ \rightarrow NO_3^-$)
嫌気槽：脱窒 ($NO_3^- \rightarrow N_2$)

10.2.4　リンの除去法

排水中のリンの除去は，細胞内にリンを蓄積する微生物を利用して行われている．リンを蓄積する微生物としては *Pseudomonas* 属や *Arthrobacter* 属の細菌が知られているが，これらの細菌は，嫌気条件下で細胞内に蓄積したリンをオルトリン酸として細胞外に分泌する．このとき，排水中の有機物を細胞内に取り込み，グリコーゲンなどに変換して蓄積する．好気条件にすると，蓄積されたグリコーゲンなどをエネルギー源として，嫌気条件で排出されたオルトリン酸に加えて排水に由来するリン酸塩をも細胞内に取り込み，ポリリン酸[*2]として蓄積する．このような細菌を含む汚泥を取り除くことによって，排水中のリンを除くことができる．

*2　オルトリン酸の脱水・縮合によって生成する直鎖状の高分子リン酸で，次のような構造をもつ．

$$\text{HO}-\overset{\text{OH}}{\underset{\text{O}}{\text{P}}}-\text{O}-\overset{\text{OH}}{\underset{\text{O}}{\text{P}}}-\cdots\cdots-\overset{\text{OH}}{\underset{\text{O}}{\text{P}}}-\text{OH}$$

10.2.5　重金属の処理法

重金属(heavy metal)のなかには，水銀やカドミウムのように有毒なものが多く，重金属による汚染は大きな社会問題を引き起こしてきた．微生物を用いて有毒の重金属を処理する場合，有機物を処理する場合とは異なり，重金属そのものを分解することは不可能である．したがって，微生物による重金属の処理とは，有毒な重金属を，より毒性の低い形態や不活性状態にすることとなる．

水銀はいろいろな形で自然界に存在するが，二価水銀イオン(Hg^{2+})とメチル水銀がとくに強い毒性を示す．微生物はこれらを分解したり還元したり

することにより，最終的に毒性の低い金属水銀(Hg^0)にする．得られた金属水銀を排水から回収することも試みられている．また，これらの分解や還元に関与する遺伝子も明らかにされている．

六価クロムイオン(Cr^{6+})は毒性の高い重金属であるが，*Enterobacter*属の菌株はこれを毒性の低い三価クロムイオン(Cr^{3+})に還元し，さらに，Cr^{3+}を難溶性の水酸化クロムにして不活性化する．

10.2.6　悪臭物質の処理法

現在，22物質が**特定悪臭物質**[*3]として規制されている．それらはすべて，揮発性物質であり，アンモニア，アミン，硫化物，アルデヒド，有機酸，エステル，芳香族化合物の有機溶媒などである．

微生物を用いて悪臭物質を処理して**脱臭化**する方法は，活性炭などに吸着させて脱臭化する物理・化学的な方法とは異なる．微生物はさまざまな有機物を炭素源，エネルギー源，窒素源として分解・利用するから，この分解過程で，悪臭を発生する有機物は脱臭化される．無機物であるアンモニアは，*Nitrosomonas*属などのアンモニア酸化細菌により亜硝酸塩に変換され，無臭化される．また，硫化物は，*Thiobacillus*属などの細菌により，最終的に硫酸塩に酸化され，無臭化される．

悪臭を発生する有機物を分解して脱臭化する微生物は従属栄養微生物である．一方，*Nitrosomonas*属や*Thiobacillus*属の細菌は化学合成独立栄養菌であり，無機物の脱臭化過程で増殖のためのエネルギーを得ている．

10.3　人工合成化合物の微生物分解

科学技術の発展にともなって，さまざまな新しい化合物が合成されている．

[*3] 悪臭防止法(1971年制定)に基づいて指定された，不快な臭いの原因となり，生活環境を損なうおそれのある物質．現在22物質が指定されているが，それらはいずれも大気中で濃度の測定ができる物質である．

Column

アナモックス菌

最近見いだされたアナモックス(anammox)菌は，同菌の示す性質であるanaerobic ammonium oxidation(アンモニアの嫌気的酸化)に基づいて命名された細菌である．本菌は，嫌気条件下でアンモニアと亜硝酸から，次の反応により窒素ガスを生成する(脱窒)ので，新しい窒素処理法に使用できる微生物として期待が高まっている．$NH_4^+ + NO_2^- \longrightarrow N_2 + 2H_2O$．この脱窒反応は，今まで知られている微生物の脱窒機構とはまったく異なっている．また，本菌は，大気中の炭酸ガスを炭素源として増殖する化学独立栄養菌であるため，処理に際してほかの炭素源を添加する必要がない．このような性質から，本菌を用いることにより，炭素源のコストが軽減され，微生物菌体を含む活性汚泥量が減少するなど，従来法と比べて有利な窒素処理法が可能となる．

これらの人工合成化合物は，農薬のようにそのまま環境に散布されるものもある．また，環境に直接放出されることはないが，使用後に廃棄物として環境に放出されるものもある．

このような化合物は，天然には存在しない場合が多い．したがって，微生物はこれらを分解する遺伝子をもともとはもっていないと考えられる．また，すでに天然に存在している物質でも，工業的に大量生産された場合には，微生物によってすべて分解されるのは困難であると予想される．もし，合成された化合物が環境中で分解されなければ，そこに蓄積し，地球レベルにおける物質の循環系（炭素・窒素サイクルなど）が崩れることになる．微生物は物質循環系で分解の役割を担うので，微生物による合成化合物の分解系（分解経路，分解酵素・遺伝子，制御）を明らかにすることは，地球が閉鎖系であることを考慮すると，重要な課題だといえる．

微生物による合成化合物の分解系の研究は，新しい分野を開拓することにもなる．合成化合物の分解過程において有用な中間体が蓄積されることも予想されるからである．また，人工合成化合物を分解する微生物が得られれば，その微生物は，特別の酵素をコードする遺伝子資源をもっていることになる．この新機能をもつ酵素・遺伝子を利用することにより，有用物質の新たな生産が可能になる．

ここでは，工業的に大量生産されている**芳香族アミン類**を例として取り上げ，これを分解する微生物の特徴，分解経路，中間体の蓄積，分解に関与する酵素や遺伝子の性質，分解の制御機構などについて記述する．

10.3.1 芳香族アミン類分解微生物

芳香族アミン類の代表的な化合物である**アニリン**（aniline）は重要な工業基礎化学製品である．アニリンは，染料，溶剤，樹脂，医薬品などの原料および合成中間体として使用される．日本国内では，化学合成法により年間 26 万トン（平成 15 年）が生産され，16 万トン（平成 15 年）が輸入されている．

新たに合成された化学物質を使用する場合には，活性汚泥を用いた当該物質に対する生分解試験が行われる．このとき使用する活性汚泥の力価は，アニリンに対する分解性によって標準化されている．こうした点からも，アニリンに対する微生物分解の機構を解明する必要があり，現在，かなり詳細なデータが得られつつある．

(1) アニリン分解菌の分離

微生物の増殖には炭素源，エネルギー源，窒素源が必要であるが，アニリンは分子内に適度な割合で炭素原子，窒素原子を含んでいるため，アニリンを唯一の炭素源，エネルギー源，窒素源とするアニリン分解菌分離用培地を設定できる（表 2.3 参照）．これまでに，土壌などの環境中から，

Pseudomonas 属, *Frateuria* 属, *Burkholderia* 属, *Acinetobacter* 属などのグラム陰性菌, *Rhodococcus* 属などのグラム陽性菌が分離されている.

(2) アニリン分解の培養上の特性

アニリン分解菌を用いてアニリン分解試験を行うと, 培養液が酸性(pH 4〜6)のとき最も分解されやすい. アニリン分子のアミノ基の解離定数(K_b)は 4.6×10^{-10} であるから, このことは, プロトン化したアニリンが微生物分解を受けやすいことを示す. また, 日本の土壌は一般に酸性であるから, アニリンは土壌中で, そこに生息する微生物により分解されやすいといえる.

アニリン分解菌のなかで, *Frateuria* sp. ANA-18 はほかの菌株に比べてアニリンを短時間で分解するが, グルコースなどの分解されやすい基質が共存すると分解は抑制される. 一方, *Rhodococcus erythropolis* AN-13 によるアニリン分解は, グルコースやペプトンなどが存在すると促進される. また, *Rhodococcus* sp. AN-22 によるアニリン分解は, 共存する基質の影響を受けない. このように, アニリン分解菌は, アニリンの分解において多様な性質を示す. これらの性質は, それぞれのアニリン分解菌がもつ酵素系や遺伝子系と密接に関連している.

10.3.2　芳香族アミン類の分解経路および酵素系

(1) アニリンの分解経路

微生物によるアニリンの分解経路を図10.6に示す. アニリンはまず脱アミノ化されてカテコールとなり, カテコールは**オルト開裂**(*ortho*-cleavage pathway)または**メタ開裂**(*meta*-cleavage pathway)の2種類の経路を経てTCAサイクルに入り, 最終的には二酸化炭素と水に代謝される. これらの分解経路では, 各分解産物が次の分解産物に変換されるとき, 特有の触媒活性をもつ酵素が働いている. このように, アニリンは, 微生物によって無機物であるアンモニア, 二酸化炭素, 水にまで完全に分解される.

(2) アニリン誘導体の分解経路

アニリン誘導体の一種である 2-アミノフェノールの微生物による分解経路はアニリンの場合とやや異なる(図10.7). アニリンを含む芳香族化合物はふつう, カテコールを経由して分解されるが, 2-アミノフェノールの場合は, *Pseudomonas* 属により, そのベンゼン環が直接開裂されて 2-アミノムコン酸 6-セミアルデヒドが生成する. アミノ基は 2-アミノムコン酸が 4-オキサロクロトン酸に変換されるときに, アンモニアとして脱アミノ化される. 4-オキサロクロトン酸は, TCAサイクルを経て最終的には二酸化炭素と水に分解される. 2-アミノフェノールの分解経路は, カテコールを経由するメタ開裂経路と類似しているが, 細部では異なるため変則的(modified)メタ開裂経路と呼ばれている.

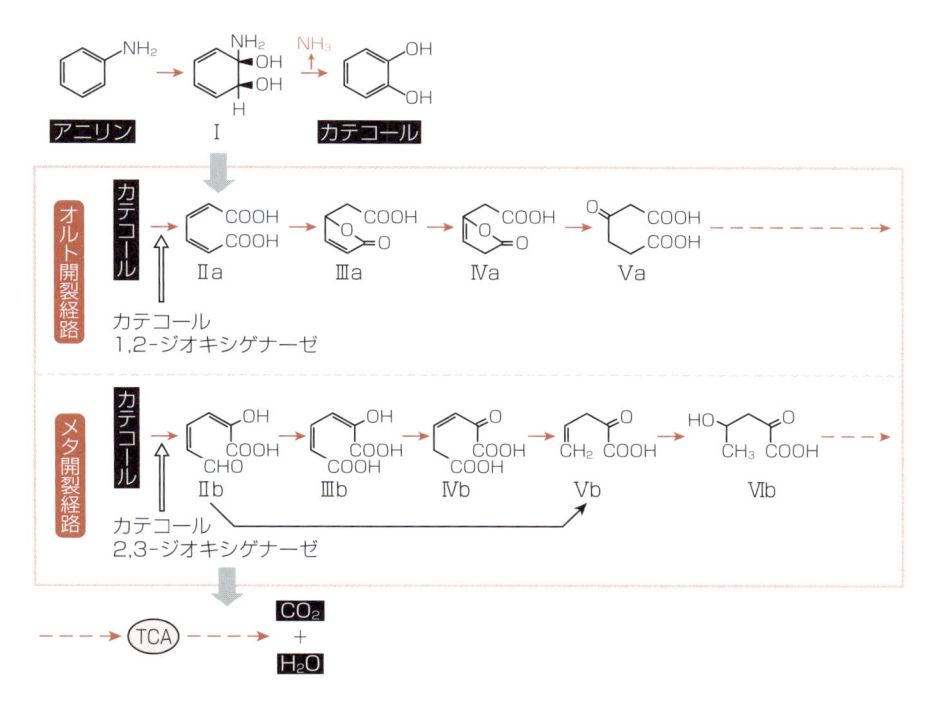

10.3 人工合成化合物の微生物分解

図 10.6　アニリンの分解経路
Ⅰ：1,2-ジヒドロキシ-1-アミノ-2-ヒドロシクロヘキサ-3,5-ジエン，Ⅱa：*cis,cis*-ムコン酸，Ⅲa：(+)-ムコノラクトン，Ⅳa：3-オキソアジピン酸エノールラクトン，Ⅴa：3-オキソアジピン酸，Ⅱb：2-ヒドロキシムコン酸6-セミアルデヒド，Ⅲb：2-ヒドロキシムコン酸，Ⅳb：4-オキサロクロトン酸，Ⅴb：2-オキソペント-4-エン酸，Ⅵb：4-ヒドロキシ-2-オキソバレリン酸

図 10.7　2-アミノフェノールの分解経路
Ⅰ：2-オキソペント-4-エン酸，Ⅱ：4-ヒドロキシ-2-オキソバレリン酸

(3) ベンゼン環開裂酵素

図 10.6 および図 10.7 に示したアニリンおよび 2-アミノフェノールの分解経路で働く酵素のうち，中心となる酵素を**キー(鍵)酵素**[*4]という．オルト開裂経路のキー酵素はカテコール 1,2-ジオキシゲナーゼである．この酵素は空気中の酸素分子(O_2)を取り込んで，カテコール分子の隣接する二つの

*4　律速酵素ともいう．生体内の連続する代謝反応において，その反応全体の速度を支配している段階があるが，この段階の反応を触媒するのがキー酵素である．

ヒドロキシル基の間を開裂する触媒作用をもつ．一方，メタ開裂経路のキー酵素であるカテコール 2,3-ジオキシゲナーゼは，カテコール分子の隣接する二つのヒドロキシル基の外側を開裂する．二つの酵素はアミノ酸配列にほとんど類似性を示さない．また，カテコール 1,2-ジオキシゲナーゼは酵素 1 分子あたり 1 原子の Fe^{3+} を含むが，カテコール 2,3-ジオキシゲナーゼは酵素 1 分子あたり 4 原子の Fe^{2+} を含む．

アニリン分解菌のなかで，オルト開裂経路でアニリンを分解する微生物の生産するカテコール 1,2-ジオキシゲナーゼは多様である．とくに，この酵素のアイソザイム（7.3.2 項参照）生合成の様式は，アニリン分解の特性〔10.3.1 項(2)参照〕と密接に関連している．表 10.1 に，3 種のアニリン資化性菌とカテコール 1,2-ジオキシゲナーゼアイソザイムの生合成の特性をまとめた．

pH 5～6 の培地で分離された *Frateuria* sp. ANA-18 は，ほぼ等量の二つのアイソザイムを生合成する．これらの酵素は，アニリンが存在するとき，誘導的に生合成される．しかし，グルコースなどの有機物が共存するとカテコール 1,2-ジオキシゲナーゼアイソザイムの生合成は抑制され，アニリン分解も抑制される．pH 6.5～7 で分離された *R. erythropolis* AN-13 は，ANA-18 株と同じく二つのカテコール 1,2-ジオキシゲナーゼアイソザイムを生合成するが，その生合成量比は 20：1 である．両アイソザイムは誘導的に生合成されるが，ANA-18 株と異なり，糖類，有機酸，アミノ酸などの有機物が共存すると酵素の生合成は促進され，アニリンの分解も促進される．

pH 7～7.5 で分離された *Rhodococcus* sp. AN-22 は，カテコール 1,2-ジオキシゲナーゼを一つだけ生合成する．この株は，上の 2 株と異なって，アニリンの存在する培地ではもちろん，アニリンが存在しない培地でもこの酵素の生合成を行う．このような形で生合成される酵素を**構成酵素**（7.3.1 項参照）という．この株は，試験した 20 種以上の糖類，有機酸，アミノ酸培地（アニリンは含まない）で増殖し，カテコール 1,2-ジオキシゲナーゼを生合成す

表 10.1 アニリン資化性菌の分解酵素と分解特性

代表的な菌株	分離培地の pH	カテコール 1,2-ジオキシゲナーゼアイソザイムの数および存在様式	分解酵素の生成	アニリンの分解に与える共存有機物の影響
Frateuria sp. ANA-18	5～6	2（それぞれのアイソザイム量は等しい）	誘導的	分解は抑制される
R. erythropolis AN-13	6.5～7	2（一方のアイソザイムの量は他方の 20 倍である）	誘導的	分解は促進される
Rhodococcus sp. AN-22	7～7.5	1	構成的	影響されない

10.3 人工合成化合物の微生物分解

る．これらの有機物が共存するとき，アニリンの分解は抑制される場合と促進される場合もあるが，多くの有機物はあまり影響を与えない．

これら3種類のアニリン分解菌から得られたカテコール1,2-ジオキシゲナーゼは同じ触媒機能をもつが，基質特異性や阻害剤の影響など，酵素化学的な性質は異なる．

2-アミノフェノールの分解経路，変則的メタ開裂経路のキー酵素は2-アミノフェノール1,6-ジオキシゲナーゼである．この酵素は，O_2を取り込んで，2-アミノフェノール分子の隣接するアミノ基とヒドロキシル基のうち，ヒドロキシル基側を開裂する（図10.7）．この開裂様式は，カテコール2,3-ジオキシゲナーゼと類似しているが，2-アミノフェノール1,6-ジオキシゲナーゼとカテコール2,3-ジオキシゲナーゼは，アミノ酸配列やサブユニット構造などの点でまったく異なる．

10.3.3　アニリンの分解に関与する遺伝子と調節の仕組み
(1) *Frateuria* sp. ANA-18 の場合

Frateuria sp. ANA-18 では，アニリンから3-ケトアジピン酸に至る分解経路にかかわる遺伝子群が明らかになっており（図10.6），それらは染色体上に保持されている．しかし，同遺伝子群のうち，カテコールから3-オキソアジピン酸エノールラクトンに至る分解遺伝子群（*cat*遺伝子）はもう1種類あり，100 kb以上の巨大なプラスミド上に存在する（図10.8）．

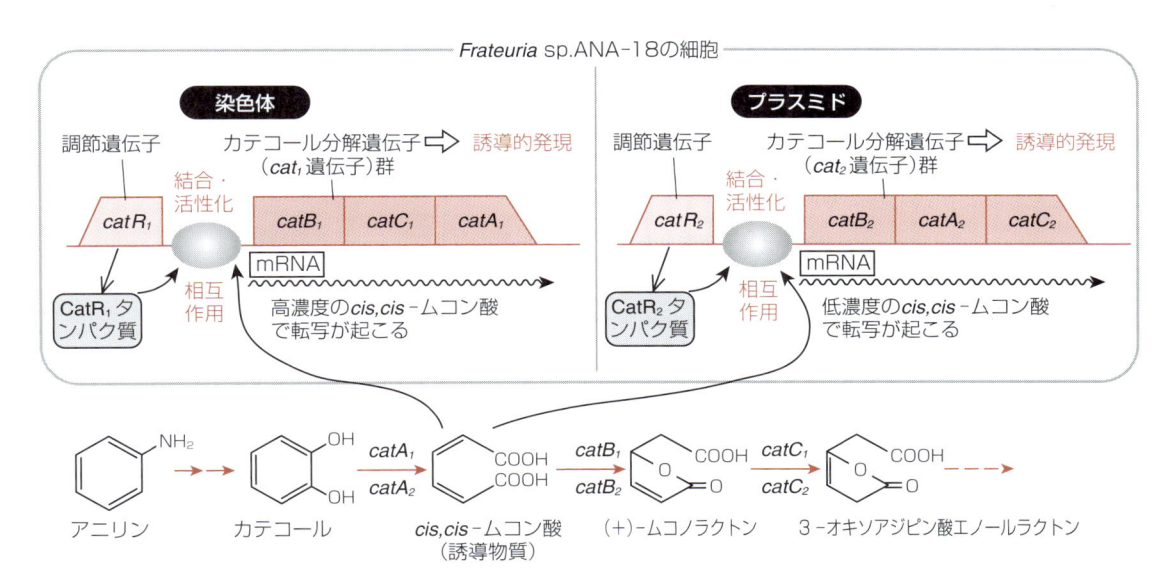

図10.8 *Frateuria* sp. ANA-18 株におけるカテコール分解遺伝子群の誘導的発現の仕組み
$catA_1$, $catA_2$：カテコール1,2-ジオキシゲナーゼ遺伝子，$catB_1$, $catB_2$：*cis, cis*-ムコン酸シクロイソメラーゼ遺伝子，$catC_1$, $catC_2$：ムコノラクトンイソメラーゼ遺伝子

二つの cat 遺伝子はそれぞれ独立した調節遺伝子によって調節されている．cat 遺伝子の誘導的発現における誘導物質である cis,cis-ムコン酸が低濃度のときは，プラスミド上の遺伝子にコードされる分解酵素系が先に生合成される．その結果，カテコールから生じた cis,cis-ムコン酸の濃度が上昇し，染色体上の遺伝子にコードされている分解酵素系が多量に誘導生産され，アニリンの分解が促進される．

アニリンのみが存在してほかの有機化合物が共存しない場合に，Frateuria sp. ANA-18 がほかのアニリン分解菌に比べて迅速にアニリンを分解するのは，このような調節系が存在するからである．Frateuria sp. ANA-18 は，染色体上の cat 遺伝子のみならず，分解酵素系が迅速に誘導生産される cat 遺伝子を，進化の過程でプラスミド上に獲得することによって，ほかの微生物よりも迅速にアニリンを分解できるようになり，環境に適応したといえる．

(2) *Rhodococcus* sp. AN-22 の場合

Rhodococcus sp. AN-22 においても，アニリンから 3-オキソアジピン酸に至る分解経路にかかわる遺伝子群が明らかになっている．この菌では，ほかのアニリン分解菌とは異なって，アニリン分解系のキー酵素であるカテコール 1,2-ジオキシゲナーゼが構成的に生合成される．しかし，アニリン分解遺伝子が明らかになった結果，カテコールから 3-オキソアジピン酸エノールラクトンに至る 3 種類の分解酵素がすべて構成酵素であることがわかった（図 10.9）．また，アニリンからカテコールに至る分解酵素系は**誘導酵素**（7.3.1 項参照）である．

構成酵素をコードする cat 遺伝子を解析すると，通常見られる調節遺伝子（*catR*）が存在せず，その代わり，構成的発現を促す塩基配列が見いだされる（図 10.9）．これらの構成的発現のしくみを利用すれば，誘導物質を必要としない安定な宿主ベクター系を構築することが可能であると考えられる．

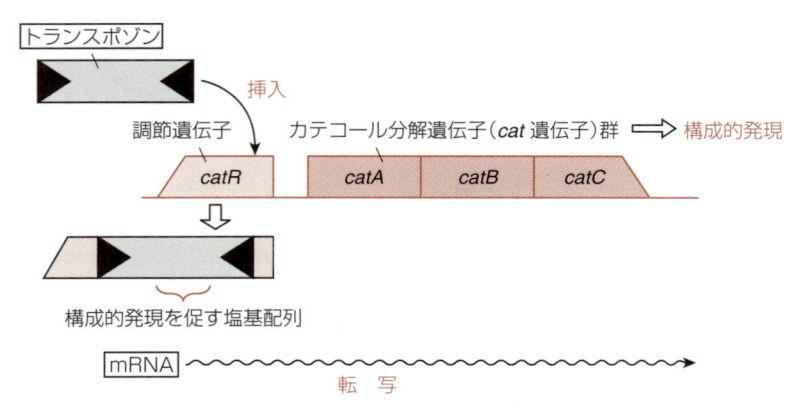

図 10.9 *Rhodococcus* sp. AN-22 株におけるカテコール分解遺伝子群の構成的発現の仕組み
catA, *catB*, *catC*：カテコールの分解に関与する遺伝子（図 10.8 参照）

10.3.4 合成化合物分解過程で生ずる有用物質と新機能保有酵素
(1) 有用物質の蓄積と生産

　微生物が芳香族化合物を増殖基質として利用する場合，一般的には代謝中間体を蓄積することなく，無機物まで分解する．その分解経路を明らかにする過程で同定された代謝中間体が，ファインケミカル[*5]や一般工業化学製品として利用できることが見いだされた場合には，野生の分解微生物の変異株を得ることによって，有用物質を生産・蓄積させることができる．たとえば，安息香酸から cis,cis-ムコン酸，n-パラフィンから香料の原料，芳香族化合物から光学活性をもつ cis-ジヒドロジヒドロキシ化合物などが製造される．

　アニリン分解菌 Pseudomonas sp. AW-2 は，メタ開裂経路によりカテコールを経由してアニリンを分解する（図10.6）．野生株である Pseudomonas sp. AW-2 は，アニリンの分解過程でカテコールを蓄積しない．しかし，この菌のトランスポゾン変異 B-9 株を，ピルビン酸を炭素源およびエネルギー源として加えたアニリン培地で培養すると，カテコールが培養液中に蓄積する．トランスポゾンは転移遺伝子（6.3.3項参照）であり，野生株のカテコール 2,3-オキシゲナーゼ遺伝子に挿入されることによって，この遺伝子が破壊され，カテコールが分解されることなく細胞外に蓄積すると考えられている．

　カテコールおよびその誘導体は，染料，写真現像液，合成香料，医薬品などの製造に用いられる重要な化学製品であるが，B-9 株の休止菌体を用いると，100%の変換率でアニリンから生産することができる（表10.2）．また，

*5　化学物質のなかで，生産量はそれほど多くないが，多品種で高度な働きをもつ物質．このような物質は一般に複雑な構造をしており，医薬品，農薬，界面活性剤，染料などが該当する．

表 10.2　変異株 B-9 株の休止菌体によるアニリン類からカテコール類への変換

基　質 (5.4 mM)	変換率（反応時間）	生成物
アニリン	100%（2時間）	カテコール
o-トルイジン	74%（2）	3-メチルカテコール
m-トルイジン	100%（2）	4-メチルカテコール
p-トルイジン	100%（2）	4-メチルカテコール
m-エチルアニリン	30%（10）	4-エチルカテコール
p-エチルアニリン	29%（10）	4-エチルカテコール
o-クロロアニリン	60%（4）	3-クロロカテコール
m-クロロアニリン	42%（3）	4-クロロカテコール
p-クロロアニリン	40%（3）	4-クロロカテコール
p-フルオロアニリン	98%（3）	4-フルオロカテコール
o-アミノ安息香酸	77%（20）	未同定
m-アミノフェノール	96%（3）	ピロガロール
p-アミノフェノール	1%（4）	1,2,4-ベンゼントリオール
2,3-キシリジン	42%（7）	3,4-ジメチルカテコール

B-9株は，アニリンのみならず，13種類のアニリン誘導体を酸化し，それぞれのカテコール誘導体に変換する．とくに，メチル基が置換されたアニリン誘導体に対して，置換基の部位に関係なく高い活性を示し，短時間でカテコール誘導体に変換する．

3-クロロカテコールを有機化学的に合成する場合，4-クロロカテコールが同時に生成するので，反応後，分溜[*6]操作により3-クロロカテコールを分離する必要がある（図10.10）．そのため，3-クロロカテコールはきわめて高価である．このような場合には，微生物の変異株を用いた有用物質の合成が実用面で重要となる．

[*6] 分別蒸留ともいう．2種類以上の揮発成分を含む溶液を蒸留してそれらの成分を分離する操作．

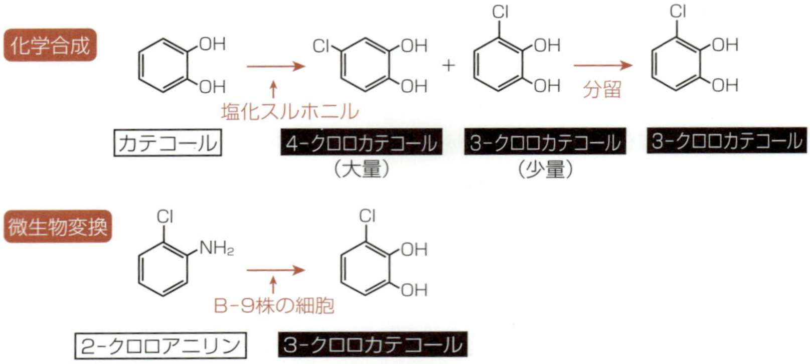

図10.10 化学合成と微生物変換による3-クロロカテコールの製造

(2) 新機能をもつ酵素の利用

2-アミノフェノール 1,6-ジオキシゲナーゼは，人工合成化合物である2-アミノフェノールを基質に用いることによって，これを分解する微生物の細胞内から見いだされた新規な機能をもつ酵素である〔10.3.2項(2)参照〕．図10.11に示すように，この酵素は，O_2を消費して2-アミノフェノールを2-アミノムコン酸 6-セミアルデヒドに変換する．2-アミノムコン酸 6-セミアルデヒドは分子内にアミノ基とアルデヒド基をもつため，両官能基が容易に反応し，ピコリン酸が生成される．この反応は，非酵素的に進行する不可逆反応である．したがって，2-アミノフェノールから2-アミノムコン酸 6-セミアルデヒドを生成する可逆反応は右側に傾き，その結果，ほぼ定量的に，2-アミノフェノールはピコリン酸に変換される．この変換反応は，2-アミノフェノール 1,6-ジオキシゲナーゼにより，一つの操作で，単環式芳香族化合物から複素環式芳香族化合物が合成できることを示している．この酵素は基質特異性が低いので，メチル基や塩素原子の置換した2-アミノフェノール誘導体に対しても反応が進行し，それぞれのピコリン酸の誘導体が合成される．ピコリン酸の誘導体は農薬などいろいろな化合物の合成原料として用

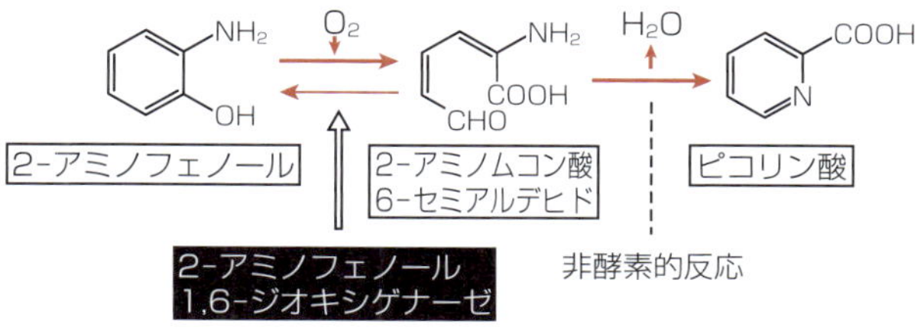

図 10.11　2-アミノフェノール 1,6-ジオキシゲナーゼの反応機構

いられる．

10.3.5　塩素化合物類（PCB，ダイオキシン）の微生物分解

塩素原子を含む有機化合物は，これまでに多種類にわたって化学合成されてきた．農薬や除草剤などは，ほとんどが有機塩素化合物である．また，半導体工業などで溶剤や洗浄剤として用いられるトリクロロエチレンやテトラクロロエチレンなどの揮発性有機塩素化合物もある．さらに，絶縁体や熱媒体などとして開発された**PCB**（polychlorinated biphenyl，ポリ塩化ビフェニル），除草剤の製造過程などで生成する**ダイオキシン**（dioxin）も有機塩素化合物であり，これらは強い毒性を示す．有機塩素化合物は微生物分解を受けにくいため，典型的な環境汚染物質となっている．

(1) PCB

PCB は，ベンゼン環が 2 個連結したビフェニル骨格に塩素原子が 1 ～ 10 個置換した化合物である．209 種類存在するが，使用されてきたものは塩素数 2 ～ 6 の化合物の混合物である．PCB は化学的，物理的に安定で，電導度，蒸気圧，膨張係数が小さいことからトランスやコンデンサーの絶縁体，熱媒体，可塑剤，塗料として使用された．PCB は，脂溶性が高いため，体内に入ると脂肪組織に蓄積して毒性を引き起こす．日本では 1968 年，食用油に混入した PCB により亜急性中毒を引き起こした事故が発生し，1972 年以降製造中止となった．

PCB はきわめて安定であるため，環境中では残留性の高い難分解物質である．しかし，ビフェニルを分解する *Pseudomonas* 属の菌株は，ビフェニル代謝酵素系を使って PCB を分解する．その分解経路を図 10.12 に示す．PCB は，まず O_2 の消費とともに 2,3-ジヒドロキシビフェニルに変換されたあと，ベンゼン環の開裂反応を受け，黄色物質である 2-ヒドロキシ-6-オキソ-6-フェニルヘキサ-2,4-ジエン酸が生成する．さらに，加水分解酵素によってクロロ安息香酸と 2-ヒドロキシペンタ-2,4-ジエン酸に変換される．これらの物質は通常の芳香族化合物の分解経路によって，最終的には二酸化炭素，水，塩化物イオンに分解される．

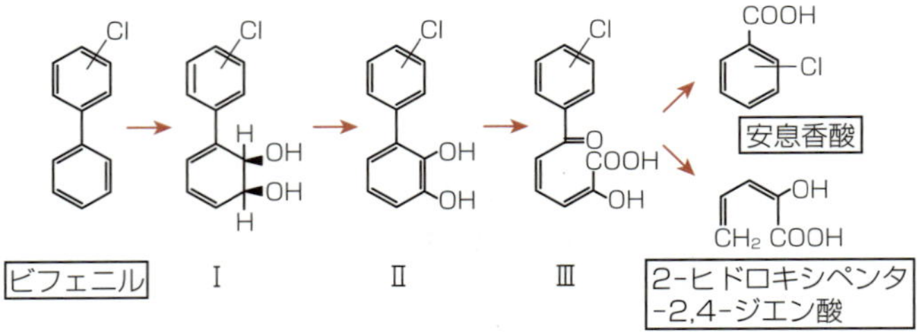

図 10.12　細菌による PCB 分解経路
Ⅰ：2,3-ジヒドロキシ-1-フェニルシクロヘキサ-4,6-ジエン，Ⅱ：2,3-ジヒドロキシビフェニル，Ⅲ：2-ヒドロキシ-6-オキソ-6-フェニルヘキサ-2,4-ジエン酸．ここに出てくる物質はすべてクロロ(Cl)誘導体

(2) ダイオキシン

　ダイオキシンは塩素原子で置換された多環式芳香族化合物で，2,3,7,8-テトラクロロジベンゾ-p-ジオキシン(2,3,7,8-TCDD)に代表されるポリ塩化ジベンゾ-p-ジオキシン(PCDD)とポリ塩化ジベンゾフラン(PCDF)の総称である(図 10.13)．ダイオキシンは，除草剤の製造過程で不純物として生成するため，製造工場からの廃棄物投棄や除草剤の過剰散布により環境中に放出される．また，ダイオキシンはごみの焼却過程などでも生成する．ダイオキシン類は難分解性であるため環境中に残留・蓄積する．

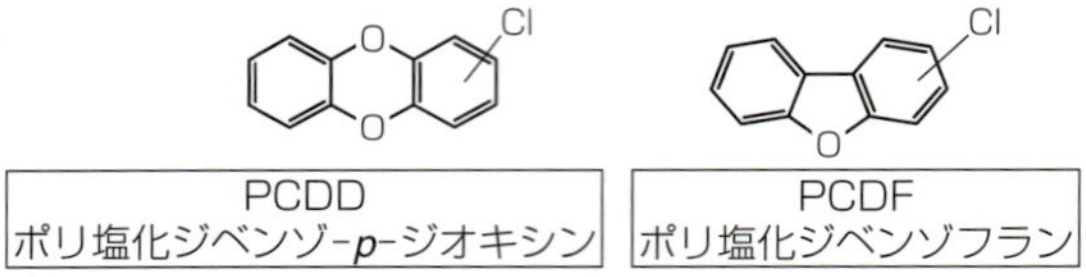

図 10.13　ダイオキシン類の構造

　ダイオキシンの処理法として，紫外線照射法，土壌焼却法，融解固化法などがあるが，ダイオキシン類を分解する *Pseudomonas* 属，*Burkholderia* 属，*Sphingomonas* 属などの細菌や白色腐朽菌 *Phanerochaete chrysosporium* も分離されており，汚染土壌の浄化・保全に微生物が利用できることが示されている．

10.4　バイオレメディエーション

　微生物などのもつ特異で多様な性質を利用して汚染した環境を修復する技術をバイオレメディエーション(bioremediation)という．10.1.1 項で述べたように，環境汚染の特徴は，汚染濃度は低いが汚染が広範囲にわたることである．したがって，本来環境中に生息する微生物の機能を利用して汚染を浄化することは合理的である．また，物理的，化学的な浄化法に比べて容易で

あり，コストもかからない．バイオレメディエーションは，今まで述べてきた個々の汚染物質に対する微生物分解能を総合的に活用した環境修復の技術といえる．

バイオレメディエーションには二つの方法がある．一つは，汚染の現場に炭素源，窒素源，リンなどの栄養源を散布することによって，その場所に生息する微生物を増殖させ，汚染物質を除去する **biostimulation** である．もう一つは，汚染物質を分解する微生物を大量に培養し，得られた微生物を汚染の現場に散布することによって浄化する **bioaugmentation** である．

バイオレメディエーションは主として，地下水や土壌の浄化・保全に用いられている．対象となる汚染物質は，トリクロロエチレンやテトラクロロエチレンなどの揮発性有機塩素化合物，PCB，農薬，重金属などである．これらの汚染物質を含む土壌を掘削，運搬し，微生物の栄養源や培養した微生物を添加して撹拌し，汚染物質を分解，除去する．また，汚染土壌をスラリー状にして処理することも行われる．さらに，汚染土壌を掘削することなく，汚染現場の地下水に，微生物の栄養源や微生物を添加して処理する原位置（*in situ*）処理法も行われている．

バイオレメディエーションは環境そのものを対象としており，その実施にあたっては地域住民を始めとする社会的な理解が不可欠である．そのためにも，汚染の現場にもともと生息する微生物を最大限活用することなど，生態系を乱さない環境保全技術の開発が望まれている．

練習問題

1. 環境汚染の特徴と微生物による環境保全の意味について，それぞれ，例をあげて説明しなさい．
2. 生活排水などを活性汚泥法と嫌気的処理法で処理した場合，排水中の有機物はそれぞれの処理法でどのように変化するかを説明しなさい．また，二つの処理法の有利な点，不利な点を比較して示しなさい．
3. 排水中の窒素を微生物を用いて除去する場合，これに関与する微生物とそれぞれの微生物の働きを述べなさい．
4. 微生物や微生物酵素を用いて有用物質の製造や化学物質の合成を行う場合，有機化学的な方法と比較して有利な点，不利な点を述べなさい．
5. 微生物を用いて人工合成化合物を分解させる場合，どのような研究成果を得ることが期待できるかを述べなさい．
6. 芳香族アミン類（アニリン，2-アミノフェノール）の微生物による分解経路を3種類示しなさい．

参考図書

■全般
1) R. Y. Stanier ほか 著, 高橋甫ほか 訳, 『微生物学 入門編』, 培風館 (1980)
2) R. Y. Stanier ほか 著, 高橋甫ほか 訳, 『微生物学 上・下』第5版, 培風館 (1989)
3) J. J. Perry ほか 著, "Microbial Life", Sinauer Associates (2002)
4) M. T. Madigan ほか 著, 室伏きみ子・関啓子 監訳, 『Brock 微生物学』, オーム社 (2003)
5) 塚越規弘 編, 『応用微生物学』, 朝倉書店 (2004)
6) 清水昌・堀之内末治 編, 『応用微生物学』第2版, 文永堂出版 (2006)

■1章
1) 服部勉 著, 『微生物学の基礎』, 学会出版センター (1986)
2) J. D. Watson 著, 中村桂子・江上不二夫 訳, 『二重らせん』, 講談社文庫 (1986)
3) 科学朝日 編, 『ノーベル賞の光と陰』, 朝日新聞社 (1987)
4) 小泉武夫 著, 『発酵 ミクロの巨人たちの神秘』, 中公新書 (1989)

■2章
1) 東京大学農学生命科学研究科 編, 『実験応用生命化学』, 朝倉書店 (1995)
2) 日本生物工学会 編, 『生物工学実験書』改訂版, 培風館 (2002)

■3章
1) J. W. Deacon 著, 山口英世・河合康雄 訳, 『基礎微生物学7 現代真菌学入門』, 培風館 (1982)
2) 古賀洋介・亀倉正博 編, 『古細菌の生物学』, 東京大学出版会 (1998)
3) 長谷川武治 編著, 『微生物の分類と同定 上・下』, 学会出版センター (上 1984, 下 1990)
4) 鈴木健一朗ほか 編, 『微生物の分類・同定実験法 分子遺伝学・分子生物学的手法を中心に』, シュプリンガー・フェアラーク東京 (2001)
5) 矢野郁也ほか 編, 『病原微生物学』, 東京化学同人 (2002)
6) 岩槻邦男ほか 編, 『バイオディバーシティ・シリーズ4 菌類・細菌・ウイルスの多様性と系統』, 裳華房 (2005)
7) C. M. Fauquet ほか 編, "Virus Taxonomy – Eighth Report of the International Committee on Taxonomy of Viruses", Elsevier Academic Press (2005)

■4章
1) J. Nicklin ほか 著, 高木正道ほか 訳, 『微生物学キーノート』, シュプリンガー・フェアラーク東京 (2001)
2) 畑中正一 編, 『電子顕微鏡 ウイルス学』, 朝倉書店 (2003)
3) W. A. Strohl ほか 著, 山口惠三・松本哲哉 監訳, 『イラストレイテッド微生物学』, 丸善 (2004)
4) J. G. Black 著, 林英生ほか 監訳, 『ブラック微生物学』第2版, 丸善 (2007)

■5章
1) 永井和夫ほか 著,『微生物工学』, 講談社(1996)
2) 小林猛・本多裕之 著,『生物化学工学』, 東京化学同人(2002)
3) 鈴木昭憲・荒井綜一 編,『農芸化学の事典』, 朝倉書店(2003)
4) 堀越弘毅 監修,『ベーシックマスター微生物学』, オーム社(2006)

■6章
1) 野島博 著,『遺伝子工学の基礎』, 東京化学同人(1996)
2) T. A. Brown 著, 西郷薫 監訳,『ブラウン分子遺伝学』第3版, 東京化学同人(1999)
3) G. M. Malacinski 著, 川喜田正夫 訳,『分子生物学の基礎』第4版, 東京化学同人(2004)
4) 大嶋泰治ほか 編著,『バイオテクノロジーのための基礎分子生物学』, 化学同人(2004)
5) B. Lewin 著, 菊池韶彦ほか 訳,『遺伝子』第8版, 東京化学同人(2006)

■7章
1) 日本生化学会 編,『細胞機能と代謝マップ』, 東京化学同人(1997)
2) 今中忠行 監修,『微生物利用の大展開』, エヌ・ティー・エス(2002)
3) 池澤宏郎 編,『21世紀の考える薬学微生物学』, 廣川書店(2002)
4) A. L. Lehninger 著, 山科郁夫 監訳,『レーニンジャーの新生化学 上・下』第4版, 廣川書店(2007)

■8章
1) 田中渥夫ほか 著,『生物化学実験法28 バイオリアクター実験入門』, 学生出版センター(1992)
2) A. N. Glazer・H. Nikaido 著, 斉藤日向ほか 訳,『微生物バイオテクノロジー』, 培風館(1996)
3) 栃倉辰六郎ほか 監修,『発酵ハンドブック』, 共立出版(2001)
4) G. Walsh 著, 平山令明 ほか 訳,『タンパク質ハンドブック』, 丸善(2003)

■9章
1) 柳田友道 著『微生物科学4 生態』, 学会出版センター(1984)
2) R. キャンベル 著, 手塚泰彦・滝井進 訳,『基礎微生物学5 微生物生態学』, 培風館(1985)
3) 山中健生 著,『環境にかかわる微生物学入門』, 講談社サイエンティフィック(2003)
4) 佐橋憲生 著,『日本の森林／多様性の生物学シリーズ2 菌類の森』, 東海大学出版会(2004)
5) 日本微生物生態学会教育研究部会 編著,『微生物生態学入門』, 日科技連(2004)

■10章
1) 鈴木智雄 監修,『微生物工学技術ハンドブック』, 朝倉書店(1990)
2) 児玉徹ほか 編,『地球をまもる小さな生き物たち』, 技報堂(1995)
3) B. Beek 編, "The Handbook of Environmental Chemistry 2・K, Biodegradation and Persistence", Springer(2001)
4) J. C. Spain ほか 編, "Biodegradation of Nitroaromatic Compounds and Explosives", Lewis Publishers(2000)

索引

欧文

16S リボソーム RNA	42
18SrRNA 遺伝子	42
β-酸化経路	127
γ 線	76
ATP	64, 118, 154
A 群溶血性連鎖球菌	46
bioaugmentation	203
biostimulation	203
BOD(生化学的酸素要求量)	189
CAP	132
CoA	154
COD(化学的酸素要求量)	189
CTP	118
DNA	40, 77, 79
DNA-DNA 相同値	42
DNA ウイルス	40
DNA ジャイレース	43
DNA ポリメラーゼ	80
DNA リガーゼ	105, 107
EDTA	26
FAD	154
$FADH_2$	121
GC 含量	31
GTP	118
NADH	121
NADPH	121
O-F テスト	25
pBR322	106
PCB	201
PCP	186
PCR 法	71, 105, 111
pUC18	106
RNA	40, 79
RNA ウイルス	40
RNA サイレシング	50
RNA 分解法	153
RNA ポリメラーゼ	82
S (沈降係数)	85
SOS 修復	102
TCA サイクル	120, 125
TTP	118
X-gal	106
X 線	76

あ

アイソザイム	137, 196
アクリジン	103, 104
亜硝酸塩	10, 180, 190
亜硝酸酸化細菌	10, 119, 180, 190
L-アスパラギン酸	152
アセチル CoA	125, 127
アデニリル化	138
アデニン(A)	31, 77
アナモックス菌	192
アナモルフ	38
アニーリング	111
アニリン	18, 193
アポリプレッサー	135
アミノ基転移反応	129
アミノ酸	73, 128
アミノ酸発酵	147
アミラーゼ	140
アルカリ耐性菌	52
アルコール発酵	6, 139
アロステリックエフェクター	136
アロステリック酵素	136
アロステリック部位	136
アンチコドン	84
アンモニア	10, 73, 130, 180, 186, 189
アンモニア酸化細菌	10, 119, 180, 190

い

硫黄	73, 182
硫黄細菌	10, 33, 119
イオン交換樹脂	149
異化	117, 130
位相差顕微鏡	20
一次生産	178
一倍体	93
遺伝学	11
遺伝子	77
遺伝子組換え	11, 106
遺伝子工学	105
遺伝生化学	11
糸状菌	61
イノシン酸	152
イントロン	94
インフルエンザウイルス	46

う

ウイルス	8, 28, 39, 45, 65, 96
ウイルスゲノム	40
ウイロイド	49
ウラシル(U)	77
運動性配偶子	37

え

栄養増殖	67
栄養体	38
栄養要求性	31
栄養要求性変異株	148
液相	171
エムデン-マイヤーホフ-パルナス経路	12, 121
エキソン	94
液胞	65
エタノール	6, 139
エネルギー源	18, 72
エボラウイルス属	46
塩基	77
塩基アナログ	103
塩基除去修復	101
塩基対	78
塩基配列決定法	105, 109
遠心分離	26
エントナー-ドゥドロフ経路	123
エンドヌクレアーゼ	107
エンベロープ	46

お

王立協会	2
岡崎フラグメント	81
オートクレーブ(法)	4, 5, 15
オペレーター	132, 135
オペロン(説)	11, 135
オルト開裂	194

か

科	29
界	29

索引

開口数	19
開始因子	87
解糖系	12, 121
回分培養	71
外膜	55, 57
化学合成従属栄養菌	43, 178
化学合成独立栄養菌	10, 43, 119, 178
化学合成法	149
化学的発酵説	5
架橋法	161
核酸	39, 65, 70, 152
獲得免疫	49
核物質	59
隔壁	37, 61
核膜	62, 93
核様体	55, 57
加水分解抽出法	149
カタボライトリプレッション	133
かつお節	168
活性汚泥法	188
滑面小胞体	63
カナマイシン	158
芽胞菌（胞子形成菌）	30
下面発酵	141
ガラクトマンナン	62
肝炎ウイルス	46
環境浄化	185
桿菌	30
間けつ殺菌法（ティンダリゼーション）	4
還元的 TCA サイクル	127
完全時代	38
感染症	45
完全培地	148

き

キー酵素	195
基質	106
基質レベルのリン酸化	118
気相	171
キチン層	61
基底板	66
キトサン	62
キモシン	144, 160
逆方向反復配列（IR）	90
キャップ構造	95
キャプシド	40, 65
球菌	30
吸光度	70
休止菌体	25
共生	173
協奏的フィードバック阻害	151
莢膜	59
極べん毛	22
キレート作用	146
菌根共生	175
菌根	175
菌糸	35
菌糸体	35
菌体の洗浄	26

く

グアニン（G）	31, 77
クエン酸	146
クチクラ層	48
組換え修復	102
クラミジア	47
グラム陰性	21
グラム陰性菌	21, 55
グラム染色	21
グラム陽性	21
グラム陽性菌	21, 55
グリオキシル酸サイクル	126
クリステ	64
グルカン層	61
グルコース	120, 139
グルコン酸	145
L-グルタミン酸	130, 150
L-グルタミン酸ソーダ	147, 153
グルテン	147
クローニング	106
クロマチン	92
クロミスタ	29
グロムス門	38
クロロアニリン類	186

け

蛍光顕微鏡	20
形質転換	87
形質導入	89
系統樹	43
結核菌	7, 46
ケモスタット法	71
ゲルトネル菌	47
原核生物	29
嫌気呼吸	118
嫌気的	5
嫌気的処理法	189
原形質連絡	49
減数分裂	93, 94
原生動物	29, 177

こ

コア	59
綱	29
好圧菌	53, 76
高圧蒸気殺菌法（オートクレーブ法）	4
好アルカリ性菌	52
高エネルギーリン酸結合	118
好塩菌	51
好塩性	51
光学顕微鏡	19
光学純度	143
好気呼吸	117
好気性菌	17, 75
好気的	5
好気的処理法	188
抗原性	114
光合成	117
光合成細菌	33
光合成従属栄養菌	43
光合成独立栄養菌	43
抗酸化剤	159
好酸性菌	52
麹	140
構成酵素	131, 196
抗生物質	12, 155, 157
酵素	6, 159
構造遺伝子	132
酵素阻害剤	159
酵素法	149
高度好塩菌	34, 51
高度好熱菌	34, 50
好熱菌	50
酵母	5, 35, 61, 67, 113
好冷菌	53
呼吸	117
古細菌	29, 34, 60

固相	171	自然発生説	3	伸長	111
枯草菌	30	自然免疫	49	振とう培養装置	17
固定化酵素	160	実体顕微鏡	20	**す**	
コドン	84	シトシン(C)	31,77	水素細菌	10,33,119,120
コリネ型細菌	30	子のう	38	スクリーニング	17,112
コリプレッサー	135	子のう菌門	38	ステム-ループ構造	84
ゴルジ体	63	子のう胞子	36,38	ステロイドホルモン	159
コレラ菌	7,47	ジフテリア菌	46	ストレプトマイシン	12,158
コロナウイルス	46	ジベレリン	158	スパイク	66
コロニー	1,19,70	死滅期	68	スパイクタンパク質	46
コロニー形成ユニット	70	シャイン・ダルガーノ配列(SD配列)	86	スピロヘータ	33
混合培養	8			スプライシング	95
混成酒	140	種	29	スプライソソーム	96
根粒(共生)	175	重金属	191	スライド培養	22
さ		修飾	94	スラント	16,27
再会合	111	集積培養法	10	**せ**	
細菌	29,55,67,87	従属栄養菌	10,42,190	生化学	6
サイクリックAMP	132	シュードムレイン	60	制限酵素	105,106
最小培地	148	周べん毛	22	清酒	140
サイトカイン	50	宿主	96	正の調節	132
細胞周期	72	宿主ベクター系	105	生物学的発酵説	5
細胞性免疫	50	L-酒石酸	147	生物顕微鏡	20
細胞性粘菌	36	出芽	61,67	生物発生説	3
細胞抽出液	26	出芽酵母	114	生物膜法	188
細胞内顆粒	57	酒母	140	生分解性プラスチック	143
細胞表層ディスプレー系	139	種名	30	生理活性物質	155
細胞壁	55,61	純粋培養	8,16	世代時間	69
細胞膜	57	純粋分離	9,16	接眼ミクロメーター	23
サイレント変異	99	硝化	180,190	接合	88
酢酸菌	31,166	硝化菌	10,190	接合菌門	37
酢酸発酵	166	条件寄生菌	48	接合子	93
サプレッサー変異	104	条件腐生菌	48	接合胞子	37
鞘	66	硝酸塩	10,73,117,130,180,191	絶対寄生菌	48
サンガー法	109	硝酸呼吸	181	セルロース	62,73,177,188
酸化的脱アミノ反応	128	醸造酒	140	前駆体	120
酸化的リン酸化	118	小胞体	63	染色	20
酸化発酵	145	上面発酵	141	染色体	62,77
酸素	3,75,117	しょう油	163	セントラルドグマ	40,79
三段仕込み	141	蒸留酒	140	セントロメア	93
産膜性酵母	168	除去修復	101	線毛	55,58
し		食細胞	50	**そ**	
シアノバクテリア	33	食酢	166	走査型電子顕微鏡	23
紫外線	76	植物ウイルス	39	増殖因子	73
指数増殖期	68	植物ホルモン	158		
		真核生物	29,61,92		
		真菌類	29,35,48,61,91		

索引

増殖曲線	68	
増殖菌体	25	
挿入配列(IS)	90	
藻類	29	
属	29	
属名	30	
粗面小胞体	63	
L-ソルボース発酵	156	

た

タービドスタット法	71
ターミネーター	82, 84
体液性免疫	50
耐塩性	51
ダイオキシン	201, 202
体細胞分裂	93
代謝	117, 120, 131
代謝産物	68
代謝調節発酵	147
耐性変異株	148
大腸菌	11, 30, 32, 106, 113, 114, 132, 134
対物ミクロメーター	23
多孔性薄膜(メンブレンフィルター)	16
脱臭化	192
脱室	181
単発酵	140
炭酸固定	33
担子器	38
担子菌門	38
胞子のう胞子	37
担子胞子	36, 38
単純ヘルペスウイルス	47
炭疽菌	7
炭素源	72
担体結合法	161
単行複発酵	140
団粒	171

ち

チーズ	144
地衣類	174
窒素源	73
窒素固定	180
窒素固定菌	10
窒素同化	130
チマーゼ	6

チミン(T)	31, 77
中度好圧菌	76
中度好塩菌	51
中等度好熱菌	50
腸炎ビブリオ	47
超音波破砕装置	26
超好熱菌	50
調節遺伝子	132
腸チフス菌	47
腸内細菌	32
直接修復	101
直接発酵法	149

つ

通性嫌気性菌	5, 17, 75
つけ物	168
ツボカビ門	37

て

低温菌	53
定常期	68
低度好塩菌	51
呈味性ヌクレオチド	12, 153
テールコア	66
デオキシリボース	77
デオキシリボ核酸	77
デキストラン	169
鉄酸化細菌	10, 33, 119
テレオモルフ	38
転移因子	90
電気泳動	137
電子顕微鏡	23
転写	79, 82
天然痘ウイルス	45
点変異	99

と

糖	77
糖アルコール	168
糖化	139, 166
同化	117, 130, 179, 181
透過型電子顕微鏡	23
糖鎖リモデリング	114
同調培養	71
同定	42
頭部	65

動物ウイルス	39
特殊形質導入	89
特定悪臭物質	192
独立栄養菌	43
土壌	18, 171
戸田法	22
突然変異株	11
ドメイン	29
トランスファーRNA(tRNA)	84
トランスポザーゼ	90
トランスポゾン	91, 199
L-トリプトファン	134, 137
トリプトファンオペロン	135

な

内生胞子	4, 22, 30, 59
内膜	55
納豆	167
ナンセンス変異	99
難分解性物質	67

に

肉汁培地	9, 17
二形性	61
(DNAの)二重らせん構造	11, 77
二倍体	93
二分裂	67
日本脳炎ウイルス	47
乳酸	31, 141, 142, 165, 168
乳酸菌	31, 141, 142, 144, 165, 168
乳酸菌飲料	144
乳酸発酵	142, 144

ぬ

ヌクレアーゼ	129
ヌクレオキャプシド	47
ヌクレオシド	129
ヌクレオソーム	92
ヌクレオチド	77, 129
ヌクレオチド除去修復	101

ね

ネガティブスクリーニング法	148
ネズミチフス菌	47
熱変性	111
粘菌	36

の

ノーウォークウイルス	46

は

バイオアッセイ法	75
バイオフィルム	173
バイオリアクター	162
バイオレメディエーション	202
培地	15
廃糖蜜	139
培養	15
麦芽	141
麦芽エキス培地	17
バクテリオクロロフィル	33
バクテリオファージ	18, 40, 65, 89
破傷風菌	47
パスツーリゼーション	6
パスツール効果	5
白金耳	16
発酵	4, 117, 139
発酵食品	163
発酵調味料	163
発酵法	149, 153
発酵法と合成法を組み合わせる方法	153
n-パラフィン	146
パリンドローム	84, 107
パン	167
半保存的複製	80

ひ

ビール	141
火入れ	141, 164
火落菌	31, 74
ビオチン	14, 74, 150
光回復	101
非酸化的脱アミノ反応	129
ヒストン	92
微生物	1, 29
微生物農薬	169
皮層	59
ビタミン（類）	13, 73, 155
ヒト免疫不全ウイルス（HIV）	47
尾部	65
尾部線維	66
微分干渉顕微鏡	20
病原性大腸菌	47
日和見感染症	37
微量増殖因子	73
ピルビン酸	120
ピロリ菌	47

ふ

ファージ	11
ファイトプラズマ	48
フィードバック阻害	135
フィードバック調節	136, 148
フィードバック抑制	134
部位特異的組換え	98
封入体	113
富栄養化	190
不完全菌類	38
不完全時代	38
複製	79, 80
複製フォーク	82
腐生菌	48
復帰変異	104
負の調節	132
腐敗	5
普遍形質導入	89
フマラーゼ	146
フマル酸	146
不溶化酵素	160
プライマーDNA	109
プライマーRNA	81
（＋）鎖 RNA ウイルス	40
プラスミド	89, 106
プラスミドDNA	87
プリオン病	48
フレームシフト変異	99
ブレオマイシン	158
プロセシング	94
プロテアーゼ	140, 164
プロテオバクテリア門	43
プロトン勾配	119
プロバイオティクス	177
プロファージ	89, 98
プロモーター	82, 132, 135
分散媒	28
分子育種	113
分子生物学	11
分生子	36
分離源	18

へ

並行複発酵	140
平板塗沫培養法	17
ベクター	105
ヘテロ乳酸発酵	143
ペニシリン	12, 157
ペプチドグリカン	55
ペプトン化	24
ペリプラズム	56
変異	99
変異原	99
変形菌	36
変形菌類	36
偏性嫌気性菌	5, 17, 75
偏性好圧菌	53, 76
ペントースリン経路	124
べん毛	21, 55, 58
べん毛染色	22

ほ

包括法	161
芳香族アミン類	193
胞子	22
胞子形成	67
胞子染色	22
胞子壁	59
胞子膜	59
放射線殺菌	76
放射線抵抗性菌	53
紡錘体	93
放線菌	32
補酵素	73
ポジティブスクリーニング法	148
ボツリヌス菌	47
ホモ乳酸発酵	143
ポリ乳酸	143
ポリメラーゼ連鎖反応	71
ホルモン	155
ホロモルフ	38
翻訳	79, 84
翻訳後修飾	113

索 引

ま

マーカー	18
マイトマイシンC	158
(−)鎖RNAウイルス	40
マクサム－ギルバート法	109
マトリックス	64
マルトース	139
マンナン層	61
マンナンタンパク質	62

み

ミスセンス変異	99
みそ	165
密度勾配遠心	72
ミトコンドリア	64

む

無機化	73
ムコールレンニン	144

め

メソソーム	60
メタ開裂	194
メタン細菌	34, 177, 189
メタン発酵	34
滅菌	15
メッセンジャーRNA(mRNA)	82
メナキノン	21
免疫学	8
免疫	45
免疫抑制剤	159
目	29

も

もろみ	140
門	29

や

薬剤耐性変異株	148

ゆ

有糸分裂	93
有性胞子	67
遊走子	36, 37
誘導期	68
誘導酵素	131, 198
誘導物質	131, 198
油浸法	19
輸送小胞	63
ユビキノン	21

よ

溶菌サイクル	97
溶菌性ファージ	97
溶原化サイクル	97
溶原性ファージ	97
ヨーグルト	143
抑制酵素	134

ら

ライノウイルス	46
酪酸	168
酪酸発酵	5
ラクトース	132
ラクトースオペロン	132
らせん状菌	30
ラン藻	33
卵胞子	36

り

リアルタイムPCR法	71
L-リシン	151
リソソーム	65
リパーゼ	127
リプレッサー	98, 132
リボース	77
リボソーム	55, 63, 85
リボソームRNA(rRNA)	85
リン	73, 74, 182, 191
淋菌	47
L-リンゴ酸	146
リン酸	77
リン酸化	138

れ

レトロウイルス	40
連続培養	71
レンネット	144

ろ

ローリングサークル型複製	49

わ

ワイン	142
ワクチン	8

人名

アペール	3
池田菊苗	147
イワノフスキー	8
ヴィノグラドスキー	10
ウォーレン	47
クリック	11, 77, 79
コーエン	105
小玉新太郎	152
コッホ	7, 13
ジャコブ	11, 132
シュワン	5
スパランツァーニ	3
鈴木梅太郎	13
ダーウィン	13
ティンダル	4
テータム	11
デルブリュック	11
バーグ	11, 105
パスツール	3, 13
ビードル	11
ブフナー	6, 13
フランクリン	77
フレミング	12
ベイエリンク	10
マーシャル	47
マイヤーホフ	12
マリス	110
メンデル	13
モノー	11, 132
レーウェンフック	2
レディ	3
リービッヒ	5
リスター	7
ルリア	11
ワックスマン	12, 157
ワトソン	11, 77

菌名索引

Acaulospora	38
Acetobacter	31
Acetobacter aceti	31, 166
Acidianus	52
Acidiphilium	52
Acidithiobacillus	33, 52
Acidithiobacillus ferrooxidans	52, 119
Acidithiobacillus thiooxidans	52, 119
Acidobacterium	44
Acidovorax	48
Acinetobacter	194
Acrhaeglobus	44
Actinomyces	32
Actinomyces bovis（ウシ放線菌）	32
Actinomyces israelii	32
Actinopolyspora halophila	52
Agrobacterium	48
Alcaligenes	33
Anabaena	34, 180
Aquifex	44, 51
Arthrobacter	191
Ashbya gossypii	155
Aspergillus（麹菌，コウジカビ）	39, 146, 163
Aspergillus awamori	146
Aspergillus glaucus	168
Aspergillus niger（黒麹菌）	145, 146, 161
Aspergillus oryzae（黄麹菌）	140, 154, 161, 164, 165
Aspergillus sojae	164
Azotobacter	10, 180
Bacillus	30, 33, 44, 50, 52, 67, 161
Bacillus anthracis（炭疽菌）	7, 30
Bacillus cereus	161
Bacillus circulans	161
Bacillus coagulans	161
Bacillus licheniformis	161
Bacillus megaterium	161
Bacillus natto（納豆菌）	167
Bacillus polymyxa	161
Bacillus subtilis（枯草菌，納豆菌）	30, 31, 154, 161, 168
Bacillus thuringiensis（Bt菌）	30, 31, 169
Bacteroides	44
Beggiatoa	119
Bifidobacterium（ビフィズス菌）	143
Bradyrhizobium	175
Brevibacterium flavum	150, 152
Brevibacterium lactofermentum	150
Brevibacterium thiogenitalis	150
Burkholderia	33, 48, 194, 202
Candida	67
Candida albicans	61
Candida flaeri	155
Candida versatilis	164
Chamaesiphon	34
Chlamydia（クラミジア）	44, 47
Chlorobium	44
Chloroflexus	44
Chrysiogenes	44
Clavibacter	48
Clostridium	5, 31, 180
Clostridium botulinum（ボツリヌス菌）	30, 31, 47
Clostriduim tetani（破傷風菌）	30, 31, 47
Corynebacterium ammoniagenes	154
Corynebacterium diphtheriae（ジフテリア菌）	14, 46
Corynebacterium glutamicum	149, 150, 151
Deferribactor	44
Deinococcus radiodurans	53
Dermocarpella	34
Desulfomonas	183
Desulfovibrio	183
Desulfovibrio desulfuricans	119
Desulfovibrio sulfodismutans	119
Desulfurococcus	44, 51
Dictyoglomus	44
Enterobacter	192
Entomophthora（ハエカビ）	37
Erwinia	48
Escherichia	44
Escherichia coli（大腸菌）	11, 30
Escherichia coli O157（腸管出血性大腸菌）	47
Escherichia coli RY13	107
Fibrobactor	44
Fischerella	34
Frankia	175, 176, 180
Frateuria	194
Frateuria sp. ANA-18	194, 196, 197, 198
Fusarium	181
Fusarium moniliforme（イネばか苗病菌）	39
Fusobacterium	44
Geitlerinema	34
Geobacillus stearothermophilus	51
Giberella fujikuroi（イネばか苗病菌）	38, 39, 158
Glomus	38
Gluconacetobacter xylinus	32, 167
Gluconobacter	31, 156
Gluconobacter gluconicus	146
Gluconobacter oxydans	31
Gluconobacter roseus	145
Gluconobacter suboxydans	146, 147
Haloarcula japonica	52
Haloarcula quadrata	52
Halobacterium	44, 52
Halobacteroides halobius	52
Halorhodosphira halophila	52
Halothiobactillus	33
Helicobacter pylori（ピロリ菌）	47
Hydrogenobacter	33
Klebsiella aerogenes	161
Kluyveromyces marxianus var. *luctis*	160
Lactobacillus	144
Lactobacillus acidophilus	144
Lactobacillus delbrueckii	31, 143
Lactobacillus delbrueckii subsp. *bulgaricus*	143
Lactobacillus homohiochii（火落菌）	31
Lactobacillus sake	31
Leptothrix	119

菌名索引

Leuconostoc	143, 169	
Leuconostoc mesenteroides	31, 169	
Magnaporthe oryzae（イネいもち病菌）	48	
Methanobacterium	34, 44	
Methanococcus	44	
Methanolobus tindarius	35	
Methanomicrobium	44	
Methanopyrus	44	
Methanosaeta	34, 44	
Methanosarcina barkeri	35	
Methanospirillum hungateii	35	
Methanothermobacter thermautotrophicus	119	
Methylobacillus glycogenes	157	
Methylomonas	119	
Microbacterium ammoniaphilum	150	
Microcystis	44	
Mucor（ケカビ）	37, 163	
Mucor miehei	161	
Mucor pusillus	144, 161	
Mucor rouxii	37	
Mycobacterium	41	
Mycobacterium tuberculosis（結核菌）	7, 46	
Mycoplasma	33	
Neisseria gonorrhoae（淋菌）	47	
Neisseria meningitidis	47	
Neurospora（アカパンカビ）	11	
Nitrobacter	10, 180	
Nitrobacter winogradskyi	119	
Nitrosomonas	10, 180, 192	
Nitrosomonas europaea	119	
Nitrosospira	180	
Nitrospira	44, 180	
Nocardia	32, 42	
Nocardia brevicatena	32	
Nostoc	180	
Paracoccus denitrificans	119	
Penicillium	157	
Penicillium citrinum	154	
Phanerochaete chrysosporium	202	
Phytophthora	36	
Phytophthora infestans	36	
Phytoplasma	48	
Pichia pastris	61, 113	
Planctomyces	44	
Plasmodiophora brassicae（ネコブカビ）	36	
Pneumocystis carinii	37	
Pseudomonas	32, 48, 52, 117, 181, 191, 194, 201, 202	
Pseudomonas carboxydovorans	119	
Pseudomonas chlororaphis	161	
Pseudomonas fluorescens	146	
Pseudomonas lindneri	124	
Pseudomonas ovalis	145	
Pseudomonas sp. AW-2	199	
Pyrococcus furiosus	51	
Pyrodictium abyssi	51	
Pyrolobus fumarii	51	
Ralstonia	48	
Ralstonia eutropha	119	
Rhizobium	10, 14, 175, 180	
Rhizopus（クモノスカビ）	37, 143, 146, 163	
Rhizopus oryzae	161	
Rhodococcus	32, 41, 194	
Rhodococcus erythropolis AN-13	194	
Rhodococcus rhodochrous	161	
Rhodococcus sp. AN-22	194, 196, 198	
Rickettsia	33	
Saccharomyces	139	
Saccharomyces cerevisiae	38, 61, 167	
Salmonella（チフス菌）	32	
Salmonella enterica subsp. *enterica* serovar Enteritidis（ゲルトネル菌）	47	
Salmonella enterica subsp. *enterica* serovar Typhi（腸チフス菌）	47	
Salmonella enterica subsp. *enterica* serovar Typhimurium（ネズミチフス菌）	47	
Schizosaccharomyces pombe	61	
Serratia marcescens	146	
Shigella（赤痢菌）	32	
Sphingomonas	202	
Spirochaeta	44	
Spiroplasma	48	
Staphylococcus aureus	14, 21, 154	
Stibiobacter	119	
Streptococcus	31, 143, 169	
Streptococcus pneumoniae（肺炎双球菌）	31	
Streptococcus pyogenes（A 群溶血性連鎖球菌）	46	
Streptococcus salivarius subsp. *thermophilus*	144	
Streptomyces	32, 44, 48	
Streptomyces albus	161	
Streptomyces caespitosus	158	
Streptomyces carpinensis	32	
Streptomyces ehimense	32	
Streptomyces roseoverticillatum	32	
Stygiolobus	52	
Sulfolobus	44, 51, 52, 183	
Tetragenococcus halophilus	31, 165	
Thermaproteus	44	
Thermithiobactillus	33	
Thermococcus	44	
Thermodesulfobacterium	44	
Thermomicrobium	44	
Thermoplasma	44	
Thermoproteus tenax	51	
Thermotoga	44, 51	
Thermus	44, 51	
Thermus aquaticus	51	
Thimicrospira denitrificans	119	
Thiobacillus	33, 183, 192	
Thiobacillus thioparus	119	
Treponema pallidun	33	
Tricholoma matsutake（マツタケ）	38	
Trichosporon	67	
Verrucomicrobium	44	
Vibrio	47, 52	
Vibrio cholerae（コレラ菌）	7	
Vibrio cholerae O1（コレラ菌）	47	
Vibrio parahaemolyticus（腸炎ビブリオ菌）	47	
Xanthomonas	48	
Xylella	48	
Yarrowia lipolytica	146	
Zygosaccharomyces rouxii	164	
Zymomonas lindneri	124

編著者略歴

青木　健次（あおきけんじ）

1945 年　長野県生まれ
1973 年　東京大学大学院農学研究科博士課程修了
現　在　神戸大学名誉教授，前相模女子大学教授
専　門　微生物機能化学
農学博士

基礎生物学テキストシリーズ 4　微生物学

第 1 版　第 1 刷　2007 年 4 月 1 日	編　著　者　青木　健次
第16刷　2019 年 9 月20日	発　行　者　曽根　良介
	発　行　所　㈱化学同人

〒600-8074　京都市下京区仏光寺通柳馬場西入ル
編集部　TEL 075-352-3711　FAX 075-352-0371
営業部　TEL 075-352-3373　FAX 075-351-8301
振　替　01010-7-5702
E-mail　webmaster@kagakudojin.co.jp
URL　https://www.kagakudojin.co.jp

印刷・製本　㈱太洋社

検印廃止

JCOPY　〈出版者著作権管理機構委託出版物〉
本書の無断複写は著作権法上での例外を除き禁じられています．複写される場合は，そのつど事前に，出版者著作権管理機構（電話 03-5244-5088，FAX 03-5244-5089，e-mail: info@jcopy.or.jp）の許諾を得てください．

本書のコピー，スキャン，デジタル化などの無断複製は著作権法上での例外を除き禁じられています．本書を代行業者などの第三者に依頼してスキャンやデジタル化することは，たとえ個人や家庭内の利用でも著作権法違反です．

Printed in Japan　©Kenji Aoki et al.　2007　無断転載・複製を禁ず　ISBN978-4-7598-1104-9
乱丁・落丁本は送料小社負担にてお取りかえいたします．